高等职业教育“十四五”规划教材

植物病害诊断与防治

王　宁　主编

中国农业大学出版社
·北京·

内 容 简 介

植物病害诊断与防治教材在内容设计上，分为基础知识和病害防治各论两大部分。其中植物病害防治的个论部分，以病原物类型划分为菌物、原核生物、病毒、线虫、寄生性植物和非侵染性病害六大部分，以期在探索同类病害的防治方法时，可以互相借鉴和参考。

本教材重视理论知识学习及专业技能的训练，在每个章节后都附有实训任务，强调达成专业能力的训练方法；菌物部分附有病原物的显微形态图片，为病原在光学显微镜下的真实状态，为提高显微诊断的准确性提供了参考；部分病害的症状、专业性较强的实际操作等内容则以视频形式保存在教育服务平台，相应位置附有二维码，可方便学习者随时扫码观看，以帮助学习者更好地理解和掌握专业知识。

本书适于高等职业院校涉农专业做为教材使用，也可做为新农村建设的培训教材，及适于农业管理者和生产者做为参考用书。

图书在版编目(CIP)数据

植物病害诊断与防治/王宁主编．—北京：中国农业大学出版社，2021.9

ISBN 978-7-5655-2619-0

Ⅰ.①植… Ⅱ.①王… Ⅲ.①病害-防治 Ⅳ.S432

中国版本图书馆 CIP 数据核字(2021)第 190801 号

书　　名　植物病害诊断与防治

作　　者　王　宁　主编

策划编辑　康昊婷　　**责任编辑**　康昊婷

封面设计　郑　川

出版发行　中国农业大学出版社

社　　址　北京市海淀区圆明园西路 2 号　　**邮政编码**　100193

电　　话　发行部 010-62733489，1190　　读者服务部 010-62732336

编辑部 010-62732617，2618　　出　版　部 010-62733440

网　　址　http://www.caupress.cn　　**E-mail** cbsszs@cau.edu.cn

经　　销　新华书店

印　　刷　北京时代华都印刷有限公司

版　　次　2021 年 11 月第 1 版　　2021 年 11 月第 1 次印刷

规　　格　787×1092　16 开本　13 印张　310 千字

定　　价　39.00 元

主　编　王　宁　辽宁农业职业技术学院

副主编　袁水霞　河南农业职业学院

黄艳飞　成都农业科技职业学院

田　野　辽宁农业职业技术学院

编　委　（以姓氏拼音为序）

侯慧锋　辽宁农业职业技术学院

黄艳飞　成都农业科技职业学院

孙杨念　辽宁农业职业技术学院

田　野　辽宁农业职业技术学院

王　宁　辽宁农业职业技术学院

王海龙　黑龙江农业经济职业学院

王海荣　辽宁农业职业技术学院

袁水霞　河南农业职业学院

张宏跃　海利尔药业集团股份有限公司

周小林　南通科技职业学院

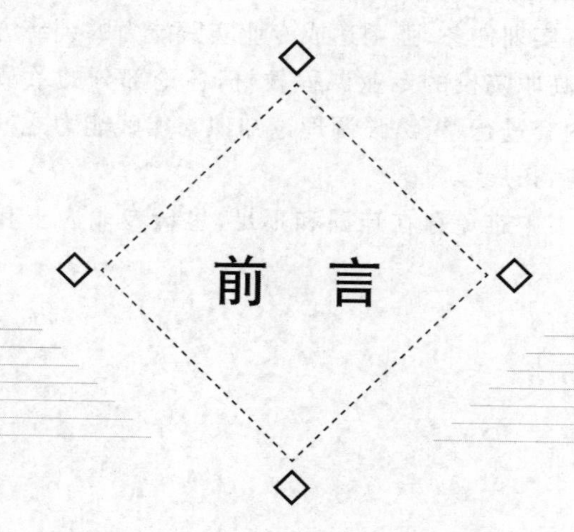

农业生产是人类的生存基础。民以食为天，食以养为本，食以安为先。与人类一样，植物在生长发育过程中也会遇到各种病害。据统计，每年因各种植物病害造成的农业生产损失占总产量的15%～20%，不仅如此，植物病害防治还与农产品安全关系密切，植物病害的化学防治方法或用药不当，还会引起植物药害、人畜中毒和环境污染。随着2020年国家减药增效行动方案的实施，在防治植物病害过程中，如何在减少农药使用量的前提下保证防治效果、减少环境污染，是摆在植物保护工作者面前的重要课题。

目前，植物病害的发生发展规律在不断变化。原有的部分重要病害为害更加严重，如瓜类的枯萎病，由于保护地连作常导致瓜类生产的重大损失；另外，植物一些新病害不断出现，如黄瓜靶斑病，已成为黄瓜生产的重要病害；一些病害发生和分布范围更广，如灰霉病，原为设施栽培中的主要病害，被称为“徘徊于保护地的幽灵”，广泛发生于葫芦科、茄科、豆科如黄瓜、西葫芦、番茄、辣椒、茄子、菜豆等蔬菜上，以及葡萄、草莓、桃等果树上，但近几年随着全球气候变暖，我国多个地区夏季台风带来的持续低温和大量降水，导致露地套袋葡萄的灰霉病发生十分严重，个别地块甚至近于绝产。

植物病害诊断与防治是植物保护与植物检疫技术专业的主要专业课程之一，植物种类繁多，其发生的病害种类也是多种多样，不同科属植物有些病害由同类微生物病原引起，症状、发生规律和防治策略与方法上有一定的相似性和规律性，因此，本教材在内容设计上，分为基础理论知识和植物病害防治两部分。基础理论知识部分本着适度够用原则分为三章，植物病害诊断、植物病害的发生规律及预测预报和植物病害的综合防治；植物病害防治的各论部分，以病原物分类作为基础，分为菌物、原核生物、病毒、线虫、寄生性植物和非侵染性病害六章，以期为学生在学习植物病害防治方法时，在同类病害之间可以提供借鉴和参考的作用；使用文字无法清晰表述的内容如病害的症状、专业性较强的实际操作等，附有二维码，方便学生随时扫码观看；菌物部分病原物的照片，为光学显微镜下观察并拍摄的，是病原物在镜下的真实状态而非模式图，提高了病原物显微诊断技术的可视性。在重视理论知识教学的同时，也注重专业技能的培养和训练，在每一章节的开篇，明确提出知识目标和能力目标，同时在每一小节后都附有实训任务，强调达成专业实践能力的训练方法，提高学生分析问题和解决问题的能力；做为高职院校的专业课程教材，各论部分的章节，将病原物分类的内容与各论部分的病害防治内容进行整合，强调理论知识与实践能力之间的内在联系；教材后附有参考文献，方便学生课后拓展学习。

鉴于编者水平有限，书中难免存在疏漏和不足，恳请专业人士和读者提出意见和建议，以便今后不断完善。

编　者

2021 年 5 月

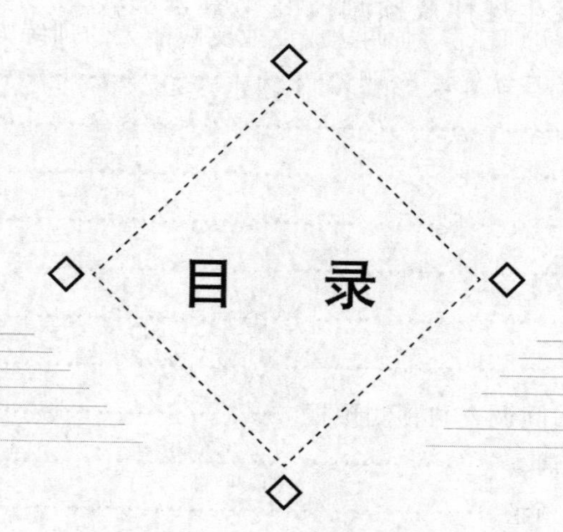

目录

第一章 植物病害诊断

知识目标

- 掌握植物病害的常见症状类型及特点。
- 了解植物病害生物性和非生物性病原种类。
- 了解植物病害生物性病原的一般形态特征。
- 掌握植物病害病原物分离培养和人工接种的方法及在植物病害诊断与防治中的作用。
- 掌握植物病害标本的制作和保存方法。

能力目标

- 能够区别植物病害不同的症状类型,初步进行植物病害诊断。
- 能够运用显微技术鉴定植物病害的病原物并判断病原物类型。
- 能够对植物病害病原物进行分离培养和人工接种。
- 能够正确制作和保存植物病害标本。

第一节 植物病害的症状类型

无论何种植物,在生长发育的过程中都会受到自然界中其他因素的影响,出现病态的表现,不仅会引起植物自身生长不良,还会引起不同程度的经济损失。这些病态的表现通常会指向某种特定的病害,可以作为判断植物病害的重要依据,帮助管理者及时准确地做出诊断,并制定适宜的防治措施,最大限度地减少经济损失。

一、植物病害

植物在生长发育和贮藏运输过程中,遭受其他生物的侵染或不良环境条件的影响,生长和发育受到干扰和破坏,导致产量降低、品质变劣、甚至死亡,从而影响经济价值的现象称为植物病害。植物病害的发生,除有明确的发病原因外,还必须有持续的病理过程(简称病程)，即从正常的生理功能受到影响，到组织或形态上发生变化，及产生不同程度的经济损失(结果)。

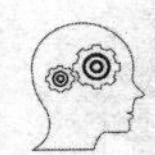

头脑风暴

台风、冰雹过后植物枝叶被吹断、果实被打落，韭菜、绿豆在弱光照下栽培成为韭黄和豆芽菜，菰草和高粱被黑粉菌寄生后形成茭白和乌米，这些都是植物病害吗？请给出你的判断和分析结果。

二、植物病害的症状类型

植物生病后的不正常表现称为症状，是病状和病症(征)的合称。植物本身的不正常表现称为病状，病原物在发病部位的特征性表现称为病症(征)。

无论哪种病害，都由生理病变开始，随后发展到组织病变和形态病变。因此，症状是植物内部一系列复杂病理变化在植物外部的表现。各种植物病害的症状都有一定的特点和稳定性，对于植物的常见病和多发病，症状表现是病害诊断的重要依据。

(一)植物病害的病状类型

植物病状是植物病害发生后植物的不正常表现。常见植物病害的病状类型分为变色、坏死、腐烂、萎蔫、畸形五大类(表 1.1.1)。

表 1.1.1　植物病害常见病状类型

类型	原因和表现		特点
变色 变色类型	植物发病后细胞色素发生变化，但细胞不死亡	褪绿	叶绿素减少使整个叶片均匀褪色呈浅绿色
		黄化	整株植物或部分叶片叶绿素减少或不形成，叶黄素比例增加，色泽变黄
		白化	整株植物或部分叶片叶绿素减少或不形成，表现白色
		红叶	叶片的花青素积累过多而表现红色或紫红色
		银叶	叶表皮与叶肉细胞间产生空隙，叶片呈现均匀银白色
		花叶	叶片色泽浓淡不均，呈镶嵌状，变色部分轮廓清晰，形状不规则
		斑驳	变色同花叶，变色斑较大，轮廓不清晰，花朵上称碎色，果实上称花脸
		明脉	叶肉绿色，叶的主脉与支脉褪绿
		叶脉变色	沿叶脉两侧一定宽度色泽变浅、变深或变黄
		条纹、线纹、条点	单子叶植物的脉间花叶，与叶脉平行。长条形变色称条纹，短条形变色称线纹，虚线状变色称条点
		环斑、环纹	单环或同心环状变色称环斑，不形成全环状变色称环纹

续表1.1.1

类型	原因和表现		特点
坏死 坏死类型	受害植物的细胞和组织死亡后，仍保持原有外形和轮廓	病斑	根据颜色可分为褐斑、灰斑、黑斑、白斑、紫斑等；根据形状可分为角斑、圆斑、梭形斑、条斑和不规则斑等；根据大小可分为大斑、小斑和斑点；根据表面花纹可分为轮纹斑、环斑和网斑等
		蚀纹	叶的表皮组织出现的类似环斑、环纹或不规则线纹状坏死纹
		穿孔	叶片的局部组织坏死后脱落
		枯焦	早期发生的斑点迅速扩大或愈合成片，最后使局部或全部组织或器官死亡
		叶枯	叶片较大面积的枯死、变褐
		叶烧	叶尖和叶缘大面积的枯死、变褐
		日烧(灼)	由于太阳辐射而引起植物局部死亡、变褐
		疮痂	病斑上增生木栓层使表面粗糙，或产生病斑后因生长不平衡发生龟裂
		溃疡	木本植物的枝干皮层坏死，病部凹陷，周围木栓化组织增生，木质部外露
		梢枯	木本植物茎的顶部坏死，多发生在枝条上
		顶尖坏死	草本植物的顶部坏死
		立枯	植株幼苗的茎基部组织坏死，上部表现萎蔫，死亡后立而不倒
		猝倒	植株幼苗的茎基部组织坏死，上部表现萎蔫，死亡后迅速倒伏
腐烂	植物患病组织较大体积的细胞死亡，分解和破坏	干腐	植物组织解体较慢，水分能及时蒸发使病部组织干缩
		湿腐	植物组织解体较快，水分未能及时蒸发使病部保持潮湿状态
		软腐	植物中胶层受到破坏，组织的细胞离析后又发生细胞的消解
萎蔫	植物根、茎维管束组织受害，或因水分供应不足发生的枝、叶凋萎现象	生理性萎蔫	植物因失水量大于吸水量而引起的枝叶萎垂，吸水量增加可恢复
		青枯	植物因根茎维管束组织受害而发生的全株或局部迅速失水死亡，但仍保持绿色
		枯萎	植物因根茎维管束组织受害而发生的凋萎现象，重者枯死
		黄萎	植物因根茎维管束组织受害而发生的凋萎现象，叶片变黄，重者枯死

续表1.1.1

类型	原因和表现		特点
畸形	植物组织、器官的增生或抑制性病变，外部形态常有明显不正常改变	徒长	植株局部细胞体积变大、组织柔嫩，高度超过正常植株
		发根	根系分枝明显增多，形如头发状
		丛枝	整株茎节缩短，枝条分枝过多呈丛生状，俗称疯枝
		瘤肿	发病组织局部细胞增生，形成不定形的畸形肿大
		矮缩	节间生长发育受阻，使植株不成比例地变小、变矮
		矮化	植株各器官生长发育受阻，生长成比例地受抑制，整株矮缩而株型保持不变
		卷叶	叶片两侧沿主脉平行方向向上或向下卷曲
		缩叶	叶片沿主脉垂直方向向上或向下卷曲
		皱缩	叶脉生长受抑制，叶肉正常生长，使叶片凹凸不平
		蕨叶	叶片发育不均衡，细长、狭小，形似蕨类植物叶形
		花变叶	花的各部分变形、变色，花瓣变为绿色，呈叶片状
		缩果	果面凹凸不平
		袋果	果实变长呈袋状，膨大中空，果肉肥厚呈海绵状

点状物等病症

霉状物与粉状物

(二)植物病害的病症(病征)类型

病症是引起植物病害的病原物在发病部位形成的特征物，大多为病原物独立形成。病症能否出现及产生数量受环境条件影响很大。植物病害的病症多为各种植物的寄生物形成的特征性物质(表1.1.2)。

表1.1.2　植物病害常见病症(病征)类型

类型	表现	特点
霉状物	霜霉	生于茎、叶、果实的病组织上，稀疏或致密的白色至紫灰色的霉状物
	绵霉	在高湿条件下于病部产生的白色、疏松、棉絮状的霉状物
	霉层	除霜霉和绵霉处的霉状物，按色泽不同分别称为灰霉、青霉、绿霉、黑霉、赤霉等
粉状物	白锈	病部表皮下形成隆起的病斑，破裂后散出的灰白色粉末
	锈粉	病部表皮下形成隆起的病斑，破裂后散出的铁锈色粉末
	白粉	植物表面长出灰白色绒状霉层后，产生的大量白色粉末状物
	黑粉	在植物被破坏的组织或肿瘤内部产生的大量黑色粉末状物
点状物	小黑点	植物表面或表皮下产生的大小、色泽和排列各不相同的点状结构，突破或不突破表皮，多为黑色或褐色，少数橘红色，有些有黏性
线状物	线状	在植物体表形成的线状或根系状物，白色或紫色，也称菌索
毛状物	细管状	植物表皮下产生的灰褐色细管状物，常突破表皮
伞状物	伞状	长在植物发病的根或枝干上，常有多种颜色
马蹄状物	马蹄状	长在植物发病的根或枝干上，常有多种颜色

续表1.1.2

类型	表现	特点
瘿瘤状物	菌核	在植物体表、籽粒、髓腔中产生的似鼠粪、菜籽或不规则形状颗粒物，多为黑色或褐色，致密坚韧
	孢子角	卷须状或角状物，通常为黄色或橘色，干燥时较硬，遇水可溶化
脓状物	菌痂或菌膜	病部溢出的脓状黏液，呈露珠状或黏液状，黄色或白色，干燥时胶粒状或薄膜状

三、植物病害症状的变化

植物病害的症状是病害种类识别、诊断的重要依据。通常某种病害在特定时期会产生独有的典型症状，可以和其他病害相区别，从而使植物病害的诊断准确率提高，诊断速度加快。多数植物病害都有病状和病症，但也有例外：不良环境条件引起的病害没有病症。植物病原物引起的病害大多会在发病部位产生病症，但有时需要适宜的温度、湿度等特殊环境条件，当条件不具备时，可能不产生病症。植物病害的症状还会随环境条件的改变和寄主种类的不同而变化，在病害诊断时必须注意病害症状表现的变化规律才能及时、准确地做出判断。

植物病害的症状变化主要表现为异病同症、同病异症、症状潜隐等几个方面。

1. 异病同症

如黄瓜霜霉病和细菌性角斑病初期在叶片上都表现为水浸状，而后叶面出现多角形褪绿斑；病症分别是霜霉和脓状物。

2. 同病异症

植物病害症状会因发病的寄主种类、部位、生育期和环境条件有所改变。如苹果褐斑病为同一病原引起的病害，在苹果不同品种的叶片上可产生同心轮纹型、针芒型和混合型 3 种不同的症状。

3. 症状潜隐

有些病原物在寄主植物上表现为潜伏侵染。虽然病原物在植物体内繁殖和蔓延，但是外观不表现明显的症状，待环境条件适宜时才显症。如苹果树腐烂病，病菌在夏季时即已侵入树干皮层，但此时正是果树的生长旺季，所以不表现症状，次年春季，果树萌芽之前，才是症状表现的高峰期。有些植物病毒病则表现为隐症，症状在常温下表现明显，会因高温而消失，温度降至常温后，又重新表现出来。

植物病害症状本身也并非一成不变，植物病害的症状可分为初期症状、典型症状和末期症状，如霜霉病发病初期表现为叶背的水浸状病斑，典型症状是叶正面出现多角形褪绿斑，同时叶背面出现霜霉，后期病斑呈褐色坏死。此外，在病害的实际诊断时会发现有两种以上的病害同时在一株植物上发生的情况，有时两种病害互相促进导致症状加剧，出现协生现象。如根结线虫病发生后，线虫的口针在植物根部穿刺造成的伤口，会引起其他病原真菌或细菌的二次侵染，使病害的症状更加严重。

在田间进行症状观察时，应注意症状的复杂性，有时不能仅凭症状表现做出最终诊断，而应对发生病害植物的栽培管理过程、肥料和药剂的使用情况进行全面了解后再做出判断。

综合实训 1-1　植物病害的症状类型识别

一、技能目标

能够区分植物病害的病状和病症类型，能够描述病状和病症在植物上的变化，判断植物病害对植物的危害性。

二、用具与材料

(1)用具　放大镜，镊子，挑针等。

(2)材料　番茄叶霉病、番茄晚疫病、番茄病毒病、番茄根结线虫病、番茄脐腐病、茄子褐纹病、茄子黄萎病、辣椒炭疽病、黄瓜枯萎病、黄瓜霜霉病、黄瓜灰霉病、黄瓜白粉病、黄瓜细菌性角斑病、白菜软腐病、白菜病毒病、白菜白锈病、菜豆锈病、苹果腐烂病、苹果轮纹病、苹果苦痘病、苹果斑点落叶病、苹果褐斑病、苹果木腐病、梨黑星病、梨锈病、葡萄霜霉病、葡萄白腐病、稻瘟病、稻纹枯病、稻曲病、玉米大斑病、玉米丝黑穗、甘薯紫纹羽病等病害的新鲜或腊叶标本，病害挂图及幻灯片等。

三、内容及方法

观察植物病害标本，讨论、分析并总结植物病害的病状和病症类型、变化及危害性。

1. 病状类型

(1)变色　观察番茄病毒病、番茄叶霉病、黄瓜霜霉病、葡萄霜霉病、白菜病毒病等病害病状，分析其变色类型、部位、病部细胞的颜色变化、是否死亡等。

(2)坏死　观察黄瓜细菌性角斑病、苹果腐烂病、苹果苦痘病、苹果斑点落叶病、苹果褐斑病、稻瘟病、玉米大斑病、玉米小斑病、花生叶斑病等病害病状，分析其坏死类型、部位、病部组织是否死亡、颜色变化、面积大小、形状、表面斑纹等。

(3)腐烂　观察番茄晚疫病、番茄脐腐病、茄子褐纹病、辣椒炭疽病、黄瓜灰霉病、葡萄白腐病等病害病状，分析其腐烂类型、部位、病部组织是否死亡、含水量、体积大小、形状、气味等。

(4)萎蔫　观察黄瓜枯萎病、茄子黄萎病等病害病状，分析其萎蔫类型、部位、病部组织是否死亡、含水量，用刀切开维管束，观察有无褐变等。

(5)畸形　观察番茄根结线虫病、番茄病毒病、白菜病毒病等病害病状，分析其畸形类型、部位、病部组织是否死亡、形状等。

2. 病症类型

(1)霉状物　观察番茄叶霉病、黄瓜霜霉病、葡萄霜霉病、黄瓜灰霉病、稻瘟病、玉米大斑病、梨黑星病等病害的霉状物，分析其颜色、质地、疏密等。

(2)粉状物　观察白菜白锈病、黄瓜白粉病、菜豆锈病、梨锈病、玉米丝黑穗病等病害的粉状物，分析其颜色、质地和着生情况。

(3)点状物　观察茄子褐纹病、辣椒炭疽病、苹果腐烂病、苹果轮纹病、葡萄白腐病等病害的点状物,分析其颜色、着生和排列情况。

(4)瘿瘤状物　观察稻纹枯病、稻曲病、苹果腐烂病的菌核和孢子角,分析其颜色、形状、大小。

(5)线状物　观察甘薯紫纹羽病的线状物,分析其颜色、形状。

(6)毛状物　观察梨锈病的毛状物,分析其颜色、长短、疏密。

(7)伞状物和马蹄状物　观察苹果木腐病的伞状物和马蹄状物,分析其颜色、形状。

(8)脓状物　观察黄瓜细菌性角斑病、白菜软腐病等病害的脓状物,分析其脓状物的颜色、质地、有无黏性及气味。

综合实训 1-1
植物病害的
症状类型识别

四、作业

完成植物病害症状类型观察实训任务报告单。

综合实训 1-2　植物病害标本的采集、制作和保存

一、技能目标

能够正确采集、记录、制作和保存具有典型症状的植物病害标本,熟悉当地主要植物病害的症状特点、种类和发生危害情况。

二、用具和材料

采集箱、标本夹、吸水纸、干燥板、枝剪、手锯、手铲、放大镜、镊子、密封袋、记录本、铅笔、标签、照相机等。

三、内容和方法

1. 标本采集用具及用途

(1)标本夹和捆扎绳　标本夹通常为 2 个栅状板或实木板,用以夹压各种含水量不多的枝叶病害标本,与捆扎绳配合使用,使标本平整易于整理和保存。

(2)吸水纸　有较强吸水力的纸张,可快速吸除枝叶标本内的水分。

(3)干燥板和密封袋　干燥板吸水力强,与密封袋配合使用,可迅速吸除枝叶标本内的水分。

(4)采集箱　采集较大或易损坏的组织如果实、木质根茎,或在田间来不及压制标本时用。

(5)枝剪、小刀、手锯、手铲　剪、切或挖取病害标本。

(6)记录本、铅笔和标签　采集标本必须用铅笔记录,以免字迹被水打湿后模糊不清。

2. 标本的采集要求

(1)症状典型　要求采集发病部位的典型症状,并尽可能采集不同时期、不同部位的症状,以及各种变异范围内的症状。

同一标本上的症状应为同一种病害,当多种病害混合发生时,更应进行仔细选择。若有数码相机则更好,可以真实记载和准确反映病害的症状特

标本采集

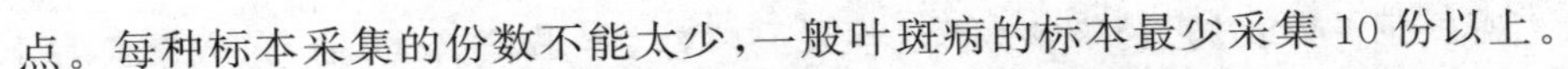

点。每种标本采集的份数不能太少，一般叶斑病的标本最少采集10份以上。

(2)病症完整　采集病害标本时，对于真菌和细菌性病害一定要采集有病症的标本，真菌病害则病部有子实体为好，以便做进一步鉴定；对子实体不很显著的发病叶片，可带回保湿，待其子实体长出后再行鉴定和标本制作。对真菌性病害的标本如白粉病，因其子实体分有性和无性两个阶段，应尽量在适当时期分别采集，还有许多真菌的有性子实体常在地面的病残体上产生，采集时要注意观察。

(3)标本完整　标本应完整无损坏，保证病原鉴定的准确性和标本制作的质量。

(4)避免混杂　采集时每种病害的标本都应单独用一个密封袋装好，再放入大采集袋内；对病症容易混淆污染(如霉状物、粉状物)的标本要分别用纸包好，以免鉴定时发生错误；对于容易干燥卷缩的标本，如禾本科植物病害，应随采随压，或放入密封袋中保存；因发病而败坏的果实，可先用纸分别包好，先放入密封袋内再放入标本箱中，以免损坏和沾污；其他不易损坏的标本如木质化的枝条、枝干等，可以暂时放在标本箱中，带回室内整理。

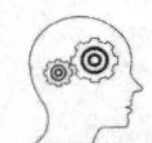

头脑风暴

在采集标本时，为什么要采集病状完整的标本？采集的标本为什么要分别存放？请说说你的看法。

(5)采集记载　所有病害标本都应有记载，没有记载的标本会使鉴定和制作工作的难度加大。标本应挂有标签，同一份标本在记录簿和标签上的编号必须相符，以便查对；标本必须有寄主名称，这是鉴定病害的前提，如果寄主不明，鉴定时困难就很大。对于不熟悉的寄主，最好能采到花、叶和果实，对鉴定会有很大帮助。标本记载内容应包括：寄主名称、标本编号、采集地点、生态环境、采集日期、采集人、病害危害情况等(表1.1.3)。

表1.1.3　植物病害标本采集记录表　　年　月　日

寄主名称：	品　种：	生育期：
采集地点：	采集人：	标本编号：
病害名称：	受害部位：根□　茎□　叶□　花□　果实□　其他□	
病害发生情况：普遍□　不普遍□　轻□　中□　重□		
采集地环境：坡地□　平地□　砂土□　壤土□　黏土□		

标本制作

3. 标本的制作与保存

(1)干制标本的制作与保存　简单方便，适用于大多数植物的叶、花、茎、果皮等组织，制成的标本也称作腊叶标本，可以长期保存。

①标本压制　根据标本具体情况，选择不同的压制方法，注意保持标本完整、标签正确。

随采随压　对于含水量少的标本，如禾本科、豆科植物的病叶、茎标本，应随采随压，以保持标本的原形。

先晾后压　含水量多的标本，如瓜类、白菜、番茄等植物的叶片标本，应自然散失一些水分后，再进行压制。

加工后压　有些标本制作时可适当加工，如标本的茎或枝条过粗，可先将枝条劈成两半再压，以防标本因受压不匀而变形；有些需全株采集的植物标本，一般是将标本的茎折成“N”形后压制。

避免重叠　叶片或枝条较多时可将部分叶片和枝条摘下分开压制，不可重叠。

避免破损　标本压制时，应尽量使标本形状自然舒展，对细嫩组织叶片，应注意避免破损。

标签准确　压制标本时应附有临时标签，临时标签上只需记载寄主植物名称和标本编号即可。

②标本干燥　为使病叶类标本平整舒展，水分易被吸水纸吸收，一般每层标本放 3～4 层（张）吸水纸，每个标本夹的总厚度以 10 cm 为宜。标本夹好后，再用捆扎绳用力将标本夹扎紧，放到阴凉、干燥通风处，使其尽快干燥，避免发霉变质。同时要注意勤换吸水纸，一般是前 3～4 d 每天换纸 2 次，以后每 2～3 d 换 1 次，直到标本完全干燥为止。干燥后的标本移动时应十分小心，以防破碎；对于果穗、枝干等粗大标本，在通风处自然干燥即可，注意不要使其受挤压而变形。

③标本保存　标本经选择整理和登记后，应连同采集记录一并放入纸袋或玻面标本盒中，贴好标签，然后按寄主种类或病原类别分类存放保存。

纸袋保存　用胶版印刷纸或牛皮纸等有一定厚度的硬纸折成纸袋，纸袋的规格可根据标本的大小决定，一般为 15 cm×33 cm，将标本和采集记录装在纸袋中，并把鉴定标签贴在纸袋的右上角（图 1.1.1）。

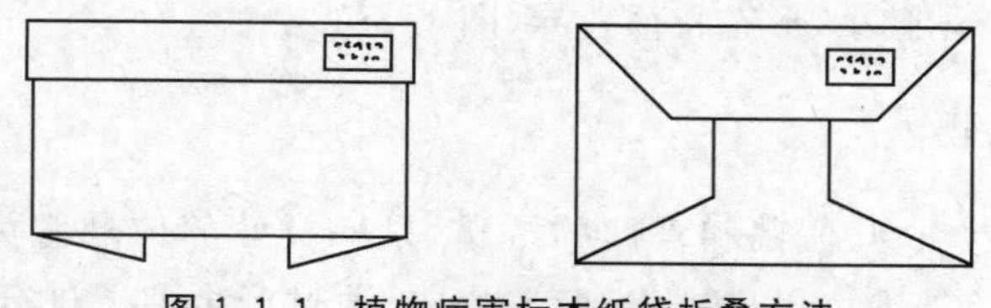

图 1.1.1　植物病害标本纸袋折叠方法

玻面标本盒保存　示范病害标本用玻面标本盒保存，方便观察。玻面标本盒的规格有所不同，一般比较适宜的大小是长×宽×高＝28 cm×20 cm×3 cm，通常一个标本室或一个标本柜内的标本盒应统一规格，便于整理且整齐美观。

在标本盒底一般铺一层胶版印刷纸，将标本和标签用乳白胶粘于胶版印刷纸上。在标本盒的侧面还应注明病害的种类和编号，便于存放和查找。盒装标本一般按寄主种类进行排列。

标本制作完成后，可放入标本室和标本柜中保存。标本应按分类系统整理归类，可有两套索引系统，一套是寄主索引，一套是病原索引，便于标本的查找和资料的整理。标本室和标本柜要保持清洁干燥以防生霉，放入樟脑以防虫蛀。标本应定期更换，定期排湿。

(2)浸渍标本的制作与保存　果实等含水量较大的病害标本为保持原有色泽和症状特征，可制成浸渍标本进行保存。由于占地较大，保存的时间也较为有限，有些还需定时更换浸渍液，多用于示范病害标本的制作和保存。果实因其种类和成熟度不同，颜色差别较大，应根据果实的颜色选择浸渍液的种类。如保存绿色的醋酸铜浸渍液、保存黄色和橘红色的亚硫酸溶液浸渍液和保存红色的 Hesler 浸渍液等。浸渍标本一般使用标本瓶存放并贴好标签，根据实际情况用蜂蜡、松香与凡士林油调成胶临时封口，或用酪胶和熟石灰调成胶后永久封口。

四、作业

根据当年植物病害发生情况，采集并制作 10 种以上植物病害的腊叶标本，1～2 种浸渍标本，并详细写明采集记录。

第二节　植物病害的病原及显微诊断技术 

引起植物生病的原因称为病原，它是病害发生过程中起直接作用的主导因素，能够引起植物病害的病原种类很多，依据性质不同可以分为两大类，即生物因素和非生物因素。由生物因素导致的病害称为侵染性病害，生物因素也称生物性病原或病原物；由非生物因素导致的病害称为非侵染性病害，又称生理病害。

植物病原物大多具有寄生性。因此，病原物也被称为寄生物，它们所依附的植物被称为寄主植物，简称寄主。病原物主要有原生动物界的根肿菌，假菌界的卵菌，真菌界的多种真菌，细菌域的细菌和植原体，病毒界的病毒和类病毒，动物界的线虫，以及植物界的寄生性植物。它们大多数都个体微小，形态特征各异(图 1.2.1)。

一、植物病原菌物

菌物是部分原生动物、假菌和真菌的统称，是一类营养体通常为丝状分枝的菌丝体，具有细胞壁和真正的细胞核，以吸收为营养方式，通过产生孢子进行繁殖的微生物。菌物种类多，分布广，大部分是腐生，少数寄生在植物、人类和动物上引起病害。由菌物所致的病害称菌物病害。在植物病害中，约有 80％以上的病害是由菌物引起的。如黄瓜霜霉病、辣椒疫病、苹果腐烂病等都是生产上危害严重的病害，有时甚至造成毁灭性的危害。

头脑风暴

你知道哪些菌物？它们在人类生活中有什么作用？

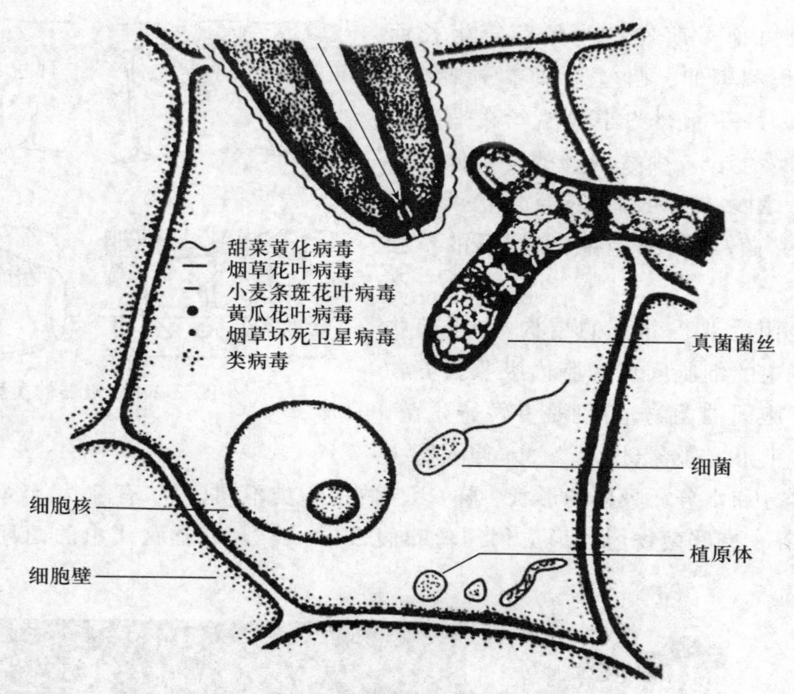

图 1.2.1　生物性病原与植物细胞大小比较

(一)菌物的形态

菌物的发育过程,可分为营养阶段和繁殖阶段,营养阶段称营养体,是菌物生长和营养积累时期;繁殖阶段称繁殖体,是菌物产生各种类型孢子进行繁殖的时期。大多数菌物的营养体和繁殖体形态差别明显。

1. 营养体

大多数菌物的营养体是可分枝的丝状体,单根丝状体称为菌丝,多根菌丝交织集合成团称为菌丝体。菌丝通常呈圆管状,直径一般为 5～10 μm,无色或有色。高等菌物的菌丝有隔膜,将菌丝分隔成多个细胞,称为有隔菌丝;低等菌物的菌丝一般无隔膜,通常认为是一个多核的大细胞,称为无隔菌丝(图 1.2.2)。

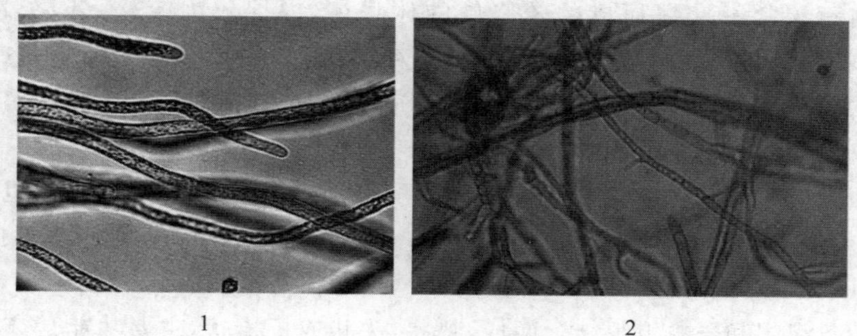

图 1.2.2　菌物的菌丝

1. 无隔菌丝　2. 有隔菌丝

菌丝一般由孢子萌发产生的芽管生长而成,以顶部生长和延伸。菌丝每一部分都潜存着生长的能力,每一断裂的小段菌丝在适宜的条件下均可继续生长。少数菌物的营养体不是丝状体,而是一团多核、无细胞壁且形状可变的原生质团,如黏菌;或具细胞壁、卵圆形的单细胞,如酵母菌。

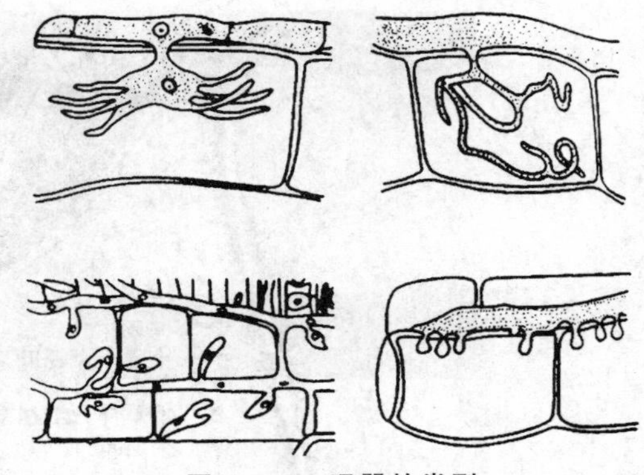
图 1.2.3 吸器的类型

菌丝体是菌物获得养分的结构,寄生菌物以菌丝侵入寄主的细胞间或细胞内吸收营养物质。生长在细胞间的菌物,特别是专性寄生菌,还可在菌丝体上形成吸器(图 1.2.3),伸入寄主细胞内吸收养分和水分。吸器的形状多样,因菌物的种类不同而异,有掌状、丝状或分枝状、指状、小球状等。有些菌物还会形成匍匐丝和假根(图 1.2.4)、捕食线虫的菌环(图 1.2.5)和菌网等。

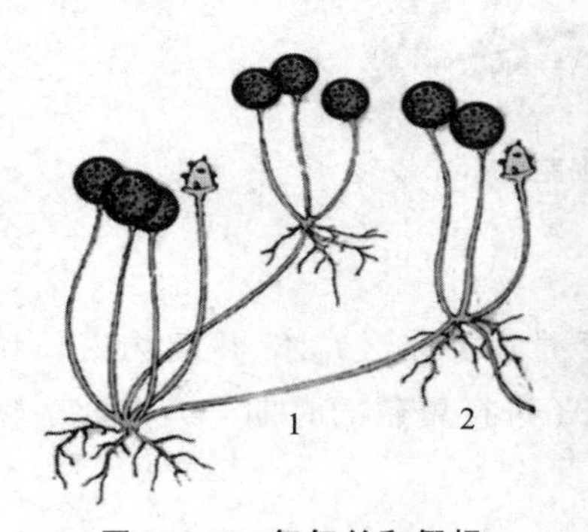

图 1.2.4 匍匐丝和假根
1. 匍匐丝 2. 假根

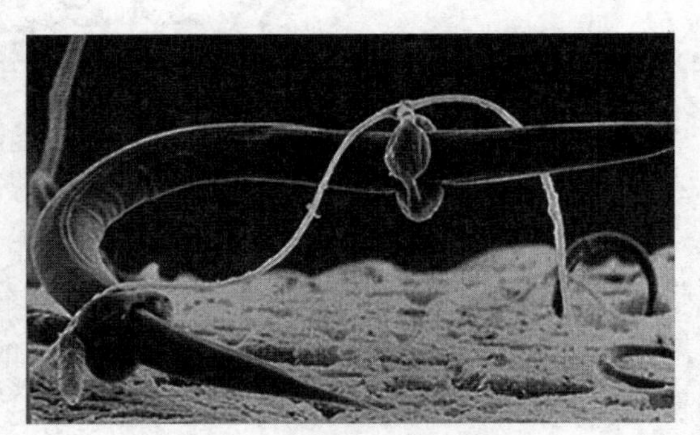
图 1.2.5 菌环

菌物的菌丝体一般是分散的,但有时可以密集形成菌组织,进而产生菌核、菌索、子座等变态类型。

菌核是由菌丝紧密交织而成的较坚硬的休眠体,内层较为疏松,外层较为致密(图 1.2.6)。菌核的形状和大小差异较大,通常似菜籽状、鼠粪状或不规则状;褐色或黑色,多较坚硬。菌核的功能主要是抵抗不良环境,当条件适宜时,菌核能萌发产生新的菌丝体或在上面形成产孢机构。

菌索是由菌丝体平行交织构成的绳索状结构,外形与植物的根相似,所以也称根状菌索(图 1.2.7)。菌索的粗细不一,长短不同,有的可长达几十厘米。菌索可抵抗不良环境,也有助于菌体在基质上蔓延和侵入。

子座由菌丝组织和寄主组织结合而成,垫状、头状或棍棒状,主要功能是产生孢子及渡过不良环境(图 1.2.8)。

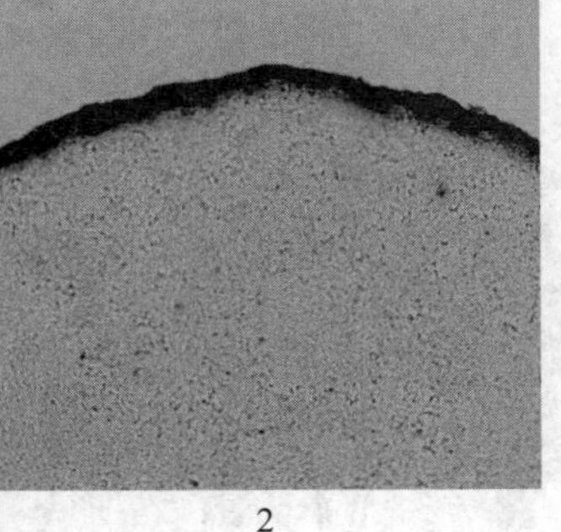

1　　2

图 1.2.6　菌核

1. 菌核外观形态　2. 菌核内部结构

图 1.2.7　菌索

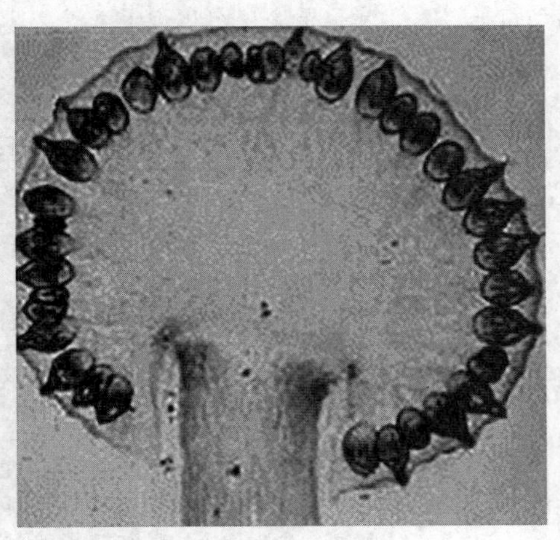

图 1.2.8　子座

2. 繁殖体

繁殖体是菌物经过营养生长阶段后，进入繁殖阶段形成的各种繁殖体。多数菌物的繁殖方式分为无性和有性两种，无性繁殖产生无性孢子，有性繁殖产生有性孢子。孢子的功能相当于高等植物的种子。菌物产生孢子的结构称子实体。子实体和孢子的形态是菌物分类的重要依据。

无性繁殖是指菌物不经过性细胞或性器官的结合，直接从营养体上产生孢子的繁殖方式。所产生的孢子称为无性孢子。无性孢子常见有 5 种类型(图 1.2.9)。

有性繁殖指菌物通过性细胞或性器官的结合而产生孢子的繁殖方式。有性繁殖产生的孢子称为有性孢子。真菌的性细胞，称为配子，性器官称为配子囊。菌物有性繁殖的过程可分为质配、核配和减数分裂 3 个阶段。有性孢子常见有 5 种类型(图 1.2.10)。菌物无性孢子和有性孢子的类型与作用特点见表 1.2.1。

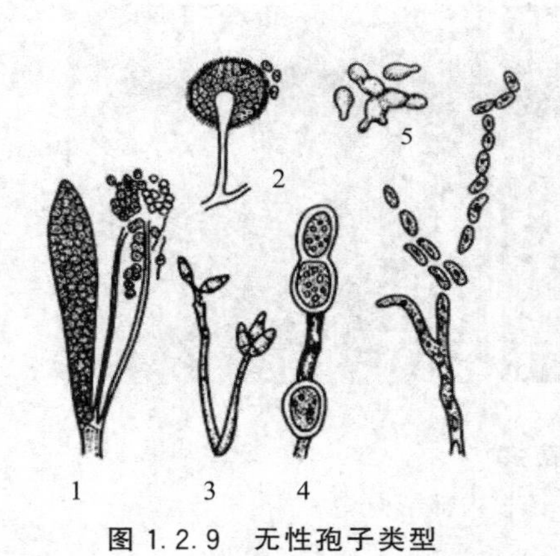

图 1.2.9 无性孢子类型

1. 游动孢子 2. 孢囊孢子 3. 分生孢子 4. 厚垣孢子 5. 芽孢子

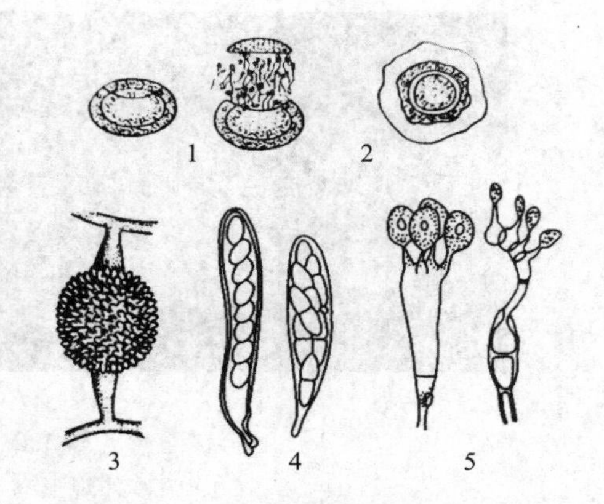

图 1.2.10 有性孢子类型

1. 休眠孢子囊 2. 卵孢子 3. 接合孢子 4. 子囊孢子 5. 担孢子

表 1.2.1 菌物无性孢子和有性孢子的类型和作用特点

孢子类型		形成方式与形态特点	作用特点
无性孢子	游动孢子	产生于游动孢子囊内。游动孢子囊由菌丝或孢囊梗顶端膨大而成，球形、卵形或不规则形。游动孢子肾形、梨形，无细胞壁，具1～2根鞭毛，可在水中游动	在一个生长季中，环境适宜的条件下可以重复产生多次，是病害迅速蔓延扩散的重要孢子类型。抗逆性差，环境不适宜时很快失去生活力。
	孢囊孢子	产生于孢子囊内。孢子囊由孢囊梗的顶端膨大而成。孢子球形，有细胞壁，无鞭毛，释放后可随风飞散	
	分生孢子	产生于由菌丝分化而形成的呈枝状的分生孢子梗上，球形、具孔口的分生孢子器内，杯状或盘状的分生孢子盘上。成熟后从孢子梗上脱落。分生孢子的种类很多，形状、大小、色泽有较大差异	
	厚垣孢子	由菌丝的细胞膨大变圆、原生质浓缩、细胞壁加厚形成。可以抵抗不良环境，条件适宜时萌发形成菌丝	
	芽孢子	由单细胞的母细胞或菌丝细胞以芽殖方式产生，多为球状	
有性孢子	休眠孢子(囊)	通常由两个游动配子结合形成，壁厚。萌发时通常仅释放出一个游动孢子，因此休眠孢子囊也称为休眠孢子	多数一个生长季产生一次，且多在寄主生长中后期产生，有较强的生活力和对不良环境的忍耐力，是菌物主要的越冬孢子类型和次年病害的侵染来源。
	卵孢子	由两个异型配子囊——雄器和藏卵器结合形成，壁厚。多埋藏在寄主植物组织内	
	接合孢子	由两个同型配子囊融合成球形、厚壁、色深的休眠孢子。表面光滑或有饰纹	
	子囊孢子	通常由两个异型配子囊——雄器和产囊体相结合，其内形成子囊。子囊是无色透明、棒状或卵圆形的囊状结构。每个子囊中一般形成8个子囊孢子，子囊孢子形态差异很大。子囊裸生或产生在子囊果内。子囊果常见有闭囊壳、子囊壳、子囊腔和子囊盘(图 1.2.11)	
	担孢子	通常由性别不同的菌丝结合成双核菌丝后，顶端细胞膨大形成棒状的担子，在担子上产生4个外生担孢子	

(二)菌物的生活史

菌物从一种孢子萌发开始,经过一定的营养生长和繁殖阶段,最后产生同一种孢子的过程,称为菌物的生活史。

菌物的典型生活史包括无性和有性两个阶段。菌物的菌丝体在适宜条件下生长一定时间后,进行无性繁殖产生无性孢子,无性孢子萌发形成新的菌丝体。菌丝体在植物生长后期或病菌侵染的后期进入有性阶段,产生有性孢子,有性孢子萌发产生芽管进而发育成为菌丝体,回到产生下一代无性孢子的无性阶段(图 1.2.12)。

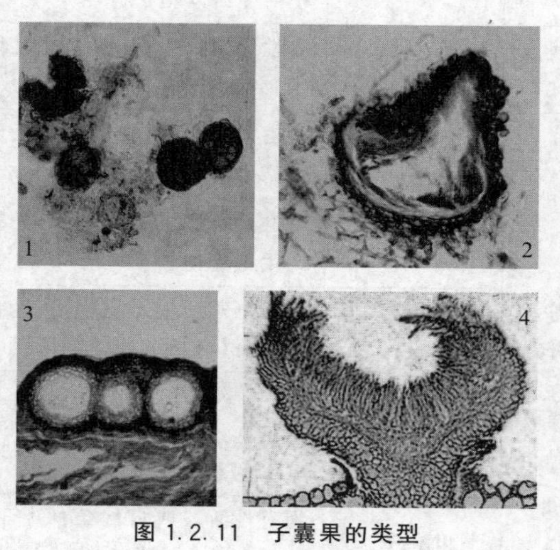

图 1.2.11　子囊果的类型

1. 闭囊壳　2. 子囊壳　3. 子囊腔　4. 子囊盘

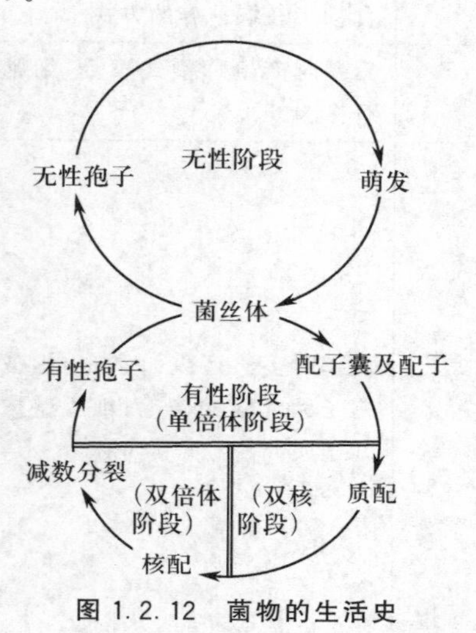

图 1.2.12　菌物的生活史

菌物在无性阶段产生无性孢子的过程,在一个生长季节可以连续循环多次,是病原菌物侵染寄主的主要阶段,它对病害的传播和流行起着重要作用。而有性阶段一般只产生一次有性孢子,其作用除了繁衍后代外,主要是渡过不良环境,并成为翌年病害初侵染的来源。

有些菌物的生活史不典型或不完整,如只有无性阶段,或者极少出现有性阶段;也有些菌物生活史以有性阶段为主,很少出现无性阶段;有些菌物甚至不产生任何类型的孢子,全部生活史都由菌丝和菌核来完成。

有些菌物可以产生不止一种类型的孢子,这种形成几种不同类型孢子的现象,称为孢子多型性。典型的锈菌生活史中可以形成冬孢子、担孢子、性孢子、锈孢子和夏孢子 5 种不同类型的孢子。一般认为多型性是真菌对环境适应性的表现。有些真菌在一种寄主植物上就可完成生活史,称单主寄生,大多数真菌都是单主寄生;有的真菌需要在两种或两种以上不同的寄主植物上交替寄生才能完成其生活史,称为转主寄生。

(三)菌物的分类与命名

菌物在自然界的地位和分类问题随着科学研究的深入一直在不断发生变化。

进入 20 世纪 80 年代,电子显微镜、分子生物学等新技术的发展导致了生物分类系统和理论的更新。第 9 版《真菌词典》(2001)接受了 1981 年由 Cavaliaer-Smith 提出的细胞生物八界分类系统,即古细菌界、真细菌界、原始动物界、原生动物界、植物界、动物界、真菌界、假菌界。按照新的分类方法，把黏菌和根肿菌划归为原生动物界，卵菌划归为假菌界，其他真菌仍归属真菌界。引起植物病害的菌物包括原生动物界、假菌界和真菌界共 3 个界 7 个门的微生物(表 1.2.2)。

表 1.2.2 植物菌物界及门的主要特征

所属界	界的特征	所属门	孢子类型
原生动物界	多为有鞭毛的单细胞生物，以吞噬食物为获取营养的方式	根肿菌门	有性繁殖产生休眠孢子囊，无性繁殖产生游动孢子
假菌界	繁殖时产生茸鞭式鞭毛，细胞壁成分多为纤维素	卵菌门	有性繁殖产生卵孢子，无性繁殖产生游动孢子
真菌界	繁殖时多不产生游动孢子，或游动孢子无茸鞭式鞭毛，细胞壁成分为几丁质	壶菌门	有性繁殖产生休眠孢子囊，无性繁殖产生游动孢子
		接合菌门	有性繁殖产生接合孢子，无性繁殖产生孢囊孢子
		子囊菌门	有性繁殖产生子囊孢子，无性繁殖产生分生孢子
		担子菌门	有性繁殖产生担孢子，无性繁殖产生性孢子、锈孢子、冬孢子和夏孢子中的部分或全部
		半知菌类	无有性阶段或自然条件下不产生，无性繁殖产生分生孢子

生物的分类阶梯为总界、界、门、纲、目、科、属、种，必要时在两级分类单元中加入一级，如亚目、亚纲、亚科、亚属、亚种等。在种下面有时还可分为变种、专化型(缩写为 f. sp)和生理小种。

菌物种的命名采用拉丁双名法，每个物种的学名都由两个拉丁词构成，第 1 个词为属名，第 2 个词为种名。属名的首字母大写，种名全部小写，属名和种名都为斜体字。学名之后注明命名人的姓氏或姓氏缩写，如果更改学名，应将原定名人的名字加括号，在括号后面再注明更名人的姓氏。如引起番茄晚疫病的致病疫霉 *Phytophthora infestans*(Mont.)de Bary。如果种的下面还分变种或专化型，在种后附加相应的变种或专化型的名称。如桃白粉病菌：*Sphaerotheca pannosa*(Wallr.)Lev. var. *persicae* Woronich，黄瓜枯萎病菌：*Fusarium oxysporium*(Schl.)f. sp. *cucumerium* Owen。

有些菌物有两个学名，这是因为最初命名时只发现其无性阶段，以后发现了有性阶段时又另外命名。如葡萄黑痘病菌的无性阶段学名为 *Sphaceloma ampelinum* de Bary，有性阶段的学名为 *Elsinoe ampelina* (de Bary) Shear。通常从实际出发，以自然界常见的无性阶段为正规学名。

(四)菌物病害的特点

菌物病害的主要症状是坏死、腐烂和萎蔫，少数为畸形。特别是在发病部位常有肉眼可见的霉状物、粉状物、粒状物等病征，这是菌物病害区别于其他病害的重要标志，也是进行病害田间诊断的主要依据。

菌物主要依靠气流、雨水或昆虫传播。孢子容易脱落的菌物通常依靠气流传播；卵菌以及在孢子器、孢子盘和子囊果产生孢子的菌物，主要借助流水传播：卵菌的游动孢子可在水中游动，孢子器或子囊果吸水后膨胀，可将孢子挤出；而分生孢子盘常分泌黏液，这些种类的菌物，其分生孢子也需要经雨水冲刷和飞溅才能传播；昆虫在取食等活动过程中，因虫体与孢子接触，因而也能传播各种类型的孢子。此外，土壤、肥料、农具、种子携带等一些人为因素也都会传播菌物病害。

菌物可以从伤口、自然孔口或植物表皮直接侵入植物，如机械伤、冻伤、自然开裂等原因造成的伤口；植物的自然孔口，如气孔、水孔、芽眼和蜜腺等也是重要的侵入途径；通常寄生性强的菌物能够从表皮直接侵入，寄生性弱的菌物往往从伤口或自然孔口侵入更为多见。

多数菌物病害在潮湿的环境条件下更容易发生，有些菌物种类要求液态水持续一定时间才能发生，如多数卵菌病害；枯萎病等根部发生的病害对湿度不敏感；少数菌物耐受干燥能力很强，白粉病、玉米瘤黑粉病在干旱时发病更为严重。

二、植物病原原核生物

原核生物是指含有原核结构的单细胞生物。遗传物质主要是存在于核区内的DNA，分散在细胞质内，没有真正的细胞核。细胞质中含有小分子的核蛋白体，没有线粒体、叶绿体等细胞器。引起植物病害的原核生物主要包含有细胞壁的细菌、放线菌和有细胞膜的植原体和螺原体，它们的重要性仅次于菌物和病毒。引起的重要病害有十字花科植物软腐病、茄科植物青枯病、果树根癌病、黄瓜角斑病、枣疯病等。

（一）一般性状

植物病原细菌大多为杆状，因而称为杆菌，两端略圆或尖细。菌体大小为(0.5～0.8)μm×(1～3)μm，少数为球状。

大多数的植物病原细菌有鞭毛，各种细菌的鞭毛数目不尽相同，通常有3～7根。着生在一端或两端的鞭毛称为极鞭，着生在菌体四周的鞭毛称为周鞭(图1.2.13)。细菌鞭毛的数目和着生位置在分类上有重要意义。

有些细菌生活史的某一阶段，会形成芽孢。芽孢是细菌的休眠体，对光、热、干燥等不利因素有很强的抵抗力。植物病原细菌通常不产生芽孢，但在制作各种培养基时，要采用121℃的高温高压热蒸汽经15～30 min将其杀灭后，才能用于培养目的菌。

细菌都是以裂殖的方式进行繁殖。裂殖时菌体先稍微伸长，自菌体中部向内形成新的细胞壁，最后母细胞从中间分裂为两个子细胞。细菌的繁殖速度很快，在适宜的条件下，每20 min就可以分裂一次。

大多数植物病原细菌对营养的要求不严格，可在一般人工培养基上生长。在固体培养基上形成不同形状和色泽的菌落，是细菌分类的重要依据。

植物病原细菌最适宜的生长温度一般为26～30℃，少数在较高温(青枯细菌生长适温为37℃)和较低温(马铃薯环腐病细菌生长适温为23℃)下生长较好。多数细菌在40℃时停止

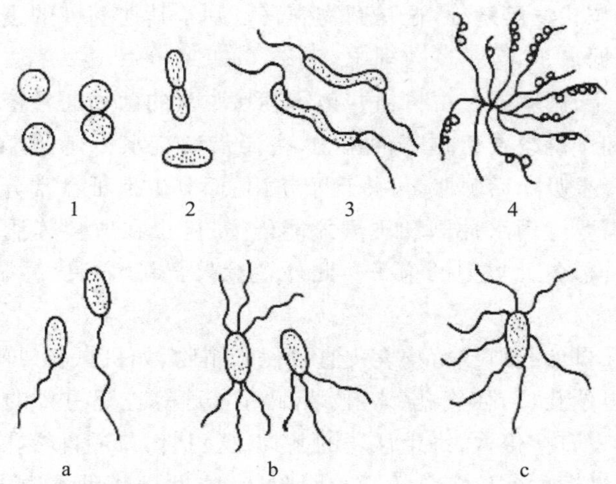

图 1.2.13　细菌形态及鞭毛着生方式

1. 球状　2. 杆状　3. 螺旋状　4. 链丝状

a. 单极鞭　b. 多极鞭　c. 周鞭

生长，50℃、10 min 时多数死亡，但对低温的耐受力较强，即使在冰冻条件下仍能保持生活力。绝大多数病原细菌都是好气性的，少数为兼性厌气性的。培养基的酸碱度以中性偏碱较为适合。

细菌的个体很小，一般在光学显微镜下观察必须进行染色才能看清楚。染色方法中最重要的是革兰氏染色法，它具有重要的细菌鉴别作用。即将细菌制成涂片后，用结晶紫染色，以碘处理，再加 95%酒精洗脱，如不能脱色则为革兰氏反应阳性，能脱色则为革兰氏反应阴性。植物病原细菌革兰氏染色反应大多是阴性，少数是阳性。

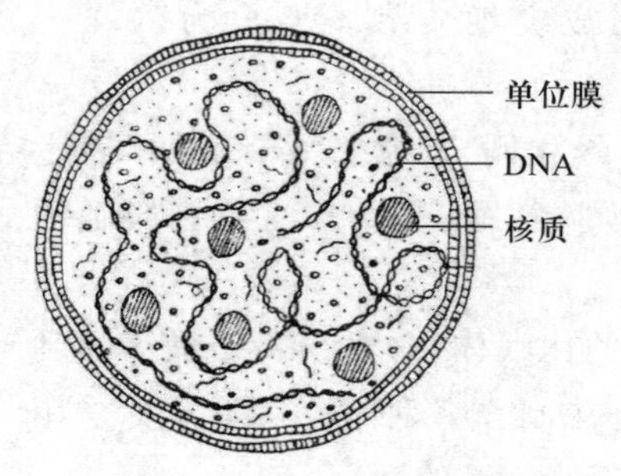

图 1.2.14　植原体形态

植原体和螺原体没有细胞壁，没有革兰氏染色反应，也无鞭毛等其他附属结构。菌体外缘为三层结构的单位膜。细胞内有颗粒状的核糖体和丝状的核酸物质。植原体的形态通常呈圆形或椭圆形，圆形的直径在 100～1 000 nm，椭圆形的大小为 200 nm×300 nm，但其形态可发生变化，有时呈哑铃形、纺锤形、马鞍形、梨形、蘑菇形等形状（图 1.2.14）。螺原体菌体呈螺旋丝状，一般长度为 3～25 μm，直径为 100～200 nm。

植原体多较难在人工培养基上培养，极少数种类可在液体培养基中形成丝状体，在固体培养基上形成“荷包蛋”状菌落。螺原体较易在人工培养基上培养，也形成“荷包蛋”状的菌落。

细菌病害诊断

（二）原核生物病害症状特点

不同种类的原核生物所引起的植物病害都有各自不同的症状特点。细菌病害的症状主要有坏死、腐烂、萎蔫和瘤肿等，并形成有黏性、露珠状的脓状物，干燥后为半透明的菌痂；引起坏死症状的，受害组织初期多为半透明的水渍状或油渍状，在坏死斑周围，常可见明显的黄色晕圈；在潮湿条件下，植株表面或维管束中也有乳白色黏性的菌脓，这是诊断细菌性病害的重要依据。引起腐烂的细菌病害，症状多为软腐，且常伴有恶臭味。植原体可引起黄化、丛枝、花变绿等症状。

植物病原细菌主要通过伤口和自然孔口（如水孔、气孔、皮孔等）侵入寄主植物。通过流水（雨水、灌溉水）、介体昆虫进行传播。很多细菌还可通过农事操作和种苗传播，如马铃薯环腐病通过切刀、姜瘟病通过块茎进行传播。高温、高湿、多雨（暴风雨）等气候条件均有利于细菌病害的发生和流行。

植原体和螺原体引起的病害症状与病毒病相似，为变色和畸形，如黄化、矮化或矮缩、丛生、小叶、花变绿等。通过叶蝉、飞虱、木虱等介体昆虫进行传播，也可以通过嫁接、菟丝子传播。

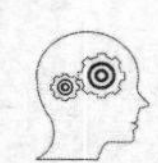

头脑风暴

如何从症状上区分菌物病害和细菌病害？

三、植物病原病毒

植物病毒是仅次于菌物和原核生物的重要病原物。不同植物病毒不仅显微形态特征有明显的差异，在鉴别寄主上引起的症状也有明显差异，可作为诊断植物病害时的重要依据。

（一）形态

形态完整的病毒称作病毒粒体。高等植物病毒粒体主要为线状、杆状、弹状和球状等（图 1.2.15）。线状、杆状和短杆状的粒体两端钝圆或平截，粒体呈管状或弹状。病毒的大小、长度个体之间并不一致，一般是以平均值来表示。线状粒体大小为（480～1250）nm×（10～13）nm；杆状粒体大小为（130～300）nm×（15～20）nm，弹状粒体大小为（58～240）nm×（18～90）nm；球状病毒粒体为多面体，粒体直径多在 16～80 nm。

许多植物病毒可由几种大小、形状相同或不同的粒体所组成，病毒的基因组可以分配在各个病毒粒体内，这几种粒体必须同时存在，病毒才表现侵染、增殖等全部性状。如烟草脆裂病毒（TRV）有大小两种杆状粒体；苜蓿花叶病毒（AMV）具有大小不同的 5 种粒体，分别为杆状和球状。这些病毒统称为多分体病毒。

（二）结构和成分

植物病毒的粒体由核酸和蛋白质衣壳组成（图 1.2.16）。蛋白质在外形成衣壳，核酸在内形成心轴。一般杆状或线条状的植物病毒是中空的，中间是核酸链，蛋白质亚基呈螺旋对称排列。核酸链也排列成螺旋状，嵌于亚基的凹痕处；球状病毒大都是近似正 20 面体，粒体也是中空的，由 60 个或 60 个倍数的蛋白质亚基镶嵌在粒体表面组成衣壳，但核酸链的排列情况还不太清楚；弹状粒体的结构更为复杂，内部为一个由核酸和蛋白质形成的、较粒体短而细的螺旋体管状中髓，外面有一层含有蛋白质和脂类的包膜。

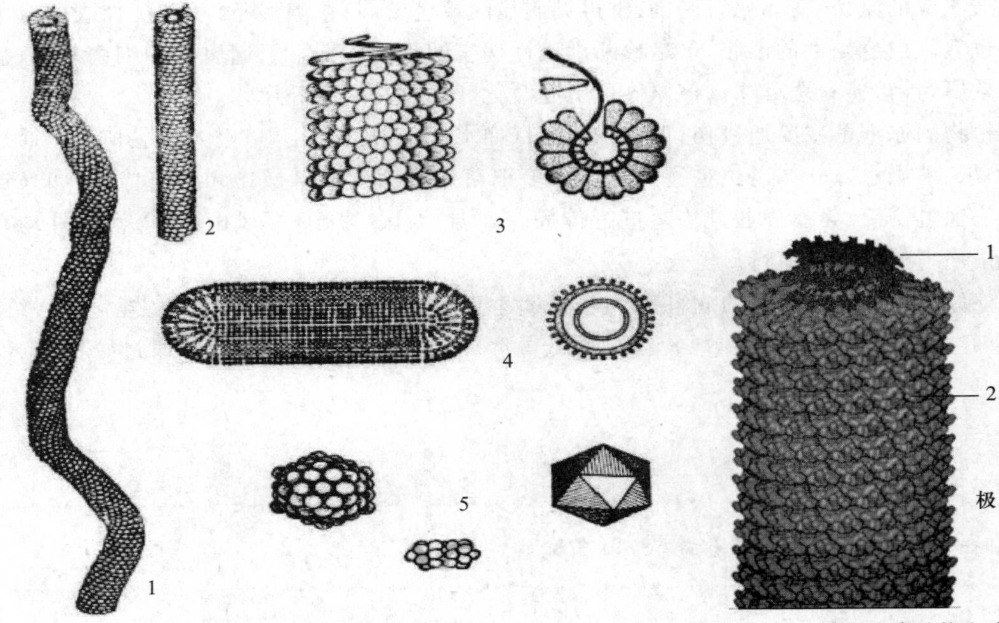

图 1.2.15 植物病毒形态

1. 线状病毒 2. 杆状病毒 3. 线状和杆状病毒切面结构

4. 弹状病毒及切面结构 5. 二十面体病毒及切面结构

图 1.2.16 植物病毒结构和成分

1. 核酸 2. 蛋白质衣壳

植物病毒粒体的主要成分是核酸和蛋白质，核酸和蛋白质比例因病毒种类而异，一般核酸占 5%～40%，蛋白质占 60%～95%。此外，还含有水分、矿物质元素等；有些病毒的粒体还有脂类、碳水化合物、多胺类物质；有少数植物病毒含有不止一种蛋白质或酶系统。

一种病毒粒体内只含有一种核酸（RNA 或 DNA）。高等植物病毒的核酸大多数是单链 RNA，极少数是双链的（三叶草伤瘤病毒）。个别病毒是单链 DNA（联体病毒科）或双链 DNA（花椰菜花叶病毒）。

植物病毒外部的蛋白质衣壳具有保护核酸免受核酸酶或紫外线破坏的作用。蛋白质亚基是由许多氨基酸以多肽连接形成的。病毒粒体的氨基酸有 19 或 20 种，氨基酸在蛋白质中的排列次序由核酸控制，同种病毒的不同株系，蛋白质的结构有一定的差异。

（三）增殖

植物病毒是一种非细胞状态的分子寄生物，其增殖方式不同于一般细胞生物的繁殖。其特殊的“繁殖”方式称为复制增殖。由于植物病毒的核酸主要是 RNA，而且是单链的，所以病毒的 RNA 分子并不是直接作为模板复制新病毒的 RNA，而是先形成相对应的“负模板”，再以“负模板”不断复制新的病毒 RNA。新形成的病毒 RNA 控制蛋白质衣壳的复制，然后核酸和蛋白质进行装配形成完整的子代病毒粒体。核酸和蛋白质的合成和复制需要寄主提供场所（通常在细胞质或细胞核内）、复制所需的原材料和能量、寄主的部分酶和膜系统。

(四)理化特性

病毒作为活体寄生物,在其离开寄主细胞后,会逐渐丧失它的侵染力,不同种类的病毒对各种物理化学因素的反应有所差异。

1. 钝化温度

钝化温度也称失毒温度,是将含有病毒的植物汁液在不同温度下处理10 min后,使病毒失去侵染力的最低温度,以摄氏度表示。病毒对温度的抵抗力相当稳定,同种病毒的不同株系的钝化温度也有差别。大多数植物病毒钝化温度为55～70℃,烟草花叶病毒的钝化温度最高,为90～93℃。

2. 稀释终点

稀释终点又称稀释限点,是将含有病毒的植物汁液加水稀释,使病毒失去了侵染力的最大稀释限度。各种病毒的稀释限点差别很大,如菜豆普通花叶病毒的稀释限点为10^{-3},烟草花叶病毒的稀释限点为10^{-6}。

3. 体外存活期

体外存活期也称体外保毒期,是在室温(20～22℃)下,含有病毒的植物汁液保持侵染力的最长时间。大多数病毒的体外存活期为数天到数月。

此外,不同种类病毒的物理特性在沉降系数和光谱吸收特性上也有所不同。

4. 对化学因素的反应

病毒对一般杀菌剂如硫酸铜、甲醛的抵抗力都很强,但肥皂等除垢剂可以使病毒的核酸和蛋白质分离而钝化,常把除垢剂做为病毒的消毒剂。

(五)植物病毒的侵染和传播

植物病毒是严格的细胞内专性寄生物,除花粉传染的病毒外,植物的病毒只能从机械的或传毒介体所造成的、不足以引起细胞死亡的微伤口侵入,病毒不能通过植物表皮的细胞壁。

植物病毒的侵染有全株性的和局部性的。全株性侵染的病毒并不是植株的每个部分都有病毒,植物的茎和根尖的分生组织中可以没有病毒。利用病毒在植物体内分布的这个特点将茎端进行组织培养,可以得到无病毒的植株,如马铃薯、甘薯、草莓等植物的无毒组培苗繁育工厂化生产已经获得成功。

植物病毒的侵染来源和传播方式有以下几种。

1. 种子和其他繁殖材料

由种子传播的病毒种类很少。只有豆科和葫芦科植物病毒病可以通过种子传播。有些植物种子是通过外部有含病毒的植物残体传播。

感染病毒的各种无性繁殖材料,如块茎、鳞茎、块根、果树的插条、砧木和接穗等是病毒病重要的侵染来源。嫁接是果树病毒病传播的重要方式。

2. 田间病株

许多病毒的寄主范围广,如烟草花叶病毒、黄瓜花叶病毒等,都可以侵染上百种栽培和野生植物。一种植物上的病毒可以作为另一种植物病毒病的侵染来源。

接触传染也是田间植株之间病毒病传染的一种方式。如烟草花叶病毒,在田间和温室进行移苗、整枝、打杈等农事操作，或因大风使健株与邻近病株接触而相互摩擦，造成微小的伤口，病毒就会随着汁液进入健株。所以，在田间进行农事操作时，用肥皂水洗手，可避免由手和工具造成的病毒传播。

3. 土壤

有些病毒可以通过土壤中的线虫和真菌传播。如烟草花叶病毒能在土壤中长期保持生物活性并由剑线虫属及油壶菌属等真菌传播。

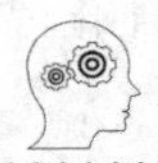

头脑风暴

防治土壤中的线虫能预防病毒病的发生吗？

4. 介体昆虫

大部分植物病毒是通过昆虫和少数螨类传播的。传毒的昆虫主要是刺吸式口器的昆虫，如蚜虫、叶蝉、飞虱、粉虱、蓟马等，少数咀嚼式口器的昆虫，如甲虫、蝗虫等也可以传播病毒。

昆虫传播病毒有一定的专化性，有些病毒只由蚜虫传播，有的只由叶蝉传播。有些昆虫只能传播一种病毒，而桃蚜可以传播 100 多种病毒。

病毒在昆虫体内的存在部位与传染机制也有差别，口针型病毒仅存在于昆虫口针的前端，获毒后即可传毒，但不持久；循回型病毒经昆虫的肠道到达唾液腺后，通过唾液传播；增殖型病毒在昆虫体内可增殖，可终生传毒，甚至经卵传播。

（六）命名

植物病毒的种名常由英文的寄主名称＋症状＋病毒构成，通常仅首字母为大写，如烟草花叶病毒全称为 Tobacco mosaic virus，为了书写方便，植物病毒经常使用缩写，如烟草花叶病毒的英文缩写为 TMV，黄瓜花叶病毒全称为 Cucumber mosaic virus，英文缩写为 CMV。

（七）植物病毒病症状特点

植物感染病毒后产生各种症状，有外部和内部症状两类表现。

植物病毒病的外部症状类型主要有变色、坏死和畸形。变色中以花叶、斑驳、明脉和黄化最为常见。植物病毒病的坏死症状常表现为枯斑、环纹或环斑；畸形则多表现为瘤肿、矮化、皱缩、小叶等；同一种植物病毒病可以引起多种类型的症状。如辣椒病毒病可表现为花叶、矮化、皱缩、环斑等；同一种病毒在不同植物上症状表现也有差异，如 TMV 在普通烟上引起全株性花叶，在心叶烟上则形成局部性枯斑；两种或两种以上病毒的复合侵染症状表现更加复杂，如 CMV 引起番茄病毒病的蕨叶症状，与 TMV 复合侵染则引起严重的条斑。

细胞感染病毒后，植物内部最为明显的变化是在表现症状的表皮细胞内形成内含体，内含体的形状很多，有风轮状、变形虫形、近圆形，也有透明的六角形、长条状、皿状、针状、柱状等形状。有些在光学显微镜下就可观察到。

植物受到病毒感染后，病毒虽然在植物体内增殖，但由于环境条件不适宜而不表现显著的症状，称症状潜隐。如高温可以抑制许多花叶病型病毒病的症状表现。

四、植物病原线虫

线虫是一种低等无脊椎生物，属于线形动物门线虫纲。线虫在自然界中分布很广，形体多为线状。全世界有 50 多万种线虫，可寄生在粮食、果树、蔬菜、花卉等植物上引起线虫病害，使寄主生长衰弱、根部畸形；同时，线虫还能传播真菌、病毒、细菌等，加剧病害的严重程度；也有一些生防线虫如斯氏线虫科、异小杆科、索科线虫等，在生产上可防治桃小食心虫、小地老虎、大黑鳃金龟等。

（一）形态与结构

大多数植物病原线虫体形细长，两端稍尖，形如线状，故称线虫。植物寄生性线虫大多虫体细小，需要用显微镜观察。线虫体长 0.3～1 mm，个别种类可达 4 mm，宽 30～50 μm。线虫的体形也并非都是线形的，雌雄同型的线虫，雌成虫和雄成虫皆为线形；雌雄异型的线虫，雌成虫为柠檬形或梨形，但它们在幼虫阶段都是线形的（图 1.2.17）。线虫虫体多为乳白色或无色透明，有些种类的成虫体壁可呈褐色或棕色。

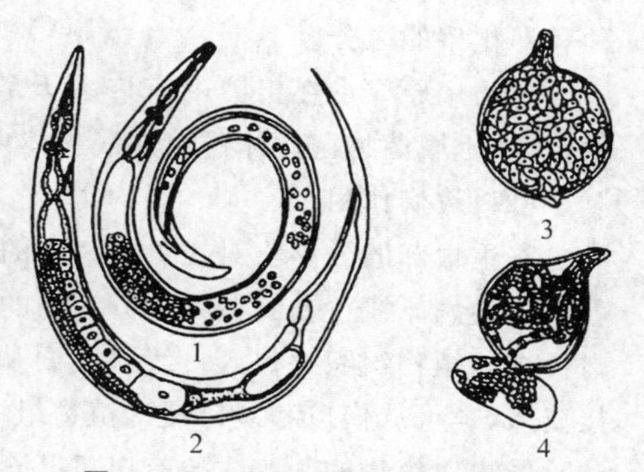

图 1.2.17　植物病原线虫形态特征

1. 雄虫　2. 雌虫　3. 胞囊线虫成熟雌虫（胞囊）　4. 根结线虫雌成虫和卵

植物病原线虫虫体结构较简单，外层为体壁，不透水、角质，有弹性，表面光滑或有纵横条纹。体壁下为体腔，有消化、生殖、神经、排泄等系统。无循环和呼吸系统。

线虫虫体分唇区、胴部和尾部。口针也称吻针，能伸缩，是位于线虫口腔中央的一根骨质化的刺状物，为植物病原线虫特有，可穿刺植物组织吸取营养，其形态和结构是线虫分类的依据之一。线虫食道的类型及尾部侧尾腺的有无也是分类的重要依据。

（二）生活史

植物病原线虫生活史比较简单。有卵、幼虫和成虫 3 个虫态。卵通常为椭圆形，半透明，产在植物体内、土壤中或留在卵囊内；幼虫有 4 个龄期，1 龄幼虫在卵内发育并完成第一次蜕皮，2 龄幼虫从卵内孵出，再经过 3 次蜕皮发育为成虫。植物线虫一般为两性生殖，也可以孤雌生殖。在适宜条件下，多数线虫完成一代只要 3～4 周的时间，在一个生长季中可完成多代，少数线虫 1 年只完成 1 代。1 条线虫一生中可产卵 500～3 000 个。

（三）生理特性

植物病原线虫除休眠状态的幼虫、卵和胞囊以外，都需要在水中或表面有水膜的土壤颗粒内进行正常活动和存活，或在寄主植物的活细胞和组织内寄生。活动状态的线虫如果长时间暴露在干燥的空气中会很快死亡。发育适宜温度一般为 15～30℃。在寒冷、干燥或缺乏寄主时能以休眠或滞育的方式在植物体外长期存活，多数线虫的存活期可以达到 1 年以上。

线虫在土壤中的活动性不大，在 1 个生长季节内，线虫在土壤中主动扩展的范围很少超出 0.3～1.0 m，而且活动时没有方向性。线虫在田间的分布通常是不均匀的，水平分布呈块状或中心分布，垂直方向多分布在植物根围 15 cm 以内的耕作层内。土壤湿度有利于线虫的活动，大多数线虫在较干旱的条件下有利于生长和繁殖。多数线虫在沙壤土中发生严重。

植物病原线虫都是活体寄生物，不能人工培养。寄生方式有外寄生和内寄生两种。外寄生的线虫虫体大部分留在植物体外，仅以头部穿刺进入植物组织内吸取食物；内寄生的线虫虫体则全部进入植物组织内，也有些线虫生活史的某一段为外寄生，而另一段为内寄生。

植物病原线虫具有寄主专化性，有一定的寄主范围。种内存在生理分化现象，有生理小种和专化型的区分。

植物病原线虫在土壤中有许多天敌，有寄生线虫的原生动物，有吞食线虫的肉食性线虫，有些土壤菌物菌丝体可以在线虫体内寄生。

（四）致病作用

寄主根部的分泌物对线虫有一定的吸引力，或者能刺激线虫虫卵孵化。

植物病原线虫受到植物根分泌物的刺激后可向根的方向运动，与寄主组织接触后，即以口针穿刺植物组织并侵入。线虫主要从植物表面的气孔和皮孔等自然孔口侵入，或根尖直接侵入，也可从伤口和裂口侵入植物组织内。

线虫对植物的为害主要有以下几个方面：由线虫口针穿刺植物组织细胞进行吸食直接造成机械伤害；吸食并夺取寄主的营养；分泌唾液和多种酶等生化物质破坏植物的正常代谢；由线虫侵染所造成的伤口还是真菌、细菌等病原微生物的二次侵染途径；某些线虫可传播真菌、细菌和病毒，导致更为严重的危害。

（五）线虫病害症状特点

植物病原线虫可以寄生在植物的根、茎、叶、芽、花、穗等各个部位，但大多数线虫在土壤中生活，寄生在植物根及地下茎的最为多见。

植物受线虫为害后，可以表现局部性症状和全株性症状。局部性症状多出现在地上部分，如顶芽坏死、茎叶卷曲、种瘿等；全株性病害则表现为营养不良、植株矮小、发育迟缓等，有时还有丛根、根结、根腐等症状。

五、寄生性植物

少数植物由于根系或叶片退化或缺乏足够的叶绿素而营寄生生活以获取营养物质，称为寄生性植物。大多数寄生性植物为高等植物中的双子叶植物，可以开花结籽，又称为寄生性种子植物，如菟丝子、列当、槲寄生等，还有少数低等的藻类植物，引起高等植物的藻斑病。

半寄生性植物

（一）寄生性植物的寄生性

寄生性植物从寄主植物上获得生活物质的方式和成分各有不同。

按寄生物对寄主的依赖程度或获取寄主营养成分不同，可分为全寄生和半寄生两类。全寄生可从寄主植物上夺取它自身所需要的所有生活物质，如列当和菟丝子，它们的叶片退化，叶绿素消失，根系也蜕变成吸根，以吸根与寄主植物相连。对寄主植物的损害十分严重，常使寄主植物提前枯死；半寄生俗称“水寄生”，寄生物与寄主的寄生关系主要是水分的依赖关系，如桑寄生和槲寄生等植物的茎叶内有叶绿素，自己能制造碳水化合物，但根系退化，以吸根的导管与寄主维管束的导管相连，吸取寄主植物的水分和无机盐。

全寄生性植物

按寄生部位不同又可分为根寄生和茎(叶)寄生两类。根寄生如列当、独脚金等，寄生在寄主植物的根部，地上部与寄主彼此分离；而菟丝子、槲寄生等则寄生在茎或叶片上，两者紧密结合在一起，称为茎(叶)寄生。

(二)寄生性植物的致病性

寄生性植物都有一定的致病性，致病力因种类而异。半寄生类的桑寄生和槲寄生对寄主的致病力，比全寄生的列当和菟丝子弱。半寄生类的寄主大多为木本植物，寄主受害后在相当长的时间内无明显表现，但当寄生物群体数量较大时，寄主生长势削弱、早衰，最终会导致死亡，但树势衰退速度较慢。全寄生的列当、菟丝子等多寄生在一年生草本植物上，当寄主个体上的寄生物数量较多时，很快就黄化、衰退致死，严重时寄主成片枯死。

(三)寄生性植物的繁殖和传播

寄生性种子植物主要以种子繁殖。多数情况下为被动传播，如依靠各种鸟类携带传播，如槲寄生的果实为肉质浆果，成熟时色泽鲜艳，引诱鸟类啄食并随鸟的飞翔活动传播。这些种子有生物碱保护，即使经过鸟类消化道亦不受损坏，随粪便排出后，黏附在树皮上，温度、湿度条件适宜时萌发侵入寄主；有些寄生性植物，如列当科的植物，种子很轻、很小，种子可随风飞散传播；大豆菟丝子则可与寄主种子一起随调运而传播。

六、非侵染性病害的病原

非侵染性病害是由不良环境因素造成的病害。非侵染性病害的发生常与栽培条件、环境质量和农事措施有关，不适宜的环境因素通过干扰植物正常生理活动影响植物健康，在不同植物个体间不能互相传染，因此非侵染性病害也可称为非传染性病害或者生理性病害。

各种园艺植物都有其适合的生长发育环境条件，如果超过其适应的范围，植物就会生病，引起非侵染性病害的病原因素有很多，包括各种物理因素与化学因素，可归纳为营养失调、土壤水分失调、温度不适、光照不适、空气污染、化学毒害等。

近年发展起来的设施园艺具有经济效益高和精耕细作的特点，非侵染性病害有日益严重的趋向。

第三节 植物病害的诊断和分类

正确诊断和鉴定植物病害是防治病害的基础。只有确定了植物病害的病原，才能有的放矢，根据病原的特性和病害发生规律制定相应的防治对策，才能收到良好的防治效果。

一、植物病害的诊断

(一)病害症状的田间观察

在初步诊断病害时,田间观察和发病条件分析是最为常用的方法。在田间观察时应详细调查和记录以下内容:病害发生的普遍性和严重性;病害发展的速度和田间分布;发生时期;寄主品种、受害部位、症状;地势、土质、土壤 pH;施肥、灌水、用药等管理情况等,然后根据病害在田间分布和发展情况,判定病害的类别。

植物病害依据病原类别分为侵染性病害和非侵染性病害,这两类病害的病原、发生规律和防治方法完全不同。

侵染性病害中的菌物病害和细菌病害的症状以坏死、萎蔫、腐烂居多,菌物病害可在病部产生霉状物、粉状物、点状物和核状物等特定结构;细菌病害则是在病部产生黄色或乳白色的脓状物,干燥后形成薄膜或胶粒;病毒和类病毒病害虽无病症,但它们的病状多为变色(花叶、黄化)、畸形(蕨叶、线叶、皱缩)等;线虫病害植株地上部分一般表现为矮小、瘦弱、发育迟缓、营养不良等,地下部分多表现为根结、根腐等症状,有时肉眼即可见线虫虫体。寄生性植物则个体较大,易于判断。

非侵染性病害仅有病状而无病症,常与异常的气候条件、环境污染以及施肥、喷药不当等农事操作密切相关,应通过比较分析和实地调查进行初步诊断。

在田间侵染性病害和非侵染性病害有明显的区别(表 1.3.1)。

表 1.3.1 植物侵染性病害和非侵染性病害的主要区别

比较项目	侵染性病害	非侵染性病害
田间分布	有发病中心,田间病株的发病时间有先后差别,发病程度有轻有重	发生面积比较大,且发病时间、发病程度相同,表现同一症状,冷害、热害、雹害、有害气体污染等常有明显的突然性
与环境因素关联	与环境条件没有直接的因果关系	与地势、土质、土壤 pH、施肥、灌水和用药及环境中温湿度、废水、废气、烟尘等密切相关
发病过程	有从轻到重的发病过程,具传染性	无由点到面逐步扩展的过程,无传染性
病状	病状类型复杂多变	除高温灼伤和使用药肥不当引起局部病状外,多出现全株性变色、枯斑、灼烧、畸形、生长不良等病状
病症	除病毒、类病毒、植原体等无病症外,病部可见霉状物、粉状物、点状物、核状物、脓状物及线虫虫体和寄生植物的植株等	无病症
病原	为菌物、原核生物、病毒、线虫、寄生性植物等	营养缺乏、温度不适、水分失调、化学药剂施用不当、肥料施用不当、有害物质等

(二)病原鉴定

有时受田间发病条件的限制,症状尤其是病症表现不够明显,此时较难判定是何种病害。可将病株或病组织采回,在合适的温度、湿度条件下培养,促使病症充分表现,然后使用光学显微镜或电子显微镜、血清学及分子生物学技术进行病原物鉴定，根据显微镜下病原物的形态特征，鉴定病害种类。需要注意的是非侵染性病害的坏死组织上常有腐生菌滋生，鉴定时需排除干扰。

对于非侵染性病害可通过化学方法定性、定量分析植物组织内及其生长环境中如土壤、灌溉水、空气中矿质元素或有毒物质的种类及含量，以确诊缺素种类和化学毒物的类型；也可在初步诊断的基础上，用可疑病因处理健康植物，或用所缺元素喷洒、注射、浇灌发病植物，观察其表现来确定可疑病原。

在病害鉴定中还需注意，侵染性病害与非侵染性病害有时会联合发生，容易混淆，有时须通过鉴定、接种等手段进行综合分析，方可正确诊断病因。

(三)运用柯赫氏法则确定病原物

对于不常见或新病害的病原鉴定应遵循1884年德国微生物学家柯赫(R. Koch)提出的柯赫氏法则，完成病害的病原鉴定，这个过程也称为证病试验。

1. 在患病植物上常能发现同一种致病的微生物，并诱发一定的症状。
2. 能从病组织中分离出这种微生物，获得纯培养物，并明确它的特征。
3. 将纯培养物接种到相同品种的健康植株上可以产生相同病害症状。
4. 从接种发病的植物上可重新分离到同种微生物。

少数专性寄生菌、难养菌、类菌原体等，很难在人工培养基上培养，或因缺乏合适的接种方法难以证明其致病性，可用增设对照的办法间接证明某种微生物是否为特定病害的病原物。

二、植物病害的分类

植物病害的分类有多种方法，常见的分类方法有以下几种。

1. 按照病原类别划分

植物病害可分为侵染性病害和非侵染性病害两大类。侵染性病害又根据病原物的类别细分为菌物病害、原核生物病害、病毒病害、线虫病害和寄生性植物引发的病害等。菌物病害还可再细分为卵菌病害、子囊菌病害、担子菌病害、半知菌病害等，继续再细分为霜霉病、疫病、白粉病、菌核病、锈病、炭疽病等。这种分类方法便于掌握同一类病害的症状特点、发病规律和防治方法。

2. 按照寄主作物类别划分

植物病害可以分为大田作物病害、果树病害、蔬菜病害、花卉病害以及林木病害等。蔬菜病害又可细分为葫芦科蔬菜病害、茄科蔬菜病害、十字花科蔬菜病害、豆科蔬菜病害等。这种分类方法便于统筹制定某种植物多种病害的综合防治计划。

3. 按照病害传播方式划分

植物病害可分为气传病害、土传病害、水传病害、虫传病害、种苗传播病害等，其优点是可以依据传播方式考虑防治措施。

4. 按照发病器官类别划分

植物病害可以划分为叶部病害、果实病害、根部病害等，同类病害的防治方法有很大的相似性。

另外，还可以按照植物的生育期、病害的传播速度和病害的重要性等进行划分，如苗期病害、主要病害、次要病害、常见病害等。

综合实训 1-3　植物病原物识别及显微诊断技术

一、技能目标

(1)熟练掌握光学显微镜的使用方法。

(2)熟练掌握临时玻片制作方法。

(3)了解菌物、原核生物、线虫的形态特征，并能够根据光学显微镜下病原物的形态特征判断病原物类型。

二、用具与材料

(1)设备用具　多媒体教学设备、光学显微镜、放大镜、镊子、挑针、刀片、擦镜纸、滴瓶、载玻片、盖玻片、纱布等。

(2)材料　植物菌物病害、原核生物病害、线虫病害、寄生性植物新鲜标本或腊叶标本，病原物的纯培养、植物病害挂图及幻灯片等。

三、内容及方法

1. 临时玻片制作方法

临时玻片制作

对植物菌物、原核生物和线虫病害的病原物进行显微诊断，需要制作临时玻片。病害的病症类型不同，制作临时玻片的方法有所差别。

(1)挑取法　植物病部组织表皮外，生长量较大的霉状物、粉状物、点状物可采用挑取法。方法是：在洁净的载玻片中央加 1 滴蒸馏水，用挑针挑取病组织或纯培养菌落中的病原物，放入蒸馏水中，加盖玻片，制成临时玻片后，于显微镜下观察。注意加盖玻片时先将盖玻片 1 侧放入水中，用挑针托住盖玻片慢慢放下，可减少气泡产生。

(2)刮取法　对病部生长量稀少、难以肉眼辨认的霉层可采用刮取法。方法是：把刀片在水中略加湿润后，在病部顺同一方向刮取 3～5 次，使病原物黏于其上，后将刀片在载玻片的水滴中点蘸，可使病原物转移到载玻片的水滴中，其他步骤与挑取法相同。

(3)切取法　在植物病部组织表皮下生长的点状物采用切取法比较有效。方法是：如果病害组织材料新鲜，用刀片在病部组织的点状物中心切下，在向后移动的同时连续多次将病组织切成 0.3～0.5 mm 宽的细丝或片，将挑针或镊子蘸水湿润后，把丝状或片状的病组织转移到载玻片的水滴中；如果是干燥的腊叶标本，可先用水湿润 1～3 min，待组织变软后切取点状物，其他步骤与新鲜材料相同。

2. 植物病原菌物观察

(1)菌物营养体

①菌丝和假根。选取瓜果腐烂病菌、甘薯软腐病菌、丝核菌、链格孢属菌物制作临时玻片，

或观察永久玻片，观察并比较菌丝和假根形态、有无隔膜、分枝角度及有无缢缩、颜色差别等。

②菌核和菌索。观察稻纹枯病、十字花科蔬菜菌核病、甘薯紫纹羽病的菌核及菌核永久玻片，比较菌核和菌索的形状、大小、颜色、质地等。

③吸器。取霜霉病或白粉病病叶，用撕取法观察细胞内的吸器的形状、大小、位置等。

(2)菌物繁殖体

①无性孢子。游动孢子囊和游动孢子：挑取植物霜霉病、疫病、白锈病的霜霉、白锈制成临时玻片，并保湿 3～4 h 后，观察比较游动孢子囊和游动孢子、孢囊梗形态特征、颜色，及游动孢子在水中游动的情况等。

孢子囊和孢囊孢子：挑取甘薯软腐病菌制成临时玻片，观察比较孢子囊和孢囊孢子形态特征、颜色等。

分生孢子：挑取瓜类白粉病、灰霉病，刮取葱紫斑病、玉米大斑病的霉状物，切取辣椒炭疽病、苹果绿缘褐斑病的点状物制成临时玻片，观察比较分生孢子和孢子器形态、大小、颜色、分隔和着生方式等特点。

厚垣孢子：挑取黄瓜枯萎病菌的霉状物，制成临时玻片或观察病原物永久玻片，其中细胞膨大、细胞壁加厚的孢子为厚垣孢子，观察其形态及颜色、大小等特征。

②有性孢子。卵孢子：挑取谷子白发病或葡萄霜霉病的粉状物、霉状物制成临时玻片，观察卵孢子形态及颜色、大小等特征。

接合孢子：观察接合孢子永久玻片，观察其形态、颜色等特征。

子囊孢子：采用挑、刮、切的方法制成临时玻片或观察病原物永久玻片，比较桃缩叶病、苣荬菜白粉病、甘薯黑斑病、芹菜菌核病等病原物的子囊果类型，子囊孢子着生方式、形态、数量、颜色等特征。

担孢子：观察锈菌、黑粉菌冬孢子萌发永久玻片，观察担孢子形态、隔膜、担孢子着生方式、形态、数量、颜色等特征。

3. 植物病原原核生物观察

原核生物中的细菌可使用光学显微镜进行鉴定。可采用观察细菌溢的方法进行病害诊断。

方法是：用刀片切取新鲜黄瓜细菌性角斑病病健交界处 3～4 mm 边长的叶片组织，放于载玻片的水滴中，迅速加盖玻片后，在低倍镜下观察，在植物的切口处会大量涌出云雾状的细菌菌体。注意镜检时光线不宜太强。

4. 植物病原线虫观察

将小麦粒线虫的虫瘿提前放入小烧杯中加 5 mL 水泡软，观察前用挑针挑开，使线虫进入水中，用滴管吸取 1 滴带有线虫虫体的水滴在载玻片上，加盖片观察；观察前将甘薯茎线虫病的病薯块用小刀切开，用挑针挑取小块腐烂软化的病组织，放在载玻片上的水滴中，加盖片后轻压，观察线虫成虫、幼虫及卵的形态、大小等特征。通常新鲜植物组织内的线虫活动性较强，放置一定时间后死亡个体增加。

四、作业

完成植物病原物显微诊断实训任务报告单。

综合实训 1-3
植物病原物识别
及显微诊断技术

综合实训 1-4　培养基制备与灭菌技术

一、技能目标

掌握 PDA 培养基、牛肉膏蛋白胨培养基的制作及灭菌技术。

二、用具与材料

(1)仪器用具　恒温箱、烘箱或红外线干燥箱、高压灭菌锅、钢锅、天平、烧杯、量筒、培养皿、移液管、三角瓶、试管筐、试管架、漏斗、试管、削皮刀、镊子、解剖剪、纱布、棉花、玻璃铅笔、牛皮纸等。

(2)材料　马铃薯、葡萄糖、琼脂、牛肉膏、蛋白胨、水。

(3)药品　1 mol/L NaOH、1 mol/L HCl、肥皂、蒸馏水等。

三、内容及方法

(一)培养基配制

一般兼性寄生物都可以在人工培养基上生长,可根据病原物种类的需要,配制营养成份不同的培养基,常用的固体培养基有以下 2 种。

1. 马铃薯葡萄糖琼脂培养基

简称 PDA 培养基,常用于培养菌物,经过调节 pH 后,也可以培养细菌(表 1.3.2)。

表 1.3.2　PDA 培养基的原料及配方

马铃薯	200 g	葡萄糖	20 g
琼脂	17～20 g	水	1 000 mL

马铃薯和蔗糖提供营养物质,琼脂主要起凝固作用。配制方法如下:

(1)称量原料　马铃薯洗净去皮后称重 200 g,葡萄糖 20 g,琼脂 17～20 g 分别称重后备用。

(2)熬煮原料　将马铃薯切成小块,加水 1 000 mL,放于钢锅内煮沸后计时 30 min,用纱布滤去马铃薯残渣,滤液加水定容为 1 000 mL;在马铃薯滤液中加入琼脂,继续加热使琼脂完全溶化,注意琼脂加热过程中需控制火力,以免溢出或烧焦,琼脂完全溶化后,加入葡萄糖搅拌使其溶化。

(3)调节 pH　PDA 培养基的 pH 为偏酸性,适于真菌生长可不调节 pH,如用于培养细菌,可用 1 mol/L 的 NaOH 和 1 mol/L 的 HCl 调节 pH 至 7.2～7.4。调节 pH 时 NaOH 或 HCl 应逐滴加入,以免局部过酸或过碱破坏培养成分。

(4)分装　趁热用双层纱布过滤培养基,分别装入三角瓶或试管中,一般三角瓶内的培养基以不超过瓶高的1/3较为合适，试管内的培养基约装5 mL，或不超过试管高度的1/4较为合适，注意培养基不可沾污试管口和瓶口。

(5)加棉塞 棉塞的1/3在外，2/3在内，拔出时有“嘭”的轻微爆破声，表明其大小合适。棉塞应用洁净、干燥的普通棉花制作。方法是：根据试管口或三角瓶口大小，选择适量棉花裁成近正方形，对折后从一端向另一端卷紧，再从中间回折成长棒形或蘑菇形的棉塞。

(6)标记和捆扎 将试管约每10支为1捆扎好，棉塞部分用牛皮纸包好，牛皮纸上用铅笔注明培养基种类、配制日期、组别等。

2. 牛肉膏蛋白胨培养基(NA)

其简称为NA培养基，适用于培养一般细菌，配方见表1.3.3。

表1.3.3 NA培养基的配方

牛肉浸膏	3～5 g	蛋白胨	5～10 g	水	1 000 mL
葡萄糖	2.5 g	琼脂	17～20 g		

按配方分别称取原料后，将琼脂加水1 000 mL放于钢锅内煮至溶化，将牛肉浸膏、蛋白胨及葡萄糖溶于水中。牛肉膏蛋白胨培养基一般为弱碱性，不需调节pH。之后的分装、加棉塞、捆扎、摆斜面等步骤同PDA培养基。

(二)灭菌

在植物病害的研究和试验中，为了获得纯培养，避免各种杂菌污染，需对所用器材和培养基进行灭菌处理。

1. 常用灭菌方法

用物理或化学的方法杀灭物品内外的全部微生物(表1.3.4)。

表1.3.4 常用灭菌方法

灭菌方式	方法	操作技术	适用范围
干热灭菌	灼烧法	利用火焰直接将微生物杀灭	接种针、接种环、镊子等金属器材、载玻片及各种玻璃器皿的瓶口等
	干热法	将待灭菌物品放入烘箱，升温至160～170℃保持1～2 h，为避免玻璃器皿因骤冷而炸裂，应待温度自然冷却至60℃以下时打开烘箱门，取出物品	玻璃器皿、金属器材、木质品等
湿热灭菌	高压蒸汽法	将待灭菌物品放入高压蒸汽灭菌锅内，在0.1 MPa，121℃下灭菌20～30 min	培养基、玻璃器皿、金属器材、棉塞、纸张等

2. 灭菌前的准备工作

除了对培养基进行灭菌外，在病原物的分离培养过程中，所需的工具和器皿也必须进行灭菌。如培养皿应以5～10套为1组用纸包扎好或放在金属培养皿筒内；三角瓶的棉塞外要用牛皮纸包好并用皮筋或细绳捆扎；移液管则用纸条斜向从移液管尖端开始，向上边卷边包，包好后把尖端再次拧紧、压扁，集中灭菌；将三角瓶装1/3高度的蒸馏水，加棉塞并用牛皮纸包好、捆扎，灭菌后即为无菌水。

3. 高压蒸汽灭菌

培养基制作完成后，必须进行高压蒸汽灭菌后才能使用，培养基制备与高压蒸汽灭菌必须在同一天内完成。试管内培养基在压力 0.1 MPa、121℃下灭菌 20 min；三角瓶内培养基在 0.1 MPa、121℃下灭菌 30 min。可使用电热高压蒸汽灭菌锅进行灭菌。

高压蒸汽灭菌的步骤及注意事项为：

(1)加水　打开灭菌锅盖，取出内桶，加水高度至三脚架，放回锅内。

(2)装料　在内桶中加入需灭菌的物品，以一层为佳，物品之间留有空隙，保证蒸气流通，确保达到灭菌效果。

(3)加盖　关闭高压灭菌锅盖，将盖上的排气软管插入内桶的排气槽内，再以两两对称方式旋紧螺栓，以免漏气。

(4)加热　打开排气阀，接通电源，加热至冷空气完全排出后(蒸气从排气阀门有力地冲出 5 min)，关闭排气阀，当压力上升至所需指标，维持所需压力计时 30 min。

(5)降温　达到所需时间后，关闭电源，待压力指针自然下降至 0，或缓慢排气，待压力降至 0 时，再将灭菌锅盖打开。注意关闭电源后不可快速排气，以免锅内压力突然下降，使培养基上冲至管口造成污染。

(6)检验　将培养基在 25～30℃恒温箱内放置 48 h，无杂菌生长即可使用。

4. 干热灭菌

对培养皿、吸管等玻璃器皿，一般采用干热法灭菌。可将培养皿用报纸包裹或放入金属培养皿筒内，放在烘箱内 160～170℃灭菌 1～2 h，灭菌后待温度下降到 60℃以下，方可打开箱门，以免玻璃因温度骤降而碎裂。

(三)制作平板和斜面培养基

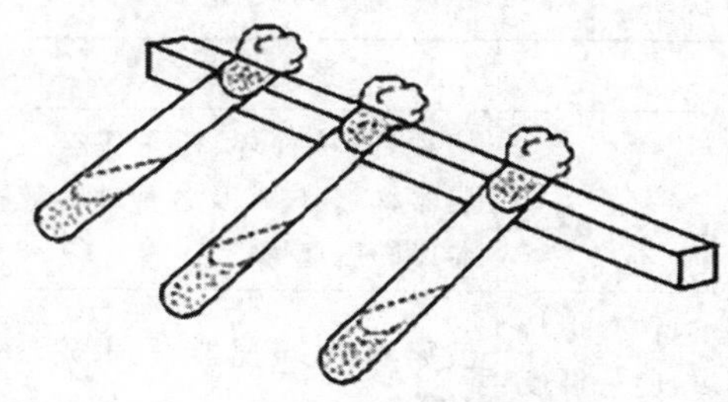

图 1.3.1　斜面的摆放方法

平板和斜面培养基的制作应在培养基未凝固时进行。

1. 斜面培养基制作

试管装培养基灭菌后，为防冷凝水过多造成污染，应待其温度降至 50℃时进行。将试管口搁置在 1～2 cm 高的木条上，使培养基自然倾斜，斜面的长度以不超过试管总长的 1/2 为宜。培养基完全冷却后即成斜面(图 1.3.1)。

2. 平板培养基制作

平板培养基制作方法

将三角瓶或试管内的培养基溶化并冷却至 45～50℃(触摸热但不烫手)，取灭菌培养皿 1 个，在无菌条件下将约 10 mL 培养基倒入培养皿内。一般平板培养基应现做现用。

四、作业

1. 制作斜面培养基、三角瓶装培养基并灭菌，包扎培养皿并灭菌，制备三角瓶装无菌水。

2. 完成培养基制备及灭菌实训任务报告单。

综合实训 1-4
培养基制备
与灭菌技术

综合实训 1-5　植物病原菌物与细菌的分离培养与纯化技术

一、技能目标

掌握植物病原菌物、细菌的分离培养及纯化的常用方法和技术。

二、用具与材料

(1)仪器用具　超净工作台、接种箱、恒温箱、紫外线灭菌灯、解剖镜、接种针、接种环、解剖刀、镊子、解剖剪、火柴、酒精灯、显微镜、载玻片、盖玻片、挑针等。

(2)材料　供分离用的菌物或细菌病害标本、PDA 和牛肉膏蛋白胨斜面培养基、灭菌培养皿、三角瓶装灭菌培养基、三角瓶装无菌水。

(3)药品　肥皂、0.5%漂白粉、0.25%新洁尔灭、2%煤酚皂液(来苏水)、0.1%升汞水、70%酒精等。

三、内容及方法

病原物的分离、培养、纯化可分为两个过程:分离是把病原物与发病植物组织分开,培养是将分离得到的病原物转移到可以使其生长并繁殖的营养基质即培养基上,从而获得大量纯净培养物。

(一)分离前的准备工作

病原物分离前需对分离场所及用具进行清洁和消毒,无菌室适用于大量病原物的分离,在分离病菌的前一天,应用紫外灯照射 20～30 min,可杀死室内空气中的大多数细菌。少量病原物分离可使用超净工作台,随开随用,更为方便。

无菌室也可用 2%煤酚皂液(来苏儿)进行消毒,工作台及木质器具表面用 0.5%漂白粉、0.25%新洁尔灭等消毒。

无论哪种场所进行病菌的分离,在工作前都应将所需物品放好,以免临时取物带来杂菌;工作人员也要注意自身清洁,工作前用肥皂洗手,分离前还要用 70%酒精擦拭双手;工作过程中,应尽量少说话,呼吸要轻。

(二)病原菌物和细菌的分离方法和技术

1. 分离材料的选择

选择新近发病的植株、组织或器官作为分离材料,可以减少腐生菌污染的机会。叶斑病害应取病健交界处进行分离,果实腐烂病害应从刚刚开始腐烂的部位进行分离,根腐病害应尽可能从离地面较远的部位进行分离。

2. 准备表面灭菌剂

分离材料表面经常带有腐生菌等杂菌,在分离病原菌时,要用适当的药剂彻底清除表面的腐生菌,以便得到病原菌的纯培养。

常用的表面灭菌剂是 0.1%升汞水。配方为：

升汞 1 g　盐酸 2.5 mL　水 1 000 mL

先将升汞溶于盐酸中，再加水稀释即成。因升汞剧毒，通常在配制好的溶液中加入红色或蓝色的颜料，以引起注意；经过升汞消毒的病组织，必须用无菌水洗去残留的药剂，否则会影响病菌的生长。

3. 分离方法

(1)组织分离法

①叶片组织内病菌的分离　取新鲜病叶的典型病斑，用剪刀剪取病健交界处的组织(边长 4～5 mm)数块；将病组织放入 70%酒精中浸 3～5 s 去除气泡后，再将病组织在 0.1%升汞液中表面灭菌 1～2 min，然后在无菌水中连续漂洗 3 次，每次 3 min，以彻底去除表面残留的升汞；后按无菌操作规程将病组织移入斜面或平板培养基表面上，一般斜面放 1 块，平板放 4～5 块。

②大块组织内病菌的分离　对于根、茎或果实等大块病组织，可先在其表面涂抹酒精进行火焰灭菌，再用灭菌刀将病健交界组织分割成豆粒大的小块，移入斜面或平板培养基内。

③幼嫩组织内病菌的分离　若发病的组织较幼嫩，使用表面灭菌剂时可能会杀死其中的病原菌，灭菌时应尽可能缩短时间，或者直接以无菌水冲洗 8～9 次后，按无菌操作法移入斜面或平板培养基内。

④标记和培养　分离完成后，用玻璃铅笔注明培养材料的编号和种类；平板培养基需翻转后放入恒温箱，在 25℃下培养 3～4 d 后，检查并淘汰杂菌。

⑤纯化　选择纯净的目的菌，在无菌条件下，用灭菌接种针或接种铲，从菌落边缘切取小块带菌培养基，移至斜面培养基上，在 26～28℃下培养 3～4 d 后，观察菌落并镜检，如为单一目的菌，即为纯菌种，置于冰箱冷藏室内保存；若有杂菌，需再次分离纯化并获纯菌种后置于冰箱内保存。

(2)稀释分离法　病组织上产生大量孢子的菌物病害和细菌病害通常采用稀释分离法。

①配制菌悬液　将待分离的病原菌物的孢子直接加无菌水制成菌悬液；病原细菌需先将表面灭菌的病组织放入无菌培养皿中，再用灭菌的剪刀将病组织剪碎，倒入 10 mL 左右的无菌水浸泡 30～60 min，细菌可游动到水中，即成菌悬液。

②梯度稀释菌悬液　菌悬液配制完成后，使用无菌水进行梯度稀释。方法是：准备 3～6 支无菌试管，每支试管中放入 9 mL 无菌水；用无菌移液管吸取 1 mL 菌悬液，注入第 1 支试管中，并吹吸 3 次，使菌悬液充分混匀；然后另取 1 支无菌移液管，从第 1 支试管中吸取 1 mL 稀释的菌悬液，注入第 2 支试管中，以此类推，配成 10^{-1}、10^{-2} 直至 10^{-6} 等稀释浓度的菌悬液。具体梯度数量可根据病组织中病原菌的多寡来决定。

③涂布法　分别用无菌移液管从最后 3 支试管中各吸取 0.1 mL 菌悬液，注入事先做好的平板培养基上，用无菌涂布棒将菌悬液涂布均匀，注意勿破坏培养基表面。

涂布完成的培养基标记、培养和纯化方法同组织分离法。

④倾注法　分别用无菌移液管从最后 3 支试管中各吸取 0.1 mL 菌悬液，先把菌悬液注入无菌培养皿内，再将培养基注入培养皿内，使培养基和菌悬液混合，边倒边把培养皿按顺时针方向轻摇，待培养基完全冷却后，标记、培养和纯化方法同组织分离法。

(3)划线分离法　分离病原细菌划线分离法(图 1.3.2)也较常用。首先准备牛肉膏蛋白胨平板培养基，其次配制菌悬液，方法同稀释分离法。

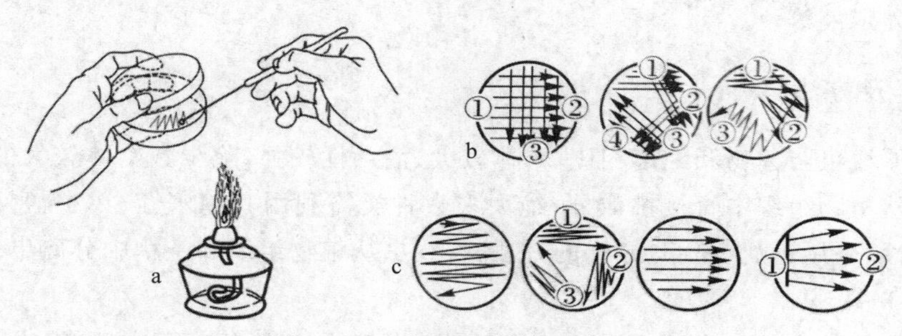

图 1.3.2　病原细菌划线分离法

a. 操作方法　b. 分区划线法　c. 连续划线法

划线方法常见的有分区、连续、平行、放射、方格等形式，比较容易出现单个菌落。当接种环在培养基表面移动时，接种环上的菌液被逐渐稀释，最后在划线上逐渐分散成单个菌体，经培养后可长成单个菌落。

①分区划线法　适用于含菌量较多的菌悬液。接种环灭菌冷却后蘸取菌悬液，左手持平板在火焰左上方，右手将接种环在平板一侧约 1/5 面积的表面，密集而不重叠地划折线；之后旋转平板，接种环再次火焰灭菌，冷却后从第 1 次划线的末端重复 2～3 根线后，开始第 2 次划线，面积约为表面的 1/4；第 3 次划线时接种环不灭菌，直接将余下的培养基表面划满。

②连续划线法　含菌量较少的菌悬液可用此法。将接种环在酒精灯火焰上灼烧灭菌，冷却后蘸取一环菌悬液，在酒精灯火焰附近，用左手将培养皿盖打开一条缝隙，宽度为能接种环进入操作即可，迅速用右手将蘸有菌悬液的接种环伸入培养皿内，在培养基表面连续划折线，注意线条应密集但不重叠，直到划满培养基表面。因细菌只在培养基表面生长，所以不可划破培养基。

划线完毕后盖好皿盖，并倒置平板，之后的标记、培养和纯化方法同组织分离法。

综合实训 1-5
植物病原菌物与细菌的分离培养与纯化技术

四、作业

1. 用植物病害新鲜材料分离和纯化一种病原菌物或细菌，得到纯培养。
2. 完成植物病原物分离培养与纯化技术实训任务报告单。

综合实训 1-6　植物病原线虫的分离技术

一、技能目标

掌握植物病原线虫的分离方法和技术。

二、用具与材料

仪器用具　体视显微镜、漏斗分离装置、漂浮分离装置、浅盘分离装置、纱布或铜纱、培养皿、小烧杯、小玻管、旋盖玻璃瓶、40 目和 325 目网筛、线虫滤纸、餐巾纸、挑针、竹针、毛针、毛笔和线虫固定液等。

三、内容及方法

植物病原线虫与菌物和细菌相比,个体较大,活动性较强,除少数个体较大的根结线虫、胞囊线虫可从植物组织中直接挑取外,绝大多数种类需利用其趋水性、大小、密度等与其他杂质的差异性,采用过滤、离心、漂浮的方法,将线虫从植物组织和土壤中分离出来。

1. 解剖分离法

对线虫虫体较大的种类可用此法。方法是:将植物病组织表面洗净,剪成 1~2 cm 小段,放入加水的培养皿中,在体视显微镜下用挑针将病组织挑开,待线虫进入水中后,用挑针挑取或用吸管吸取线虫。

2. 漏斗分离法

漏斗分离法又称贝曼漏斗分离法,对游动能力较强的线虫可用此法。方法是:将末端带有止水夹的乳胶管连接在玻璃漏斗上,然后将漏斗置于铁架台上。将切碎的植物病组织材料或土样用双层纱布包好,放入盛满清水的漏斗中。由于线虫有趋水性,会进入水中游动,加上体重的关系,会慢慢沉降到与漏斗连接的乳胶管的末端。24 h 后打开止水夹,用带刻度的玻璃试管或离心管装取 5 mL 的水样,静置 20 min 或用 1 500 r/min 的速度离心 3 min,倾去上清液,即可得到高浓度的线虫悬浮液。

3. 漂浮器分离法

分离没有活动能力的胞囊线虫可用此法(图 1.3.3)。方法是:先将疑似带有线虫的土壤风干,用 6 mm 孔径的筛子除去大块杂物。分离时,先向漂浮筒内注入 70%体积的水,将 100 g 风干的土样放在 1 mm 孔径的顶筛中,用强水流冲洗入漂浮筒内,以水满而不外流为宜。静置 2 min,缓慢加清水于漂浮筒内,使漂浮筒水面的漂浮物溢出,经由溢流水槽流到承接的 80 目细筛中,再用细水流冲洗一会儿,使漂浮物全部流入细筛。将细筛中的胞囊等漂浮物用水洗入烧杯或三角瓶中,再倒入铺有滤纸的漏斗中,在解剖镜下用毛笔收集滤纸上的胞囊。

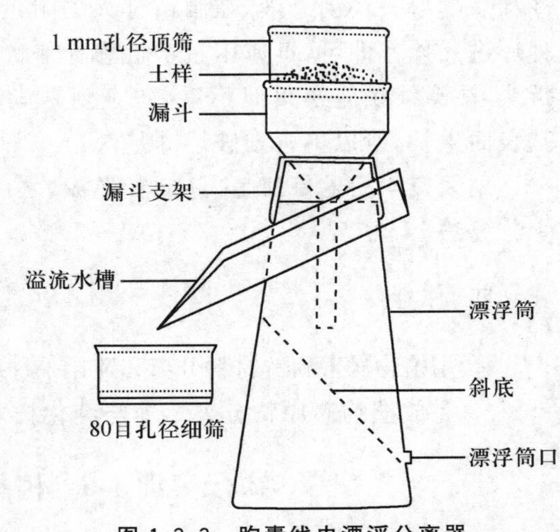

图 1.3.3 胞囊线虫漂浮分离器

四、作业

运用一种方法成功分离到线虫。

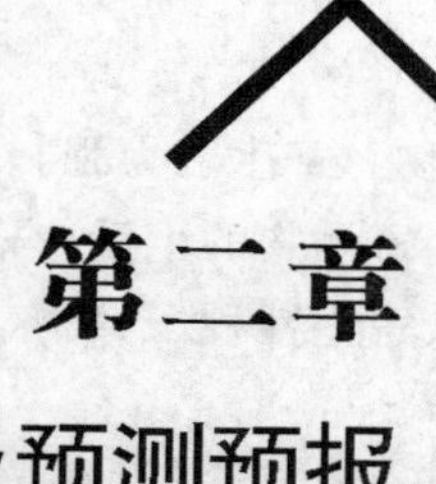

第二章 植物病害的发生规律及预测预报

知识目标

- 了解病原物寄生性、寄主植物抗病性表现与植物病害症状的关系。
- 了解植物侵染性病害的侵染过程和周年病害循环。
- 了解植物病原物的越冬场所和传播方式。
- 知道病害三角的含义及在病害发生和流行中的作用。
- 知道植物病害流行的类型及在病害防治中的指导意义。
- 掌握植物病害的调查方法。

能力目标

- 能够依据病害流行类型提出病害防治策略。
- 能够调查并计算植物病害的发病率和病情指数。

第一节 植物病害的发生与发展

植物病害的发生和发展是寄主植物和病原在一定的环境条件影响下相互作用的结果。其发生、发展有一定的规律性，深入分析这种规律性的变化，可以对病害的发生进行预测预报，并使病害防治更加科学。

一、病原物

自然界的生物，依其营养方式，可分为自养生物和异养生物。异养生物从其他生物的死亡组织或分解物中获得营养物质的方式称为腐生；异养生物从活的生物组织和细胞中获得营养物质的方式称为寄生。植物病原物大多是寄生在植物上的异养生物。

1. 寄生性

寄生性是指病原物从寄主活体处获得营养的能力。不同的病原物其寄生性有强弱区分。

(1)专性寄生物　寄生能力强,自然条件下只能从活的寄主细胞和组织中获得营养,也称为活体寄生物。寄生物的生活严格依赖寄主,寄主的死亡对其不利。植物病原物中,所有植物病毒、植原体、寄生性种子植物,大部分植物病原线虫和霜霉菌、白粉菌及锈菌等菌物是专性寄生物。

(2)非专性寄生物　绝大多数的植物病原菌物和植物病原细菌都是非专性寄生的,它们的寄生能力有强弱区分。

①强寄生物　强寄生物的寄生性仅次于专性寄生物,以寄生生活为主,但也有一定的腐生能力,在某种条件下,可以营腐生生活。大多数植物病原菌物和一部分细菌属于这一类。如很多子囊菌的无性阶段可在旺盛生长的活寄主上营寄生生活;而有性阶段寄生能力弱,可在衰老死亡的寄主组织(如落叶)上营腐生生活。

②弱寄生物　弱寄生物一般也称为死体寄生物。它们的寄生性较弱,只能在衰弱的活体寄主植物或处于休眠状态的植物组织或器官(如块根、块茎、果实等)上营寄生生活。这类寄生物包括引起猝倒病的腐霉菌和瓜果腐烂的根霉菌、引起腐烂的细菌等,它们生活史中的大部分时间是营腐生生活的。

病原物的寄生性强弱与病害的防治关系密切。如培育抗病品种主要是针对寄生性较强的病原物所引起的病害;而对于弱寄生物所引起的病害,一般很难得到理想的抗病品种。针对此类病害的防治,应采取措施提高植物的抗病性。

2. 寄主专化性

病原物对寄主具有选择性,任何病原物都只能寄生在特定的寄主植物上,即寄主范围。不同病原物的寄主范围差别很大,这与其寄生性强弱有一定的关系。一般来说,寄生物的寄生性强,寄主专化性就强,寄主范围相对较窄;寄生性弱,寄主专化性也较弱,寄主范围较宽。如十字花科蔬菜的霜霉菌寄生性强,都有较强的寄主专化性,如萝卜变种只对萝卜属蔬菜有较强的寄生能力,对十字花科的其他蔬菜无寄生能力或寄生能力极弱;而丝核菌和灰霉菌的寄生性较弱,可在上百种植物上寄生。

但也有较特殊的情况,植物病原病毒也是专性寄生物,寄生性也很强,但其寄主范围一般都很广泛,如烟草花叶病毒的寄主包括茄科、葫芦科、藜科、菊科等 36 科 200 多种植物,其和一般的专性寄生物有所不同。

3. 致病性

致病性是病原物所具有的破坏寄主和引起病害的能力。寄生物从寄主体内吸取水分和营养物质的同时,其新陈代谢的产物也直接或间接地破坏寄主植物的组织和细胞。致病性是导致植物发病的主要因素。

病原物对寄主植物致病性的表现是多方面的。首先是夺取寄主的营养物质,致使寄主生长衰弱;其次是分泌各种酶和毒素,使植物组织中毒进而消解和破坏,分泌植物生长调节物质,引起植物过度生长或生长受抑制。

专性寄生物和强寄生物对寄主的直接破坏性小,多引起变色、畸形等症状;而多数非专性寄生物对寄主的直接破坏作用很强,常引起坏死、腐烂等症状。

病原真菌、细菌、病毒、线虫等病原物,在其种内存在致病性的差异,依据其对寄主属的专化性可区分为不同的专化型；同一专化型内又根据对寄主种或品种的专化性分为生理小种。病毒称为株系，细菌称为菌系。了解当地病原物的生理分化，对病害预测预报、选育和推广抗病品种、区域品种布局具有重要意义。

二、寄主植物

植物在病害发生发展过程中，为病原物提供营养物质及生存场所，称寄主植物，简称寄主。

1. 抗病性表现

植物对病原物的侵害及环境条件中的有害因素都有一定的抵抗和忍耐能力。寄主植物抵抗或抑制病原物为害的能力称为抗病性。不同植物对病原物的抗病能力有程度区分。

在适宜发病的条件下，植物不能被病原物为害，完全不发病或无症状称免疫；植物表现为轻微发病称抗病，若发病极轻则称为高度抗病；寄主植物发病严重称为感病，若对产量和品质影响极为显著称高度感病；植物可忍耐病原物侵染，虽然表现为发病较重，但对植物的生长、发育、产量、品质没有明显影响称为耐病；寄主植物本身是感病的，但由于形态上的特点使感病部位避免与病原物接触或减少接触时间，或感病期与病原物的侵染期错开而避免或减少发病称为避病。

植物的抗病性表现与植物微观的形态结构和生理生化特性有关。如植物表面毛状物的疏密、蜡层的厚薄、气孔的结构、侵填体形成的快慢等，植物体内如酚类化合物、有机酸和植物保卫素的积累速度等都会影响到植物抗病性的强弱。

2. 垂直抗性和水平抗性

范德普朗克(Vanderplank)根据寄主植物抗病性与病原物小种的致病性之间有无特异性相互关系，把植物抗病性分为垂直抗性和水平抗性两类。

垂直抗性也称小种专化抗性。植物某一品种对病原物的某些生理小种有或者无抗性。生产上这种抗病性一般表现为免疫或高抗，但抗病性容易因小种变异而丧失；由主效基因控制，抗性表现为质量遗传。

水平抗性又称非小种专化抗性。植物某品种对病原物所有小种的反应基本一致。水平抗性较为稳定持久，由许多微效基因综合起作用，抗性表现为数量遗传，通常在栽培管理水平较高、营养条件较好的情况下才能发挥出来。

利用抗病品种来防治病害，必须科学组合搭配，最大限度发挥水平抗性和垂直抗性品种的长处，才能收到较好的防治效果。

三、病害三角

非侵染性病害是由不良环境条件引起的，有病原和寄主两个条件存在病害即可发生。但侵染性病害的发生除病原物和寄主植物两个因素外，还需要另一个重要因素即环境条件，即病害的发生需要三者的协同作用。环境条件可以影响病原物，促进或抑制其生长发育，同时也可以影响寄主，增强或降低其抗病能力。只有环境条件有利于病原物而不利于寄主时，病害才能发生和发展，反之病害就可能不发生或发展受到抑制。所以，植物病害是病原、寄主植物和特定的环

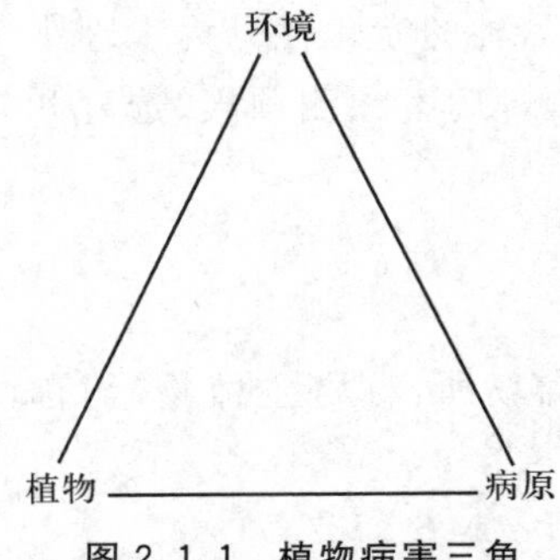

图 2.1.1 植物病害三角

境条件三者配合之下发生的，三者相互依存，缺一不可。这三者之间的关系称为“病害三角”或“病害三要素”(图 2.1.1)。

虽然非侵染性病害与侵染性病害的病原各不相同，但这两类病害之间存在着非常密切的关系，常常相互影响。

非侵染性病害会降低寄主植物的抗病性，从而诱发侵染性病害的发生和加重危害程度。如植物受冻后，病原菌能从冻伤处侵入引起软腐病和菌核病。反之，侵染性病害发生后，有时也会引发非侵染性病害，很多真菌性的叶斑病引起植株落叶，暴露的果实易发生日灼病。

四、侵染过程

病原物的侵染过程是指病原物侵入寄主到寄主发病的过程。包括侵入前期、侵入期、潜育期和发病期，4 个时期是连续的过程。环境因素在各个时期对病害发展的影响有所差异。

1. 侵入前期

侵入前期为从病原物与寄主植物的感病部位开始接触，到产生侵入机构为止的阶段。

此时病原物处在寄主体外，环境中多种因素对其影响很大，可创造不利于病原物生长的微生态条件，如改善小气候温度、湿度条件等可有效预防病害发生。

2. 侵入期

病原细菌侵入过程

病原真菌侵入过程

侵入期是指从病原物进入寄主植物体内到与寄主建立寄生关系为止的阶段。

(1)病原物的侵入途径　病原物侵入寄主植物主要有伤口、自然孔口和直接侵入 3 种途径。

①伤口　伤口的类型多种多样。如叶片相互摩擦造成擦伤，生长引起的裂伤，自然环境引起的冻伤、雹伤、虫伤、日灼伤，农事活动造成的嫁接、剪锯伤等。大多数病原物都可从伤口侵入，但病毒和植原体只能由昆虫刺吸式口器造成的微伤口侵入，或不导致植物细胞死亡的嫁接伤口侵入。

②自然孔口　为植物生长形成的气孔、水孔、皮孔、芽眼、各种腺体、花柱、叶痕、果柄痕等。多数菌物、细菌可从自然孔口侵入，以气孔和皮孔最为多见。

③直接侵入　病原物可直接突破植物的表皮组织侵入寄主。少数菌物、线虫和寄生性植物可从表皮直接侵入(图 2.1.2)。菌物的孢子在适宜条件下萌发产生芽管，芽管的先端膨大形成附着胞固着在寄主表面，附着胞下方产生侵染丝，以机械压力直接穿透寄主表皮进入细胞内部，变粗形成菌丝，完成侵入过程。

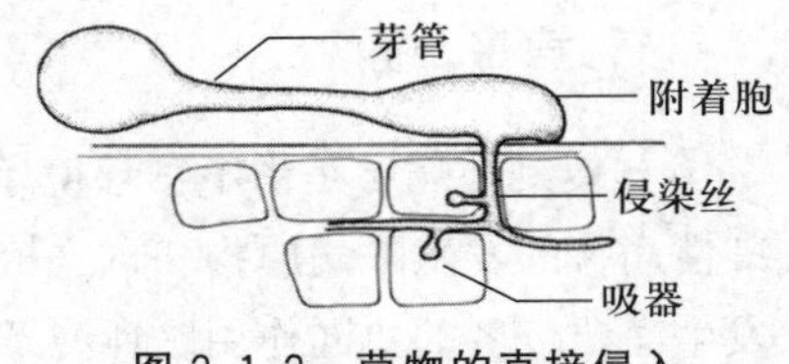

图 2.1.2 菌物的直接侵入

病原物的侵入途径与其寄生性有关，一般寄生性弱的病原物从伤口侵入，寄生性较强的病原物可从自然孔口，或从表皮直接侵入寄主细胞或组织。

(2)病原物的侵入时间　病原物侵入寄主植物的时间一般较短，菌物的孢子从萌发、产生芽管到侵入，一般需要几个小时的时间；病毒和部分细菌接触寄主的同时即可侵入。

(3)影响侵入的环境条件　影响病原物侵入的环境条件有温度、湿度和光照。其中以湿度最为重要，它既影响病原物也影响寄主植物。

①湿度对侵入的影响　湿度是病原物能否侵入的主要制约因素。绝大多数病原菌物的孢子萌发率随湿度增加而增大，在液态水中萌发率最高；只有白粉菌是个例外，它的孢子在湿度较低的条件下萌发率高，在水滴中萌发率反而很低。

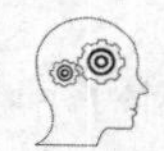

头脑风暴

高湿度有利于植物病害的发生，请谈谈你有哪些好的办法能够控制环境中的湿度。

在高湿度下，寄主愈伤组织形成缓慢，气孔开张度大，保护组织柔软，抗侵入能力大为降低。在植物的生长季，环境条件中的湿度大小直接影响病原物能否侵入，进而影响病害的发生程度。

②温度对侵入的影响　温度影响孢子萌发和侵入的速度。如马铃薯晚疫病菌孢子囊在12～13℃的温度下，萌发仅需1 h，而在20℃以上时需5～8 h。

在一定的适温范围内，温度高利于提高孢子萌发和侵入的速度，也利于寄主植物伤口愈合，提高抗病性，过高或过低的温度，对病原物和寄主都不利。

③光照对侵入的影响　光照可影响到气孔的开放和关闭，间接影响侵入过程。

3. 潜育期

潜育期指病原物侵入寄主后建立寄生关系到出现明显症状的阶段。不同病害的潜育期时间长短不同，短的仅有几天，长的可达一年。病原物在其生长发育的最适温度范围内，潜育期最短，反之延长。

此外，潜育期的长短也与寄主植物的健康水平有着密切的关系。如苹果树腐烂病有潜伏侵染的现象，既外观无症的苹果枝条皮层内普遍带菌。若植株生长健壮、营养充足、抗病力强，潜育期就长；而营养不良，树势衰弱的果树，潜育期短，发病快。所以，在潜育期采取有利于植物的生产管理措施，如保证充足的营养或采用治疗措施等可以延缓或减轻病害的发生。

4. 发病期

发病期指寄主植物出现明显症状并进一步发展的阶段。此时病原物开始产生大量繁殖体，加重危害或开始流行。繁殖体的产生也需要适宜的温度、湿度，温度通常能够满足，但湿度通常要求较高，对病症不明显的病害进行保湿可以加快病害的诊断速度。

五、病害循环

病害循环是指侵染性病害从一个生长季节开始发生，到下一个生长季节再度发生的过程。

病原物越冬能力比拼

它包括病原物的越冬(越夏)、病原物传播以及病原物的初侵染和再侵染等环节,切断其中任何一个环节,都可以达到防治病害的目的。

1. 病原物的越冬、越夏

生长期结束或植物收获后,病原物可以寄生、休眠或腐生等方式越冬和越夏,成为下一生长季病害发生的初侵染来源。

(1)田间病株　病原物可在多年生或一年生寄主植物上越冬、越夏。如果树的病枝干、病芽,多年生蔬菜和杂草,保护地内的病株等。

(2)种子和其他繁殖材料　种子、苗木及块根、块茎、鳞茎、接穗等也是重要的越冬场所。使用带病的繁殖材料时,不仅植物本身发病,它们还会成为中心病株造成病害的蔓延;繁殖材料的远距离调运还会使病害传入新区。

病原物在种苗等繁殖材料上的具体位置是不同的。如菟丝子的种子可混杂在种子中间;辣椒炭疽病菌的孢子附着在种子表皮;茄子褐纹病菌的菌丝体可潜伏在种皮内。

(3)病株残体　病株残体包括寄主植物的秸秆、根、茎、枝、叶、花、果实等残余组织。病原物可以在残体上以腐生或休眠的方式存活。残体腐烂分解后,病原物随之死亡。

(4)土壤　各种病原物可以休眠或腐生的形式在土壤中存活。如卵菌的休眠孢子囊和卵孢子、黑粉菌的冬孢子、线虫的胞囊等可在干燥土壤中长期休眠。

在土壤中腐生的菌物和细菌,可分为土壤寄居菌和土壤习居菌两类。土壤寄居菌的存活依赖于病株残体,当病残体腐败分解后它们不能单独存活在土壤中。绝大多数寄生性强的菌物、细菌属于此类;土壤习居菌对土壤适应性强,可独立地在土壤中长期存活和繁殖,其寄生性都较弱,如腐霉属、丝核属和镰孢霉属菌物等,均在土壤中广泛分布,常引起多种植物的幼苗死亡。

(5)粪肥　植物的病枝、病叶、杂草等可堆肥、垫圈和沤肥;有些病原物的孢子可直接散落入粪肥;有些病残体做饲料饲喂牲畜,经消化道后仍能保持生命力使粪肥带菌,若粪肥未经充分腐熟即使用,会成为病害发生的初侵染来源。

(6)昆虫及其他介体　某些病原菌物、病毒和细菌依靠昆虫和其他介体进行传播并在其体内越冬,成为病害的初侵染来源。

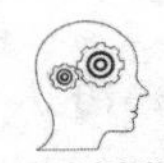

头脑风暴

了解病原物越冬或越夏的场所与植物病害的防治有什么关系?

2. 病原物的传播

病原物的传播,有主动传播和被动传播两种方式。如某些菌物孢子成熟后有弹射能力,游动孢子、细菌具有鞭毛可在水中游动,土壤中的菌物、细菌、线虫和菟丝子受到植物分泌物的吸引可主动寻找寄主,但距离都较短,在病原物传播中只起到辅助作用。

自然条件下病原物多以气流、水流、介体昆虫或人为携带等被动传播为主。

(1)气流传播　气流传播在病原物的传播中最为常见。菌物产孢数量多、孢子小而轻,非常适于气流传播;有些寄生性植物如列当的种子,10 万粒种子仅重 1 g,非常适于随风传播。气流传播的距离远，范围大，容易引起病害流行。

(2)水流传播　水流传播的形式多样，传播距离不及气流远。如灌溉水的流动和雨水、露水的飞溅等。如多种菌物的游动孢子、孢子角、病原细菌都有黏性，必须随流水或雨滴飞溅传播；土壤中的病原物，多随灌溉水传播。在自然条件下，气流和雨水通常协同作用，称为风雨传播。

(3)昆虫和其他介体传播　昆虫等介体的取食和活动也可以传播病原物，如蚜虫、叶蝉、木虱等刺吸式口器的昆虫可传播大多数病原病毒和植原体；咀嚼式口器的昆虫可以传播菌物和细菌病害；线虫可传播细菌、菌物和病毒；菟丝子可传播病毒病；鸟类可传播寄生性植物的种子等。

昆虫传播植物病毒过程

(4)人为传播　人类在从事各种农事操作和商业活动中，常常也导致病原物传播，如疏除花果、嫁接、修剪、育苗移栽、打顶去芽等农事操作中，手和工具会将病菌由病株传播至健株上；种苗、农产品及植物性的包装材料都可携带病原物，在贸易运输时在地区之间进行远距离传播。

3. 初侵染和再侵染

越冬或越夏后，病原物经传播引起寄主植物第一次侵染，称为初侵染。由初侵染所产生的病原体传播后引起的所有侵染皆称为再侵染。有些病害只有初侵染，没有再侵染，如玉米丝黑穗病；多数病害不仅有初侵染，还有多次再侵染，在适宜条件下，病害可从点片发生，不断蔓延引发病害流行，如霜霉病、白粉病等。

六、病害的流行

病害发生普遍而且病情严重称为病害流行。病害的流行，会引起农业生产的巨大损失。每种植物都会发生很多种病害，但需要加以防治的是大面积发生、为害严重的病害。

1. 病害流行的因素

病害流行与病原物、寄主植物和环境条件3个方面的因素有关，三者同等重要，缺一不可。

(1)病原物　病原物的致病性强、数量多并能有效传播是病害流行的原因。致病性强的病原物必须能在短时间内传播和扩散，才会引起病害的流行。依靠昆虫传播的病毒病还与蚜虫等传毒介体的发生数量密切相关。

对于只有初侵染，没有再侵染的病害，病害能否流行取决于越冬菌源的数量；有多次再侵染的病害，病害的流行程度取决于再侵染的次数和病原菌的繁殖速度。

(2)寄主植物　大面积、单一种植易感病的寄主植物品种有利于病原物的传播和繁殖，常引起病害的严重流行。感病品种上病原物潜育期短、繁殖速度快、侵染效率高，病害极易流行。因此，品种的布局是否合理也是病害能否流行的重要制约因素之一。

(3)环境条件　环境条件包括气象条件和耕作栽培条件。只有在适宜的环境条件下病害才能流行。

通常降雨量大、雨日多、相对湿度高、夜间结露时间长等有利于病原物的繁殖和传播，不利于寄主抗病性的表现，病害容易流行。同时要注意气象数据通常是指气象台观测到的大环境的数据，与田间小气候的数据有一定的差异。

耕作制度对病害流行有重要的影响。如保护地的番茄灰霉病，土壤复种指数高、常年连作，病害初侵染的菌量大幅度增加，若遇连阴天，病害极易流行。

病害的流行是三方面综合作用的结果。由于各种病害发病规律不同，每种病害都有各自的流行主导因素。如苗期猝倒病，植物品种对其抗性并无明显差异，土壤中病原物始终存在，只要苗床持续低温潮湿就会导致病害流行，低温潮湿就是病害流行的主导因素。要防止病害流行，必须找出流行的主导因素后，采用科学合理的防治措施。

2. 病害流行的类型

依据病害流行过程中再侵染的有无，可将病害分为单年流行和积年流行两类。

(1)单年流行病害　这类病害有多次再侵染，故又称多循环病害。寄主感病期长，潜育期短，病害在一个生长季内就可由轻到重达到流行的程度，多为气流、雨水和昆虫传播的局部病害如叶斑病、白粉病等，当年病害能否流行取决于气象条件，应采取农业、物理、生物和化学防治相结合的综合防治策略。

(2)积年流行病害　这类病害只有初侵染，无再侵染或再侵染作用不大，又称单循环病害。寄主感病期短，潜育期长，病原物经过多年累积才能引发病害的流行；多为种子和土壤传播的全株性病害，如枯萎病、黄萎病等，当年病害能否流行取决于初侵染的菌量。对土壤和种子进行处理即可收到明显的防治效果。

3. 病害流行的变化

病害的流行会随时间发生变化，发病程度会随时间由轻到重，再重新消失；同时，病害在空间的分布和扩展也因病原物种类和传播方式而有差异。

(1)病害流行的时间变化　植物病害的流行过程可分为始发期、盛发期和衰退期 3 个阶段(图 2.1.3)。多数病害在 1 个生长季只有 1 个发病高峰，病害在最后的发病率接近 100%，其流行曲线为最常见的 S 形曲线。

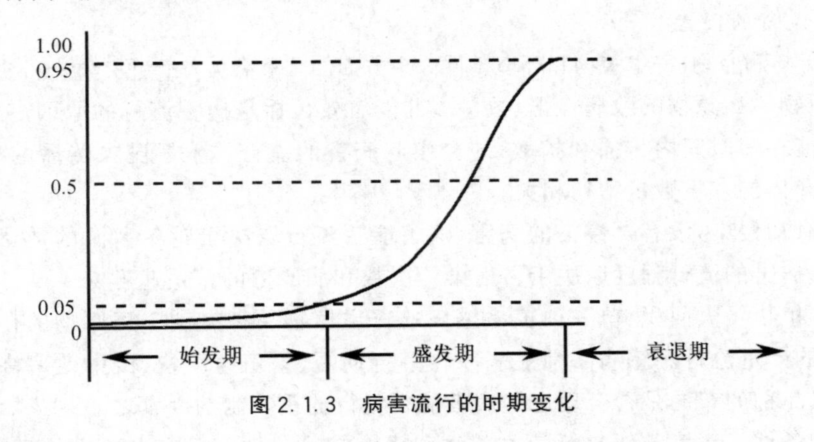

图 2.1.3　病害流行的时期变化

①始发期　从田间开始发病到发病率或病情指数达到 5%为止的时期。始发期病情增长的绝对值较小，但增长速率最大。病情不易察觉，却是病害预测和防治的关键时期。

②盛发期　田间发病率或病情指数为 5%～95%的时期。此时病情增长绝对值最大，田间病情发生普遍，是病害为害的关键时期。

③衰退期　也称流行末期，田间发病率或病情指数在95%以上。此时寄主植物发病接近饱和，病害发展逐渐停止，病害已经造成损失。

也有些多循环病害，病害流行的曲线可能是单峰、双峰或多峰形的(图2.1.4)。如病毒病害，由于传毒介体昆虫在春季和秋季有两个发生高峰，因此病毒病害的流行曲线也是双峰的。

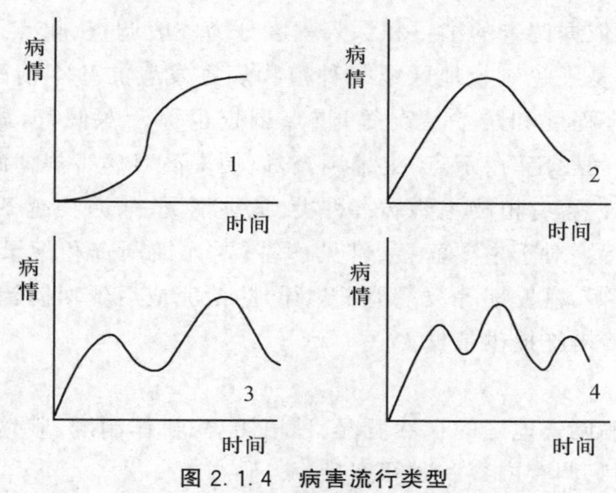

图2.1.4　病害流行类型

1. S形曲线　2. 单峰曲线　3. 双峰曲线　4. 多峰曲线

(2)病害流行的空间变化　病害发生发展在空间上的变化，指病原的传播距离、传播速度和传播变化规律。

病害的传播变化规律，因病原种类和传播方式而异。气流传播病害的传播距离通常比较远，受风向和风速的影响最大；土壤传播的病害一般传播的距离较近，主要受耕作和灌水等农事活动的影响；种子和无性繁殖材料的传播与人类的活动，如收获、农产品调运和贸易活动密切相关；昆虫传播的病害则受到昆虫的种群数量、迁飞能力等因素的制约。

一般病害的传播距离在百米以内的称为近程传播。远程传播距离通常在几十千米或几百千米，如小麦锈病每年最远可由广东省、福建省逐渐向北传至东北、西北麦区；近程传播主要是在田间的扩散；介于二者之间的为中程传播。

病害在田间的分布和扩散则与病原物的初次侵染来源有关。初侵染源于本田，通常在田间有1个发病中心，病害在田间扩展有由点到面的变化，如番茄晚疫病、叶霉病等多数局部病害；初侵染来源为外部菌源时，病害为弥散式传播，病害发生程度相近，在田间接近均匀分布，如小麦锈病、黄瓜霜霉病等。

第二节　植物病害的田间调查与预测预报

植物病害的田间调查可以及时准确地掌握当地病害发生的种类分布、流行规律和防治效果。对病害发生规律调查和分析，可对未来一段时间内的病害流行做出一定的预测，为制定防治计划提供依据。

一、植物病害的田间调查

植物病害调查的内容不同，调查的方法也有所差异。

1. 调查的类型和内容

(1)调查的类型　依据调查的细致和深入程度分为一般调查、重点调查和调查研究。一般调查也称普查，主要是了解一个地区或某种植物病害发生的基本情况，包括病害种类、发生时间、发病部位、危害程度和防治情况等；重点调查也称专题调查，调查内容更为深入详细；调查研究是就某一问题定时、定点、定量调查，以便提高对病害规律的认知水平。

(2)调查的内容　内容有植物主要病害种类、危害情况、病原物越冬情况、病害发生时期和防治效果调查等。特别对于主要病害、常见病害，要详细调查和记录病原物的越冬场所、越冬方式，病害的始发期、盛发期等数量消长规律，防治完成后要对防治效果进行调查，以便为预测预报和制定防治措施提供依据。

2. 调查的方法

调查前应全面了解调查地区的自然概况、种植历史、耕作制度、栽培管理水平、病害防治基础水平等情况，再确定调查内容和时间安排。

(1)选择调查地块　由于人力和时间限制，可根据调查的目的选择有代表性的水田、旱地，不同地形、茬口安排、品种和水肥管理的地块等进行调查。

(2)确定取样方法　代表地块确定后，可根据病害发生情况、作物栽培管理方式等，在田间抽取部分植株、叶片或果实做为样本，称为取样。用样本的调查数据作为整个地块的估值，取样方法直接影响到调查结果的准确性。调查取样的方法有以下几种。

①随机取样　病害在田间分布比较均匀时采用。样本量占总量的5%左右。

②顺序取样　田间分布均匀或植物密集、成行，可使用5点式、对角线式或棋盘式取样。5点式或对角线式取样适用于方形地块，棋盘式取样适用于试验地或小面积地块。

对一些点片发生的病害，可采用分行式、平行线式取样或“Z”字形取样。平行线式取样适合于较短地块和成行植物；“Z”字形取样适合于病害发生较重的边行或地形地势复杂地块。

(3)确定取样单位和取样量　取样单位由植物种类和病害特点决定。垄作、条播和密植的植物以m和m^2为单位；全株发病的病害如枯萎病以植株为单位，局部发病的叶斑、果腐等则以叶片、果实为取样单位。

取样数量根据调查地块面积、植物生长状况、病害发生情况来确定。一般植物生长整齐一致、地形一致、面积小，病害轻、分布均匀，取样量可少些，反之则多些；一般全株性病害100～200株，叶部病害10～20片，果实病害100～200个果。取样面积一般为总面积的0.1%～0.5%。

2. 调查结果记录

病害调查的内容种类多，调查的结果、记录资料常比较分散、零乱，注意及时核对原始资料的真实性、准确性和完整性，调查结束后资料要及时汇总，避免遗失。如有可能，可按统一标准建立病害档案，使数据条理化、系统化，更好地指导病害测报和防治。

(1)记录内容　记录内容包括调查地点、调查日期、调查人，作物品种和肥水管理、土壤性质、气象条件，病害名称、发病情况等，制成表格(表 2.2.1)，数据直观、便于整理和分析。

表 2.2.1　苹果叶部病害田间发生情况调查

调查人：　　　　　　　　　　　调查地点：　　　　　　　　　调查日期：

病害名称	苹果品种	调查数量	病叶数量	发病率/%	病害分级					病情指数	备注
					0	1	2	3	4		

(2)病害严重程度表示方法　病害的严重程度通常用分级法表示。将病害发生的严重程度由轻到重划分为几个级别，各级有代表数值，以直观和量化的方法记录病害的严重程度。

目前，病害的严重程度分级标准并不统一，可用已有的分级标准或根据发病情况划分等级(表 2.2.2)。除用文字描述的方法划分等级外，严重程度也可用绘图的方式表示(图 2.2.1)。

表 2.2.2　叶部病害的分级标准

级值	发病程度
0	叶片上无病斑
1	叶片上有个别病斑
2	病斑面积占 1/3 以下
3	病斑面积占 1/3～1/2
4	病斑面积占 2/3 以上或叶柄有病斑

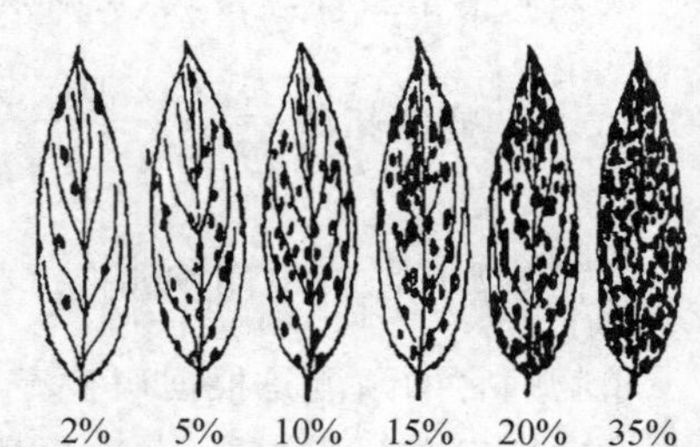

图 2.2.1　双子叶植物叶斑病分级标准

(3)病害发生程度的调查和统计　在对植物病害发生情况进行调查统计时，经常要用发病率、病情指数等来表示植物病害的发生程度和严重度。

①发病率　按照植株或器官是否发病进行统计，以调查发病田块、植株、器官占所有调查数量的百分比，但不能表示病害发生的严重程度。

$$发病率=\frac{调查的病株(叶、果等)数}{调查的总株(叶、果等)数}\times 100\%$$

如大白菜病毒病，调查总数为 200 株，发病株为 15 株，发病率为 15/200×100%=7.5%。

②病情指数

植物病害发生的轻重，对植物的影响是不同的。如叶片上发生少数几个病斑与发生很多病斑以致引起枯死的，会有很大差别。因此，仅用发病率来表示植物的发病程度并不能够完全反映植物的受害轻重。将植物的发病程度进行分级后再进行统计计算，可以兼顾病害的普遍率和严重程度，能更准确地表示出植物的受害程度。

病情指数的计算，首先根据病害发生的轻重，进行分级计数调查，然后根据数字按下列公式计算。病情指数越大，病情越重；病情指数越小，病情越轻。发病最重时病情指数为

100;没有发病时,病情指数为 0。

$$病情指数 = \frac{\sum[各级病株(叶、果等)数 \times 相应级数]}{调查总株(叶、果等)数 \times 最高分级级数} \times 100$$

例:黄瓜霜霉病病情指数的计算方法。

首先按照黄瓜霜霉病的分级标准(表 2.2.3)调查黄瓜霜霉病的各级病叶数量。

表 2.2.3 黄瓜霜霉病分级标准

级值	严重度
1	叶片上无病斑
2	单位面积(9 cm^2)内少于 2 个病斑
3	单位面积(9 cm^2)内 2～4 个病斑
4	单位面积(9 cm^2)内 5～9 个病斑
5	单位面积(9 cm^2)10 个以上病斑

如调查黄瓜霜霉病叶片 200 片,其中 1 级 25 片、2 级 75 片、3 级 50 片、4 级 40 片、5 级 10 片。代入病情指数计算公式,可得病病情指数数值。

$$病情指数 = \frac{25\times1+75\times2+50\times3+40\times4+10\times5}{200\times5} \times 100 = 53.5$$

二、植物病害的预测预报

植物病害的预测是根据病害流行的规律,分析和推测未来病害的分布扩散和危害趋势;由权威部门发布预测结果,合称预测预报,简称测报。

1. 病害预测依据

病害预测的依据主要是病害流行规律,特别是造成病害流行的三要素,即病原、寄主和环境条件之间的相互关系。在众多复杂的因素中,找出起决定作用的关键因素,并在病害发生的历史情况和历年测报经验的基础上,做出正确的预测。

(1)根据菌量预测　单循环病害如玉米丝黑穗病的侵染率较为稳定,受环境影响较小,其他在种子、土壤和病残体上越冬的病害,主要根据越冬菌量进行预测。

由气流传播的病害,病害流行的季节性强,可在田间使用各种类型的孢子捕捉器,孢子捕捉器内的载玻片涂有凡士林,可捕捉空气中的孢子,定期检查孢子的种类、出现时间和数量变化,预测病害发生时间和发生程度。

由介体昆虫传播的病毒病害还要观测昆虫的数量及带毒率等数据。

(2)根据气象条件预测　气流传播和多循环病害受气象条件影响较大,在病原物和寄主植物条件具备时,主要依据气象条件进行预测。如葡萄霜霉病,当气温在 11～20℃,叶面结露时间在 6 h 时,可保证病原菌侵染条件,病害就可能会流行。

(3)多因素综合预测　多数病害预测预报除依据菌量和气象条件外,还要考虑寄主植物的品种布局、抗病性、栽培条件、田间长势等因素进行综合分析,并在科学统计结果的基础上做出准确预测。

2. 病害预测类型

(1)预测内容　根据预测的内容可分为发生期预测:确定始发期、始盛期、高峰期、盛末期和终见期的时间,以确定防治适期;发生量预测,确定某一时期病害的发生程度,以决定是否需要防治及防治范围和面积;此外,还有分布范围和危害程度的预测等,为确定防治次数、防治方法等防治决策提供依据。

(2)预测期限　病害预测根据预测时间长短可分为短期预测、中期预测和长期预测。短期和中期预测通常是对1个生长季内十几天至几十天内的病情变化做出预测,适用于气流传播、再侵染频繁、受环境影响较大的病害;长期预测是预测一个生长季节或一年的病情变化,一般适用于土传和种传病害和只有初侵染的病害。

综合实训2-1　植物病害的人工接种技术

一、技能目标

了解植物病害人工接种在病害发生规律研究中的作用。掌握植物病害人工接种的操作技术。能够根据植物病害的传播方式和侵入途径设计人工接种方法。

二、用具与材料

(1)用具　恒温保湿箱、手持喷雾器、解剖刀、接种针、酒精灯、70%酒精、0.1%升汞无菌水、标签等。

(2)材料　植物病原菌纯培养或新鲜病害的病原菌、相关的健康无病寄主的种子、植株、果实等。

三、内容及方法

接种的方法是根据病菌在自然条件下侵入的方式和途径而设计的。除病毒病害和植原体病害有昆虫、嫁接和汁液接种等特殊接种方式外,菌物病害和细菌病害都采用伤口或无伤接种。

1. 接种方法

(1)种传病害

①拌种法　将病菌的悬浮液或孢子粉拌在经表面灭菌处理(参考0.1%升汞水灭菌法)的植物种子上,然后播种诱发病害。

②浸种法　用孢子或细菌悬浮液浸种后播种。

(2)粪肥和土传病害

①土壤接种法　将人工培养的病菌或将带菌的植物粉碎,在播种前或播种时拌入灭菌的盆栽土中,然后播种经过表面灭菌处理的种子;茄科植物青枯病菌可以采用土壤灌根的方法接种。

②蘸根接种法　将健康幼苗的根部稍加损伤后,在菌悬液中浸1~2 min,然后定植于灭

菌土壤中。植物的枯萎病可用此法接种。

(3)气流和雨水传播病害

将接种用的病菌配成一定浓度的悬浮液,用喷雾器喷洒在待接种的植株上,同时设喷无菌水的植株作为对照,在一定的温度下保湿 24 h,诱发病害。

(4)伤口侵入病害

由伤口侵入的菌物和细菌病害常用创伤接种法。创伤接种法可根据病害的发生特点人为造成大小不同的伤口进行接种。

①针刺接种法　先配制悬浮液,接种部位灭菌处理后,用无菌解剖针或挑针在接种部位刺几个小孔,用无菌毛笔或脱脂棉蘸取菌悬液涂在刺孔部位,或用小喷雾器将菌悬液喷在伤口部位,同时要以无菌水处理为对照,处理方法同上。接种后可放在保湿箱中或用塑料纸包扎,保湿 24～48 h。

②孔穴接种法　果实病害如苹果褐腐病、块根及块茎腐烂的病害可采用此法。将苹果经表面火焰灭菌后,用无菌解剖刀在表面切出小手指粗细的孔穴 3～5 个。取纯化的病菌菌落填抹在孔穴中,再以饱含无菌水的脱脂棉或纱布覆盖,放于加盖的容器中,容器底部装少量水后,置于 25℃的温箱中培养,以未接菌的苹果作对照,3 d 后调查发病情况。

③摩擦接种法　适用于病毒病害的接种。如黄瓜花叶病毒病,取发病植株的病叶组织在研钵中研碎,加水 2～10 倍,用纱布滤去残渣,取病汁液加入少量金钢砂(400～600 目),或将金钢砂撒在接种的叶片表面,然后用小扁刷或毛笔蘸取汁液在黄瓜幼苗的叶片上来回轻轻摩擦,最后用清水将叶表多余的汁液和金钢砂洗去。进行正常栽培管理,2 周后检查发病情况。

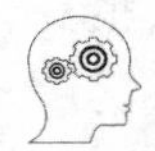

头脑风暴

植物病害有哪些接种方法?接种后为什么要保湿?

2. 接种记录

在对病害进行人工接种时,应详细记载接种日期、地点、方法、寄主和病原物的详细信息(表 2.2.4)。接种后要定期进行观察,详细记载发病情况和病害症状特点等。

表 2.2.4　植物病害人工接种记录卡

<table>
<tr><td rowspan="2">接种情况</td><td>接种日期:</td><td>接种地点:</td><td>接种方法:</td></tr>
<tr><td>接种后的温度:</td><td>湿度:</td><td></td></tr>
<tr><td>病 原 物</td><td>名称:</td><td>培养时期:</td><td>接种浓度:</td></tr>
<tr><td rowspan="2">寄主植物</td><td>种类:</td><td>品种:</td><td>抗病性:</td></tr>
<tr><td>生育期:</td><td>接种部位:</td><td></td></tr>
<tr><td rowspan="2">症状特点</td><td>潜育期(天):</td><td>严重度:</td><td></td></tr>
<tr><td>症状:早期</td><td>中期</td><td>末期</td></tr>
</table>

四、作业

选择1～2种不同病害并选取合适的方法进行接种，填写接种记录卡，并观察、总结接种结果。

综合实训2-2　植物病害的田间发生情况调查及预测

一、技能目标

掌握植物病害田间发生情况调查的方法，能够计算植物病害的发生率和病情指数。

二、用具与材料

植物病害的田间发病地块、放大镜、卷尺、记录本、计数器、铅笔等。

三、内容及方法

调查1～2种植物病害的种类，并计算1～2种植物病害的发生率、病情指数、气象资料及历年病害发生情况等。

1. 植物病害田间发生种类调查

选择当地1～2种植物调查病害发生种类，并调查发病地块的环境条件、栽培管理情况、病害发生的历史情况等。

2. 发病严重程度调查

选择1～2种植物病害，根据病害发生实际情况，选择适当的取样方法，调查并计算发病率和病情指数。

3. 病害发生情况预测

在前2项调查内容的基础上，综合气象条件、栽培管理措施等因素，对病害发生发展趋势和严重程度等进行预测。

综合实训2-2
植物病害的田间发生情况调查及预测

四、作业

完成植物病害发病情况调查实训任务报告单。

第三章 植物病害的综合防治

知识目标

- 理解植物病害综合防治的概念及必要性。
- 了解各种植物病害防治方法的优缺点。
- 了解农业防治法在植物病害综合治理中的地位。
- 掌握各种植物病害防治方法的具体措施。

能力目标

- 能够根据病害发生情况制订科学的综合防治策略。
- 能够运用多种防治方法的具体技术措施防治植物病害。

在自然生态系中，任何一个可以生存下来的物种，对生态系统都有积极的作用。各种生物形成了相互制约、相互依存、相对稳定的关系。人类的农业活动打破了自然界原有的生态平衡，导致有害生物的危害日益严重。为了最大限度地减少有害生物的不利影响，人类一直在探索理想的植物病害防治途径与方法。

植物病害的综合防治是一项复杂的系统工程。“预防为主，综合防治”是我国植保工作的总方针，也是植物病害综合防治的原则。强调不依赖于任何一种防治方法，最大限度地利用自然调控因素，优先选用与自然协调的生物防治与农业防治措施，最大程度降低化学防治的副作用，预防和控制病害的发生或发展。在制定综合防治措施时应有全局观念，既要考虑当前的防治效果和经济效益，也要考虑长远的环境效益；同时，综合防治绝不是各种措施简单的累加，更不是措施越多越好，而是要根据植物病害发生的具体情况，综合运用各项措施有机配合；在病害防治工作中，要有主次之分，重点控制主要病害，对次要病害密切注意发展变化，并逐步解决，保证农业生产的可持续发展。

植物病害综合防治措施可归纳为以下几个方法：植物检疫、农业防治法、生物防治法、物理机械防治法、化学防治法。

第一节　植物检疫

一、植物检疫的意义与任务

植物检疫是一项法规防治措施，具有法律性和权威性。根据国家颁布的法令，设立专门机构，对国外输入和国内输出，以及在国内地区之间调运的种子、苗木及其他繁殖材料、植物产品进行检疫，禁止或限制危险性病、虫、杂草等的传入或输出，或者在传入以后限制其传播，消除其危害。我国已于1992年4月1日正式颁布和实施了《中华人民共和国进出境动植物检疫法》。此外，还修订公布了《进出口植物检疫对象名单》《农业植物检疫对象和应实施检疫的植物、植物产品名单》，对植物检疫的实施提供了重要法律、法规保证。

随着社会经济的发展，植物引种和农产品贸易活动的增加，危险性的有害生物也会随之加快扩散，造成巨大的经济损失，甚至酿成灾难。植物检疫不仅能阻止农产品携带危险性有害生物出、入境，保证农业贸易安全，还可以指导农产品的安全生产以及与国际植物检疫组织的合作与谈判，使本国农产品出口道路畅通，维护国家在农产品贸易中的利益。另外，随着全球贸易一体化的不断深入，各大贸易体之间合作和贸易往来愈加频繁，植物产品的进出口数量急剧增长，因此，对植物及其产品进行检疫，禁止危险性病害传播，植物检疫工作的重要性愈加凸显。

植物检疫的任务主要有3个方面的内容：①禁止危险性病、虫、杂草随植物及其产品由国外输入或由国内输出；②将在国内局部地区发生的危险性病、虫、杂草封锁在一定范围内，禁止其传播到尚未发生的地区，并采取各种措施将其消灭；③一旦危险性病、虫、杂草传入新区，要采取紧急措施将其彻底消灭。

二、植物检疫对象的确定

植物检疫对象就是检疫法或植物检疫条例所规定的防止随同植物及植物产品传播的危险性病、虫、杂草等。

根据国际植物保护公约的规定：凡局部地区发生、能够随植物及其产品人为传播、且传入后危险性大的有害生物可被列为检疫对象。由于国内外贸易发展和种苗调运频繁以及危险性病、虫、杂草种类的不断变化，检疫对象不能固定不变，必须根据实际情况不断进行修订和补充。

植物检疫对象据植物检疫的性质分为对内检疫对象和对外检疫对象两类。各个国家都有对内及对外检疫对象名单。各省、自治区、直辖市也都有对内植物检疫对象名单。

我国现行的对外植物检疫对象名单是1992年根据新颁布的《中华人民共和国进出境动植物检疫法》的规定制定和颁布的《中华人民共和国进境植物检疫危险性病、虫、草名录》。该名录将检疫对象分为一类和二类检疫对象，共列有香蕉穿孔线虫等40种对外检疫性病害；对内检疫对象名单仍沿用1983年修订的《国内植物检疫对象名单》，该名录共列有柑橘溃疡病等16种对内检疫性病害。

三、植物检疫实施方法

1. 划分疫区和保护区

疫区是指局部地区发生了植物检疫对象，为了防止检疫对象的扩散，保护其他广大地区的生产安全，经省级以上人民政府批准后公布，把该地区划定为疫区，并采取封锁和消灭措施，严防检疫对象的传出。

保护区是指在检疫对象发生已较为普遍的地区，将未发生的地方经省级以上人民政府批准公布划定为保护区，并采取严格的保护措施，严防检疫对象的传入。

疫区内的植物和植物产品，除了用行政手段制定相应的封锁、消灭措施外，必要时可在交通要道设置检疫哨卡，严格禁止疫区内的种子、苗木及其他繁殖材料，以及应施检疫的植物和植物产品运出疫区，只允许在疫区内种植、使用。如有特殊情况需要运出疫区的，必须事先征得所在省植物检疫机构批准，调出省外应经国家主管部门审批。

2. 检疫范围

植物检疫工作的范围可分为对内检疫和对外检疫两类。就是根据国家所颁布的有关植物检疫的法令、法规、双边协定和农产品贸易合同上的检疫条文等要求开展工作。对植物及其产品在引种运输、贸易过程中进行管理和控制，目的是达到防止危险性有害生物在地区间或国家间传播。

对内检疫又称国内检疫。主要任务是防止和消灭我国境内通过地区间的物资交换、调运种子、苗木及其他农产品贸易等而使危险性有害生物扩散。

对外检疫又称国际检疫。是国家出入境检验检疫局设在港口、机场、车站和邮局等国际交通要道，设立植物检疫机构，对进出口和过境应施检疫的植物及其产品实施检疫和处理，防止危险性有害生物的传入和输出。

第二节　农业防治法

农业防治是通过栽培方式和栽培制度的改变，通过一系列栽培技术措施的合理应用，调节病原物、寄主和环境条件之间的关系，创造有利于作物生长发育而不利于病菌生存繁殖的条件，减少病原物的初侵染来源和降低病害的发展速度，从而减轻病害的发生。农业防治是一种最经济、最基本的防治方法。具体措施包括以下几方面。

一、选用抗病品种

利用抗病品种防治植物病害是一种经济有效的措施。不同的品种对病害的抗病性有明显的差异，培育和利用抗病品种在很多病害的综合防治中处于重要地位。特别是对于一些难以防治的病害，如风力传播的病害或由土壤习居菌引起的病害、病毒病害等，抗病品种的作用尤为突出。

抗病品种一定要注意合理利用。所谓抗病品种也只是对目前存在的几个致病力强的生理小种具有一定的抵抗力，随着时间的推移，新品种的不断推广，病原菌的生理小种组成也会发生变化，新的致病力强的生理小种不断产生，使原来抗病的品种失去抗病性而变成感病品种，给农业生产带来很大损失。因此，在选育和利用抗病品种时，一定要认真分析病原物的动态，监测生理小种组成的变化；注意将带有不同抗性基因的品种搭配使用，搞好品种的合理布局，以延长抗病品种的使用寿命。

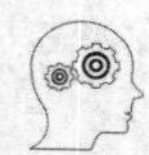

头脑风暴

植物的抗病品种为什么要重视不同抗性品种的合理布局和搭配使用？

二、建立无病留种田，培育无病种苗

有些病害的病原物是随种子和苗木传播的，如苹果病毒病、苹果和梨的紫纹羽病、多种果树的根癌病等是随病苗传播的；白菜黑斑病菌的菌丝不仅能深入种子内部，而且它的分生孢子还可以黏附在种子表面越冬。对于防治这类病害，培育无病的苗木是一项非常重要的措施。

种子繁育时一定要建立无病的留种田或无病的留种区，留种田和留种区要和常规生产田隔离开并保持一定距离，以防病原物的传染，必须加强留种田的病害监测和防治工作，及时喷药保护，收获时要单打单收，防止混杂。

三、建立合理的耕作制度

1. 合理布局

建立果园时，应避免将有共同病害的树种搭配在一起。如桧柏是苹果、梨锈病菌的转主寄主，若苹果、梨与柏属树种近距离栽植，易造成苹果和梨锈病的大发生。铲除果园周围的桧柏树，可防止苹果、梨锈病的发生。同一植物的不同品种也要合理搭配，不同品种对不同的病菌生理小种抗病性有差异，合理搭配可避免因生理小种变化导致的寄主植物抗性丧失。

2. 合理轮作

连作会使很多病害不断加重，如瓜类和茄果类植物连作，枯萎病、黄萎病等发生严重。主要原因是：一方面作物连作导致土壤地力消耗过大，影响作物的生长发育，降低作物的抗病力；另一方面由于连续种植一类作物，在土壤中积累大量的病原物，形成病土使病害逐年加重。

(1)轮作的作用

①每一病原菌都有一定的寄主范围，轮作使有寄主专化性的病原物得不到适宜生长和繁殖的寄主植物，从而降低了病原物的数量。

②促进根际微生物群体组成的良性变化，对一些病原菌产生颉颃、抑制或杀死的效果。

③合理的轮作还可以调节地力，改善土壤的理化性能，从而减轻病害的发生和危害程度。

(2)轮作的原则

①轮作对象　轮作只对病原物寄主范围较窄的病害有效，轮作对象必须选择寄主范围以外的作物。

②轮作年限　不同的病害轮作年限不同,这主要取决于病原物在土壤中的存活期限。如瓜类枯萎病菌在土壤中可存活8年左右,因此防治瓜类枯萎病最好与非瓜类作物轮作6～7年,一般也应达到3年。

3. 合理间作和套作

不同作物实行合理间作或套作,可以控制或者减轻某些病害的发生。例如,辣椒或大姜与玉米等高秆作物间作,高秆作物能给辣椒和大姜遮阳,又可阻止蚜虫的迁入,对日灼病和病毒病有较好的预防效果。

四、清洁田园

搞好田园卫生可以减少多种病害的初侵染和再侵染的病菌来源。在生长期应及时摘除病梢、病果、病叶,采后清除落叶、僵果、病枝干,如苹果腐烂病菌和苹果轮纹病菌均在果园修剪下来的病枝及树体病斑上越冬,及时清除这些越冬病菌,可避免引发病害大流行。另外,还要将田边地头的杂草清除干净,因为有些多年生宿根性杂草往往是某些病毒的野生寄主,这些病毒是一些蔬菜病毒病的初侵染来源。如黄瓜花叶病毒可以在荠菜、刺儿菜、苣荬菜等野生杂草上越冬,这些杂草在春季发芽后,由蚜虫将病毒传到黄瓜植株上,因此,铲除田边杂草对防治病毒病有重大意义。

五、健身栽培

主要通过改善种植方式,适当调整播种期,加强水肥管理为作物生长创造一个良好的生长环境,提高作物的抗病能力,减轻病害的发生。

1. 改良栽培模式

如白菜软腐病菌喜欢高湿条件,病菌可随水传播,高畦栽培可减少病菌的侵染,改平畦栽培为高垄栽培可减轻白菜软腐病的发生;又如栽植过密时,植株生长细弱,抗病力弱,田间通风透光差,小气候湿度大,使得一些高湿病害容易发生并流行,因而适当控制栽培密度,可有效减轻此类病害的发生程度。

2. 深翻土壤

深翻整地可以使土质疏松,通气状况良好,改善土壤微生物区系结构,有利于根系生长发育,提高植物的抗病能力,减轻病害特别是根部病害的发生。

3. 嫁接防病

对以扦插为主的果树如苹果、梨、葡萄等,实生繁殖的茄科、葫芦科蔬菜,危害严重的枯萎病、黄萎病等土传病害,改用高抗或免疫的砧木嫁接繁殖,可控制土传病害的危害。

4. 适当调整播期

在不影响作物生长的前提下将播种期提前或错后一段时间,使得作物的感病期与病原菌的大量繁殖侵入期错开,这样就可减轻病害的发生,如秋播的十字花科蔬菜播种期早的,病毒病发生重,播种期晚的,病毒病发生轻。这主要是播种早遇高温干旱和蚜虫传毒影响所致。

5. 加强肥水管理

加强灌溉和施肥的管理,改善植株的营养条件,建立有利于植物生长而不利于病菌生存繁殖的环境条件，从而起到抗病防病的作用。

(1)合理施肥　施肥是否合理对植物的生长发育及其抗病性的高低都有较大影响。一般多施有机肥，可以改良土壤及土壤内的微生物区系，促进根系发育，提高植株的抗病性。适当增施磷、钾肥和微量元素，有助于提高植物的抗病能力。而偏施氮肥容易造成幼苗和枝条的徒长、组织柔嫩、抗病性降低。

(2)合理灌溉　合理灌溉是农业生产中一项很重要的管理措施，水分不足或水分过多都会影响植物的正常生长发育，降低植物的抗病性。如早春的棚栽番茄，浇水过多，棚内湿度过高，极易引起晚疫病的大发生；在各种蔬菜育苗期水分过大，土壤温度偏低，造成根系发育不良，易引起各种苗期病害；如果天气久旱无雨，突然浇灌大水，则会造成裂果，引起产量损失。

6. 合理修剪

果树合理修剪，调整树体的营养分配和结果量，增强树体的抗病能力，可减少病害的发生。例如，苹果腐烂病的发生与树势关系非常密切，如果树体结果量过大，严重削弱树势，就会导致腐烂病大流行。因此，通过修剪控制结果量是一项防病的重要措施。此外，结合修剪还可以去掉病枝、病梢、病蔓、病干和僵果等，减少翌年初侵染的病原菌数量。

六、适期采收和合理贮藏

采收不当会加重采后病害的发生。如苹果采收过早，贮藏场所温度过高，通风不良等，影响果品正常生理活动，往往使苹果虎皮病、红玉斑点病等非传染性病害加重；适期采收，减少伤口，可以减轻这些病害的发生。

许多贮藏期病害发生的轻重，与果实的带菌量有密切关系，必须重视田间防治和采后入库前的处理。如轮纹病引起的苹果和梨的贮藏期腐烂，一方面要加强生长期防治，同时还要在入库前用药剂处理果实。如果是已使用多年的贮藏库，应在使用前对贮藏库进行消毒，防止果实在贮藏期间被病菌侵染。

第三节　生物防治法

生物防治是以有益生物及其代谢产物控制有害生物种群数量的方法。其优点在于可以避免化学农药导致的弊端；同时对有害生物的控制作用较为持久，不污染环境。

但是，生物防治也存在着一定的局限性，如使用时间要求比较严格，发挥作用较慢，控制对象也有一定的局限性。因此，它不能完全代替其他的防治措施，必须与其他的防治方法相结合，综合地应用于有害生物的治理中。

一、颉颃作用

颉颃作用指一种微生物对另一种微生物有抑制生长甚至消解的作用。颉颃微生物分泌的抗菌物质称为抗生素。利用颉颃微生物或其分泌的抗生素防治病害已经很普遍。如井冈霉素、链霉素、多氧霉素等是生产上的常用抗生素。也可以直接利用颉颃微生物防治病害，如哈茨木霉、枯草芽孢杆菌防治多种植物的灰霉病、褐腐病等。

二、竞争作用

有些微生物生长繁殖很快，可以和病原物争夺空间、营养、水分及氧气，从而控制病原物的繁殖和侵染。如某些荧光假单胞杆菌和芽孢杆菌施入土壤后，因繁殖速度快，可以快速布满植物的根部表面，达到防治土传病害的目的。

三、重寄生作用和捕食作用

重寄生是指一种病原物被另一种生物寄生的现象。如淡紫拟青霉菌及厚壁轮枝菌等，目前已在生产上用于多种线虫病害的防治。

捕食性真菌通过用菌环或菌网等营养体束缚线虫虫体使其逐步消解，从而起到防病治病的作用。节丛孢属、隔指孢属等真菌可捕食多种线虫。

四、交互保护作用

两个有亲缘关系的植物病毒株系侵染植物时，先侵染的株系可保护植物免受另一个株系的侵染。植物感染一个弱毒的株系后就可受到保护而不再感染强毒的株系。目前生产上已利用弱病毒疫苗 N14 和卫星病毒 S52 处理幼苗，可防治烟草花叶病毒和黄瓜花叶病毒引起的病毒病。

第四节 物理机械防治法

物理机械防治是指利用各种物理因子、人工和器械控制有害生物的技术。常用的技术有温度控制、光波的利用、微波辐射、隔绝、驱避、人工和简单器械捕杀等。物理机械防治见效快、防效好、不发生环境污染，可作为有害生物的预防或辅助防治措施。

一、汰除

汰除是利用机械方法或比重的原理清除混杂在种间的病原物。机械汰除可利用病、健种子形状、大小、轻重不同，采用风选、筛选和汰除机，如我国采用汰除机汰除小麦种子中混杂的粒线虫虫瘿，汰除效率很高。比重法是利用病、健种子比重不同，用清水、泥水、盐水将病种子汰除，方法简便、经济有效。

二、热力处理

1. 温汤浸种

将带菌的种子、苗木放在一定温度的热水中处理一定时间，利用热力杀死种子、苗木内病原物的方法。如用 55℃温水浸种 10～15 min，能起到消毒杀菌作用。为保证种子、苗木的安全，在大量浸种前一定要进行小批量的浸种试验。

2. 土热力消毒

用热力对土壤进行消毒在温室及苗床中经常使用，主要采用火焰烧土、阳光晒土、热力烘土、热水浇灌、蒸汽消毒、阳光晒种等方法杀灭土壤中和种子表面的病原菌，减轻病害的发生。如可在夏季利用两茬植物的农闲时间高温闷棚，使棚内室温升高到70℃以上、表层土壤温度达到50℃以上，可以有效灭杀潜藏在棚内土壤中的各类土传病菌，尤其在防治根线虫上具有显著的效果。

三、外科手术

果树和林木在治疗枝干病害时常用。如治疗苹果腐烂病，直接用快刀将病组织刮净或在刮净后涂药。环割枝干可减轻枣疯病的发生等。

第五节　化学防治法

使用各种化学药剂来防治植物病害即为化学防治。化学防治是目前农业生产中一项很重要，也是最常用的防治措施，它具有作用迅速、效果显著、简单经济等优点。但是，化学药剂如果使用不当，会造成环境和农产品的污染，破坏生态平衡。长时间连续使用同一类杀菌剂，还会诱发病原物产生抗性，降低药效，从而导致无法达到预期的防治效果。

目前在对许多有害生物的综合治理中，化学防治还仍然占有重要的地位。当然，近年来，化学防治改进较大，主要是使它能与自然控制因素及生物防治协调起来。

化学药剂可以抑制病菌生长、保护植物不受侵害。防治病害的化学药剂主要包括杀真菌和杀细菌的杀菌剂，防治线虫病害的杀线虫剂，以及防治病毒病害的病毒钝化剂等。

一、化学防治的基本原理

1. 保护作用

在病原物侵入寄主植物之前使用化学药剂，可以阻止病原物的侵入而使植物得到保护，此类药剂称为保护剂。保护剂的施用应均匀、周到。同时，很多病害再侵染频繁，使用保护剂时，应注意选用残效期长的药剂，以减少施药次数。

在施用保护剂时，还应根据病害的发病特点，选择施药时期和施药重点。如苹果轮纹病的防治，休眠期施药重点为发病枝干，目的是杀死或抑制越冬的病原物，减少初侵染来源；生长期施药重点是幼果，以减轻或防止果实发病。

2. 治疗作用

当病原物已经侵入植物时，使用具有渗透或内吸传导作用的化学药剂处理植物，可以达到杀死或抑制植物体内病原物，阻止病害发展或使植物重新恢复健康的作用。这类药剂也称内吸治疗剂，简称内吸剂或铲除剂。内吸治疗剂多有较强专化性，同类药剂如果长期连续使用，容易使病原菌产生抗药性而降低防治效果。

3. 免疫作用

将化学药剂引入健康植物体内，提高或诱发植物体对病原物的抵抗力，减轻或免于发病，这类药剂称免疫剂。免疫作用的机制是诱导植物体产生有杀菌或抑菌作用的植物保卫素，或改变寄主的形态结构使之不利于病原侵染或扩展等。

4. 钝化作用

在植物病毒病害防治中，常使用金属盐、氨基酸、维生素和抗菌素等物质来钝化病毒，使其侵染力和增殖力降低，从而达到减轻病毒病的目的。

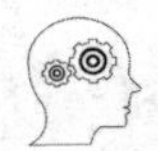

头脑风暴

作用方式不同的化学药剂在施药时期和技术方法上有什么不同？

二、杀菌剂的分类

按照防治对象的类别进行区分，杀菌剂一般指杀真菌剂和杀细菌剂，但在病害防治中还包括防治线虫病害的杀线虫剂和防治病毒病的病毒钝化剂等。

按照杀菌谱范围的宽窄，杀菌剂可分为广谱性杀菌剂和选择性杀菌剂，在使用时应根据病害的具体情况来选择使用。如乙膦铝、甲霜灵等药剂为卵菌病害的专用杀菌剂，对半知菌的病害无效。

按照杀菌剂的作用方式区分，杀菌剂可分为保护剂、治疗剂、免疫剂。

三、杀菌剂的剂型

未经加工的农药一般称为原药。为方便使用，原药常被加工成具有一定物理状态和化学特性的制剂，称剂型。杀菌剂的剂型种类很多，有固态、半固态和液态之分，根据使用方法又可分为不同种类等(表 3.5.1)。

表 3.5.1 杀菌剂的剂型、特点和使用方法

剂型名称(代码)	组分	特点	使用方法	使用注意事项
粉剂(DP)	原药＋惰性粉	自由流动的均匀粉状制剂，不受水源限制，不增加环境湿度，施药工效高，不易产生药害；受地面气流影响大，需在相对密闭空间使用	温室或大棚等密闭空间喷粉或撒布；配制药土、拌种或土壤处理等	不可以加水喷雾使用
可湿性粉剂(WP)	原药＋填料＋展着剂＋分散剂	可分散于水中形成稳定悬浮液的粉状制剂	喷雾、泼浇、拌种、土壤处理等	不可直接喷粉

续表3.5.1

剂型名称（代码）	组分	特点	使用方法	使用注意事项
可溶性粉剂（SP）	原药＋填料＋分散剂	有效成分能溶于水中形成真溶液，可含有一定量的非水溶性惰性物质的粉状制剂	喷雾、泼浇等	
悬浮剂（SC）	原药＋湿润剂＋分散助悬剂＋增黏剂	有效成分非水溶性，高分散度的黏稠状可流动的液体制剂，较耐雨水冲刷，用水稀释后使用	喷雾、涂茎、拌种、浸种等	长时间放置后会发生沉淀，使用时需摇匀
水剂（AS）	原药＋水＋表面活性剂	有效成分及助剂的水溶液制剂	喷雾、浇灌、浸泡等	附着性差
烟雾剂（FU）	原药＋燃料＋助燃剂＋阻燃剂	可点燃发烟而释放有效成分的固体制剂	直接点燃熏闷	使用场所要求有一定的密闭性，不可置于植物正下方
水分散粒剂（WG）	原药＋湿润剂＋分散剂＋崩解剂＋黏结剂＋载体	具备可湿性粉剂、水悬浮剂的优点且无弊病	喷雾、浇灌、浸种、拌种、土壤处理等	
超低容量液剂（UL）	原药＋溶剂	直接在无人机、农用飞机等超低容量器械上使用的均相液体制剂	直接喷雾	大风天不可使用，药剂浓度高，使用不当易引发药害

四、杀菌剂的使用方法

杀菌剂使用方法，应根据病害发生规律、杀菌剂的性质、加工剂型、环境条件等因素加以确定。常用的使用方法有如下几种。

1. 喷雾法

借助雾化器械产生的压力，把药液分散成细小的雾滴，把药剂均匀喷洒在植物表面的施药方法。喷雾时要做到雾滴细小、喷洒均匀周到。喷雾应选择晴天上午、无风或风力在1～2级的条件下进行。根据喷雾时的加水量不同，喷雾法可分为常量喷雾、低容量喷雾和超低容量喷雾等。

常量喷雾适用于水源丰富的地区，使用背负式喷雾器或果园送风喷雾机等器械进行作业。穿透性好、农药覆盖度好，但单位面积上施药量多，用水量大，环境污染较大；低容量喷雾和超低容量喷雾受水源限制较小，适用于无人机或农用飞机等中型喷雾机械进行作业。具有工效高、省药、防治费用低等优点，但要求药剂具有较好的内吸或渗透性，受气流等因素影响大，喷施技术要求较高。

2. 喷粉法

用喷粉器将粉剂均匀喷洒到行间，使药粉自然沉降在植物表面上。喷粉法比较适用于温室栽培防治病害，其优点是不增加棚室内的湿度。选择晴天无风的早晨、露水还未干之前进行，效果较好。

3. 种苗处理

许多植物病害是通过种子、苗木传播的，因此种苗消毒是防治植物病害一项很重要的措施。种苗处理是用药剂处理种子、幼苗、块根、块茎、接穗等。较常用的种苗处理的方法有浸种、拌种、闷种和种子包衣等。

4. 土壤处理

将药剂施入土壤中以杀死各种土壤中的病原物，防治各种作物根部病害和维管束病害。药剂处理土壤常用的方法有：将药剂分散施入坑内或沟内的撒施法；将药剂按使用浓度加水稀释后浇灌在土壤中或植株根部的浇灌法；将挥发性强、有熏蒸作用的药剂施于地表后翻耕，在表面加盖覆盖物，通过熏蒸作用杀死土壤中的病原菌的翻混法，之后 15～30 d 播种。可根据实际情况选择使用。

5. 植株处理

植株处理可分为涂抹法、药环法等，是将药剂直接涂抹包扎在植物的发病部位的施药方法。要求药剂具有一定的内吸传导作用或渗透性。

6. 熏烟法

利用烟剂燃烧后产生的烟雾，把药剂的有效成份以微粒的形式分散到空气中的施药方法。优点是不会引起环境湿度的增加，使用方法简单、工效高。适用于温室、大棚、仓库或室外郁闭的树林等相对密闭的场所。

五、常用药剂种类

用于防治菌物和细菌病害所用药剂称为杀菌剂，防治病毒病害的药剂一般称病毒钝化剂，防治线虫病害的药剂为杀线虫剂。

(一)杀菌剂

用于防治植物病害的杀菌剂有效成分为 1 种的称单剂。常用杀菌剂单剂的类型及使用方法有较大差别(表 3.5.2)。

表 3.5.2 常用杀菌剂的种类及特点

药剂类型	中文通用名称	其他名称	防治对象	使用方法	作用原理	性质*
无机铜类	氧化亚铜	靠山	卵菌引起的霜霉病、疫病；子囊菌及半知菌引起的叶斑病、早疫病等	喷雾	保护作用	杀菌物质主要为铜离子。可杀真菌和细菌，耐雨水冲刷，残效期可达 15～20 d，病原菌不易产生抗药性，果树幼果期和桃、李等果树对铜敏感；阴雨天及湿度大时易产生药害
	氢氧化铜	可杀得	卵菌引起的霜霉病、疫病；子囊菌和半知菌引起的叶斑病、炭疽病、苹果轮纹病；细菌引起的青枯病、细菌性角斑病	喷雾、土壤处理		

续表3.5.2

药剂类型	中文通用名称	其他名称	防治对象	使用方法	作用原理	性质*
有机铜类	噻菌铜	龙克菌	黄瓜角斑病等细菌性病害,花生叶斑病、西瓜枯萎病、葡萄黑痘病等真菌性病害	喷雾、土壤处理	保护、治疗作用	不能与碱性药物混用
	络氨铜	二氯四氨络合铜	真菌、细菌引起的多种病害如黄瓜霜霉病、番茄早疫病和晚疫病、瓜类和菜豆枯萎病等	喷雾、种子和土壤处理	保护作用	广谱性杀菌剂,不能与酸性药剂混用,浓度高于400倍易产生药害
无机硫类	石硫合剂	硫黄水	多种作物的白粉病、锈病	喷雾	保护作用和铲除作用	药效长,耐雨水冲刷,不易产生抗性,不污染作物,除对捕食螨有一定影响外,不伤害其他天敌,气温高于32℃、低于4℃时均不宜使用
	硫悬浮剂					
有机硫类	代森锰锌	喷克、大生、速克净	果树、蔬菜的炭疽病、早疫病和各种叶斑病等多种病害	喷雾	保护作用	杀菌谱较广,可与内吸性杀菌剂混配,延缓抗性的产生;不可与铜制剂和碱性药剂混用
	代森锌		马铃薯晚疫病,果树与蔬菜的霜霉病、炭疽病,麦类锈病,苹果和梨的黑星病,葡萄褐斑病、黑痘病等病害	喷雾		安全性高,不易引起药害,遇碱或含铜药剂易分解
有机磷类	三乙膦酸铝	疫霉灵、疫霜灵、乙膦铝	由霜霉属、疫霉属等引起的黄瓜霜霉病、白菜霜霉病等	喷雾、灌根、土壤处理等	内吸、保护和治疗作用	在植物体内能上下传导;遇强酸、强碱易分解,不可与酸性、碱性农药混用;吸潮结块后不影响使用效果
三唑类	烯唑醇	速保利	对子囊菌和担子菌高效,如白粉病菌、锈菌、黑粉病、叶斑病、黑星病等	喷雾	保护、治疗、铲除和内吸作用	中等毒性,在植株体内可向顶传导;杀菌谱广;能与除碱性物质外的大多数农药混用;抗药性产生较慢,不能与碱性农药混用

续表3.5.2

药剂类型	中文通用名称	其他名称	防治对象	使用方法	作用原理	性质＊
三唑类	氟硅唑	福星	对子囊菌、担子菌和半知菌所致病害有效；对卵菌无效；主要防治梨黑星病	喷雾		酥梨类品种在幼果期对此药敏感
	苯醚甲环唑	世高、敌萎丹	子囊菌门、担子菌门和半知菌类病原菌引起的叶斑病、炭疽病、早疫病、白粉病、锈病等	喷雾、拌种	保护、内吸、治疗作用	广谱性杀菌剂，持效期长，安全性高
苯并咪唑类	甲基硫菌灵	甲基托布津，甲托	子囊菌、半知菌引起的各种病害。如黑穗病、赤霉病、白粉病、炭疽病、灰霉病、褐斑病等	喷雾、拌种、种苗处理等	保护、内吸、治疗作用	广谱性杀菌剂，在植株体内可向顶传导；易产生抗药性；不能与含铜制剂混用，收获前14 d内禁止使用
	噻菌灵	特克多	子囊菌、担子菌、半知菌引起的白粉病、炭疽病、灰霉病、青霉病等多种病害，对卵菌和接合菌引发的病害无效	喷雾、种苗处理		与其他苯并咪唑药剂有正交互抗药性；对鱼有毒
酰胺类	甲霜灵	雷多米尔、瑞毒霉、甲霜安	霜霉菌、疫霉菌、腐霉菌引起的霜霉病、晚疫病等	茎叶处理、种子处理和土壤处理	保护、内吸、治疗作用	低残留，可双向传导，持效期长，易产生抗性
氨基甲酸酯类	霜霉威	普力克	卵菌引起的病害，如霜霉病、疫病、猝倒病	喷雾、种子处理	内吸、治疗作用	土壤处理持效期可达20 d
羧酸酰胺类	烯酰吗啉	安克	对霜霉科和疫霉属的菌物病害，如黄瓜霜霉病、疫病、猝倒病有效	喷雾	保护、内吸、治疗作用	杀菌剂，对鱼中等毒性，对蜜蜂和鸟低毒，对家蚕无毒，对天敌无影响；与瑞毒霉等无交互抗性，可与铜制剂、百菌清等混用
取代苯类	百菌清	达科宁	预防各种菌物病害，如霜霉病、疫病、白粉病、锈病、叶斑病、灰霉病、炭疽病、叶霉病、蔓枯病、疮痂病、果腐病	喷雾、喷粉及土壤处理	保护作用	对鱼类毒性大，杀菌谱广，附着性强，耐雨水冲刷；油剂对桃、梨、柿、梅及苹果幼果可致药害；烟剂对家蚕、柞蚕、蜜蜂有毒害作用

续表3.5.2

药剂类型	中文通用名称	其他名称	防治对象	使用方法	作用原理	性质*
二甲酰亚胺类	腐霉利	速克灵、杀霉利	多种蔬菜、果树、农作物的灰霉病、菌核病、叶斑病	喷雾、涂茎、熏蒸	保护和治疗作用	不宜与有机磷农药混配，不能与碱性药剂混用，单一使用容易使病菌产生抗药性
	异菌脲	扑海因	葡萄孢属、链孢霉属、核盘菌属引起的灰霉病、菌核病、苹果斑点落叶病、梨黑星病等	喷雾、种子处理		广谱触杀性杀菌剂，不能与碱性物质混用
嘧啶类	氯苯嘧啶醇	乐比耕、异嘧菌醇	作物的白粉病、锈病、炭疽病及多种叶斑病	喷雾	保护、治疗和铲除作用	对鱼类中等毒性
抗菌素类	多抗霉素	多氧霉素、多效霉素、宝丽安、保利霉素	黄瓜霜霉病、瓜类枯萎病、苹果斑点落叶病、草莓和葡萄灰霉病等多种菌物病害	喷雾、土壤处理	保护和治疗作用	广谱杀菌剂，对动物无毒，不易产生药害；对紫外线稳定，在酸性和中性溶液中稳定，在碱性溶液中不稳定
	链霉素	硫酸链霉素	大白菜软腐病等细菌病害及部分菌物病害	喷雾		不能与碱性农药混用；喷药 8 h 内遇雨应补喷；避免高温施药
	宁南霉素	菌克毒克	病毒病、根腐病、叶斑病、白粉病等	喷雾		低残留，不污染环境，不能与碱性物质混用，可与杀虫剂混用
甲氧基丙烯酸酯类	嘧菌酯	阿米西达	半知菌、子囊菌、担子菌、卵菌引起的多种菌物病害	喷雾、种子处理、土壤处理	保护、治疗和铲除作用	广谱杀菌剂，与其他常用杀菌剂无交互抗性，持效期长，对作物、人畜及有益生物安全，对环境基本无污染，不可与强碱、强酸性的农药等物质混用
	吡唑醚菌酯	唑菌胺酯	半知菌、子囊菌、担子菌、卵菌引起的多种菌物病害	喷雾		

续表3.5.2

药剂类型	中文通用名称	其他名称	防治对象	使用方法	作用原理	性质*
植物源	小檗碱	青枯立克	青枯病、茎基腐病、蔓枯病、猝倒病、立枯病、枯萎病、黄萎病、软腐病和根肿病等土传病害	喷雾、土壤处理	保护和治疗作用	广谱性、无药害、无残留
	大黄素甲醚	朱砂莲乙素	白粉病、霜霉病、炭疽病	喷雾		可用于绿色和有机生产;对蜜蜂、家蚕、鱼有毒
微生物源	木霉菌	特立克	治疗腐霉菌、丝核菌、镰刀菌、黑根霉、核盘菌、小核菌等引起的多种植物真菌病害,预防细菌性病害	喷雾、种子和土壤处理	竞争作用、抗生作用、重寄生作用和生长调节作用	诱导植物抗性,抑制、消解病原菌,阻止病原菌侵入植物细胞,不产生抗性,可与其他化学农药混用
	枯草芽孢杆菌	枯芽	小麦白粉病、赤霉病、纹枯病等	喷雾	竞争作用、抗生作用、生长调节作用	有广谱抗菌活性和极强的抗逆能力,对作物有生长调节的作用,不能与铜制剂、链霉素等杀菌剂及碱性农药混用

说明:* 性质中没有特别加以说明的药剂毒性为低毒,下同。

(二)病毒钝化剂

用于防治病毒病的药剂称病毒钝化剂(表 3.5.3)。

表 3.5.3 常用病毒钝化剂的种类及特点

中文通用名称	其他名称	防治对象	使用方法	作用特点	性质*
混合脂肪酸	83 增抗剂	烟草花叶病毒引起的植物病毒病	喷雾	保护作用	抑制病毒初侵染,降低病毒增殖和扩展速度,喷后 24 h 内遇雨需补喷,低温下会凝固,不影响使用
植病灵		番茄花叶病和蕨叶病,烟草花叶病毒	喷雾	杀菌、钝化病毒、调节生长作用	由三十烷醇+硫酸铜+十二烷基硫酸钠混合而成,避免同生物农药混用,作物表面无水时喷施
阿泰灵	氨基寡糖素+极细链格孢激活蛋白	多种植物病毒病	喷雾、种子和土壤处理	免疫、调节生长作用、提高抗逆性	不能与强酸、强碱性农药混用

续表3.5.3

中文通用名称	其他名称	防治对象	使用方法	作用特点	性质*
香菇多糖	糖护卫	多种植物病毒病	喷雾	保护和治疗、熏蒸作用	阻止病毒侵入，抑制病毒增殖，提高免疫力

(三)杀线虫剂

常用杀线虫剂来源和使用方法也有较大差别(表3.5.4)。

表3.5.4　常用杀线虫剂的种类及特点

药剂类型	中文通用名称	其他名称	防治对象	使用方法	作用原理	性质*
土壤熏蒸剂	氯化苦	硝基三氯甲烷	多种植物病原线虫、真菌、细菌、草籽和地下害虫	作物种植前，土壤密闭熏蒸处理	熏蒸	广谱熏蒸型灭生性土壤处理剂，无残留，施药技术要求高，方式不当易产生药害
	棉隆	必速灭				
醚类	二氯异丙醚	二氯异丙基醚	多种植物线虫病害	撒施	熏蒸作用	对植物较安全，可在生育期使用；地温低于10℃时不可用
抗生素类	阿维菌素	爱福丁、虫螨光、绿菜宝	蔬菜根结线虫病	土壤处理	触杀、胃毒、渗透作用	高效、广谱，易产生抗性，对鱼、蚕、蜜蜂高毒，不能与碱性农药混用
微生物源	淡紫拟青霉	线虫清	多种蔬菜作物线虫病害	拌种	重寄生作用	活体真菌，寄生于线虫体内

综合实训3-1　常用杀菌剂剂型质量简易鉴定及品种调查

一、技能目标

了解当地植物病害常用农药使用情况，掌握常用农药理化性状特点和质量的简易检测方法。

二、用具与药品

(1)用具　牛角匙、试管、量筒、烧杯、玻璃棒等。

(2)药品　50％乙烯菌核利(农利灵)可湿性粉剂、25％粉锈宁乳油、40％氟硅唑(福星)乳油、25％丙环唑(敌力脱)乳油、72.2％霜霉威(普力克)水剂、45％百菌清烟剂、10％苯醚甲环唑水分散粒剂、72％霜脲·锰锌(克露)可湿性粉剂、42％噻菌灵悬浮剂及当地常用其他农药。

三、内容及方法

1. 了解当地主要农业企业、种植户使用的常用农药品种、剂型等信息；了解生产资料公司、植保和农业技术推广企业等农药销售部门销售的常用农药品种、剂型及价格等信息。查阅说明书和标签，了解相关应用信息。

2. 农药理化性状的简易辨别方法

（1）物理性状的辨别　辨别粉剂、可湿性粉剂、乳油、颗粒剂、水剂、烟雾剂、悬浮剂等剂型在颜色、形态等物理外观上的差异。

（2）粉剂、可湿性粉剂质量的简易鉴别　取少量药粉轻轻撒在水面上，长期浮在水面的为粉剂，在 1 min 内粉粒吸湿下沉，搅动时可产生大量泡沫的为可湿性粉剂。另取少量可湿性粉剂倒入盛有 200 mL 水的量筒内，轻轻搅动放置 30 min，观察药液的悬浮情况，沉淀越少，药粉质量越高。如有 3/4 的粉剂颗粒沉淀，表示可湿性粉剂的质量较差。在上述药液中加入 0.2～0.5 g 合成洗衣粉，充分搅拌，比较观察药液的悬浮性是否改善。

（3）乳油质量简易测定　将 2～3 滴乳油滴入盛有清水的试管中，轻轻振荡，观察油水融合是否良好，稀释液中有无油层漂浮或沉淀。稀释后油水融合良好，呈半透明或乳白色稳定的乳状液，表明乳油的乳化性能好；若出现少许油层，表明乳化性尚好；出现大量油层、乳油被破坏，则不能使用。

（4）烟雾剂质量简易鉴定　将烟雾剂点燃，观察燃烧情况，匀速、彻底、无明火，燃烧后残渣疏松，30 min 后无余火，说明烟雾剂质量较好。

综合实训 3-1
常用杀菌剂剂型质量简易鉴定及品种调查

四、作业

完成常用药剂的种类及特点实训任务报告单。

综合实训 3-2　植物病害综合防治方案的制定

一、技能目标

了解常见植物病害的发生规律，并能够根据病害的发生规律及耕作制度、栽培方式及气候条件制定病害的综合防治方案或防治历。

二、材料

作物生产田、菜园、果园等。植物的基本生产情况资料，如耕作制度、栽培方式、品种布局、茬口安排、土壤肥力、灌溉条件、栽培管理措施及历年气象资料；病害种类、发生规律及历年防治情况资料等。

三、内容与方法

1. 原则和要求

制定农作物病害防治方案要贯彻“预防为主、综合防治”的植保工作方针，病害的防治要全面考虑农业生态平衡、保护环境、社会效益和经济效益；因地制宜地将植物检疫、农业防治、物理机械防治、生物防治和化学防治等纳入本地农作物生产技术措施体系中，以获得最高的产量，最好的产品质量，最佳的经济、生态和社会效益；切合实际、内容具体、有可操作性，语言简洁明了。

2. 防治方案类型

植物病害综合防治方案制定方法因植物种类不同差别较大。植物种类相对固定的果园，植物生产周期性强，一般制定病害防治历，每年可根据防治历的时间变化指导病害防治，菜园及大田作物等因其栽培作物种类的变化频繁，可制定某种植物的病害综合防治方案。

3. 调查分析

(1)病害种类调查　由于地理环境、栽培植物种类或品种的不同，各地区的植物病害种类有很大差别，因此，必须首先调查并掌握植物主要和次要病害的种类、发生情况和发生规律，当地农作物的品种及丰产栽培技术，围绕主要病害设计出切实可行的预测预报方法和具体防治技术。

(2)材料分析　明确本地区主要植物病害种类后，根据主要病害的发生规律，依据提供的资料分析当地气象条件、耕作制度、栽培方式、品种布局、茬口安排、灌溉条件及土壤状况对作物生长发育和主要病害发生发展的影响，对主要病害发生量和发生时期的变化趋势作出科学的估测，科学决策植物病害的综合防治方案。

(3)组建防治技术体系　因地制宜地选用各种防治措施，如植物检疫、农业防治、物理机械防治、生物防治和化学防治等，并与栽培技术进行整合，纳入生产技术措施体系中，达到保障农产品安全健康，提高经济效益，降低成本投入的目标。

4. 内容

(1)标题　以某一地区，如村、乡(镇)、县、市、省为对象，制定“××地区××作物病害综合防治方案(防治历)”；如制定“水稻病害综合防治方案”；(套袋)苹果主要病害综合防治历；或以一种主要病害为对象，制定黄瓜霜霉病综合防治方案等。

(2)前言　概述当地区域作物病害的基本情况，制定防治方案的依据和原则，相关病害的发生和发展趋势等。

(3)正文　根据当地具体情况，依据防治方案的原则和要求，结合作物生产条件、气候条件、主要栽培技术措施及主要病害发生的特点统筹考虑，对各种防治措施及主要栽培技术措施进行整合并撰写具体内容。

5. 实施

植物病害防治历制定后，某些病害的发生可能会因气候条件、植物群落组成变化出现一定程度上的改变，在具体实施时应根据实际病害预测预报的结果对防治技术措施进行适当的调整；在防治过程中，植物病害种类组成会随着时间的推移、防治技术的应用而改变，原来的主要病害变为次要病害，或者相反，因此，植物病害的动态监测必须坚持常年进行，以保证防治历内容的调整有充分的科学依据。

另外，由于地理、气候、栽培品种、种植方式的差异，不同地区同种植物上病害的种类、发生程度都会各不相同，不同地区的植物病害防治一定要考虑到当地、当时的具体情况。

6. 实施效果调查

在植物病害防治历实施后，其防治效果都要通过调查来确定。这是衡量防治历综合治理效益、评价防治历制定优越性的重要途径。对植物病害防治效果调查结果进行综合分析，比较新旧防治历在植物病害防治效果上的差异。

如调查苹果果实病害的防治效果比较(表 3.5.5)。调查富士、乔纳金等品种各 10 株，每株 100 个果，共 1 000 个果，将结果记入防治效果调查表。

表 3.5.5 苹果轮纹病、炭疽病新旧防治历效果比较调查表

病害名称	苹果品种	调查株数	调查果数	病果数		病果率/%	
				旧防治历	新防治历	旧防治历	新防治历
轮纹病	富士	10	1 000				
炭疽病	乔纳金	10	1 000				

综合实训 3-2
植物病害综合防治方案的制定

四、作业

1. 制定当地一种主要栽培植物的病害综合防治方案或防治历，要求目的明确，符合实际，内容具体，表达清晰，操作性强。

2. 对防治历的防治效果进行调查和评价。

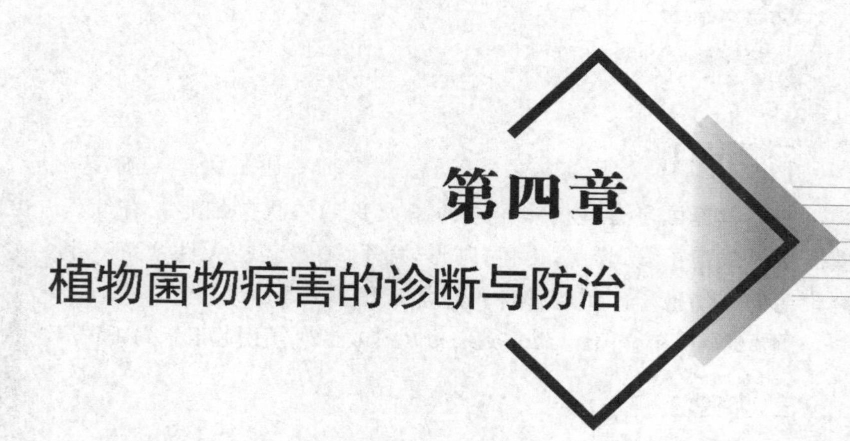

第四章 植物菌物病害的诊断与防治

知识目标

- 了解植物病原菌物的主要类群。
- 了解主要植物菌物病害的种类。
- 掌握主要植物菌物病害的症状识别特点。
- 了解主要植物菌物病害的一般发生规律。
- 掌握主要植物菌物病害的防治策略和技术措施。

能力目标

- 能够依据症状特征识别主要植物菌物病害。
- 能够运用显微技术诊断主要植物菌物病害。
- 能够依据主要植物菌物病害的发生规律制定综合防治措施。

第一节　植物病原菌物的主要类群

菌物是引发植物病害的重要病原物，不同菌物的显微形态特征有明显的差异，可做为诊断植物病害时的重要依据。

一、根肿菌门

根肿菌多寄生于植物的根、茎的细胞内，引起寄主植物细胞膨大和组织增生，根部膨大肿胀，称根肿病。营养体是原生质团，有性生殖产生休眠孢子囊，鱼卵状，散生在寄主细胞内，无性生殖产生前端具有两根长短不一鞭毛的游动孢子。重要的属有根肿菌属(*Plasmodiophora*)(图 4.1.1)，引起十字花科蔬菜根肿病，粉痂菌属(*Spongospora*)引起马铃薯块茎发生粉痂病。

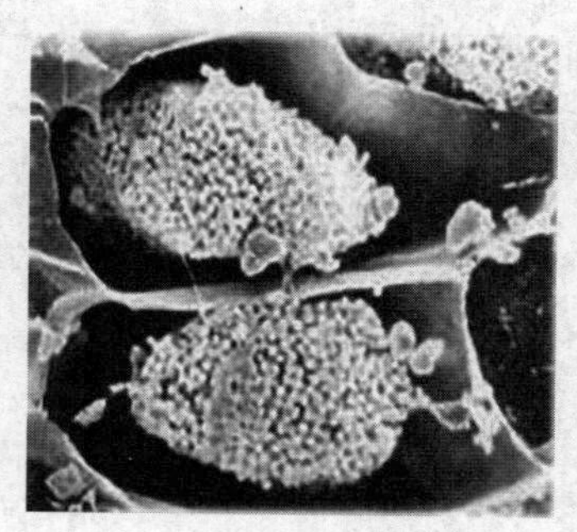

图 4.1.1　根肿菌属

二、壶菌门

壶菌营养体是有丝状体相连的膨大变形体状单细胞。有性繁殖产生休眠孢子囊，粉状，褐色，球形，扁平，有囊盖。无性繁殖产生有鞭毛的游动孢子。引起病部褐色坏死斑。

重要的属有节壶菌属（*Physoderma*）（图 4.1.2），可引起玉米褐斑病。

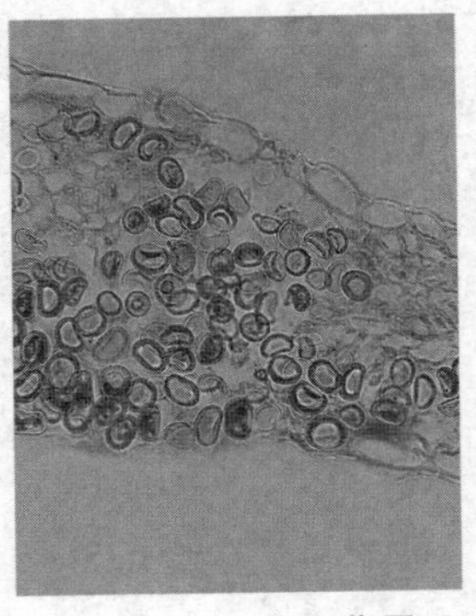

图 4.1.2 节壶菌属

三、卵菌门

卵菌大多数生于水中，少数具有两栖和陆生习性。有些卵菌是植物上的专性寄生菌。营养体多为无隔的菌丝体，少数为单细胞；有性繁殖形成卵孢子，无性繁殖产生具鞭毛的游动孢子。

卵菌门（图 4.1.3）中仅有腐霉目和霜霉目的菌物（表 4.1.1）引起植物病害，如植物猝倒病、瓜果腐烂病、疫病和霜霉病等。

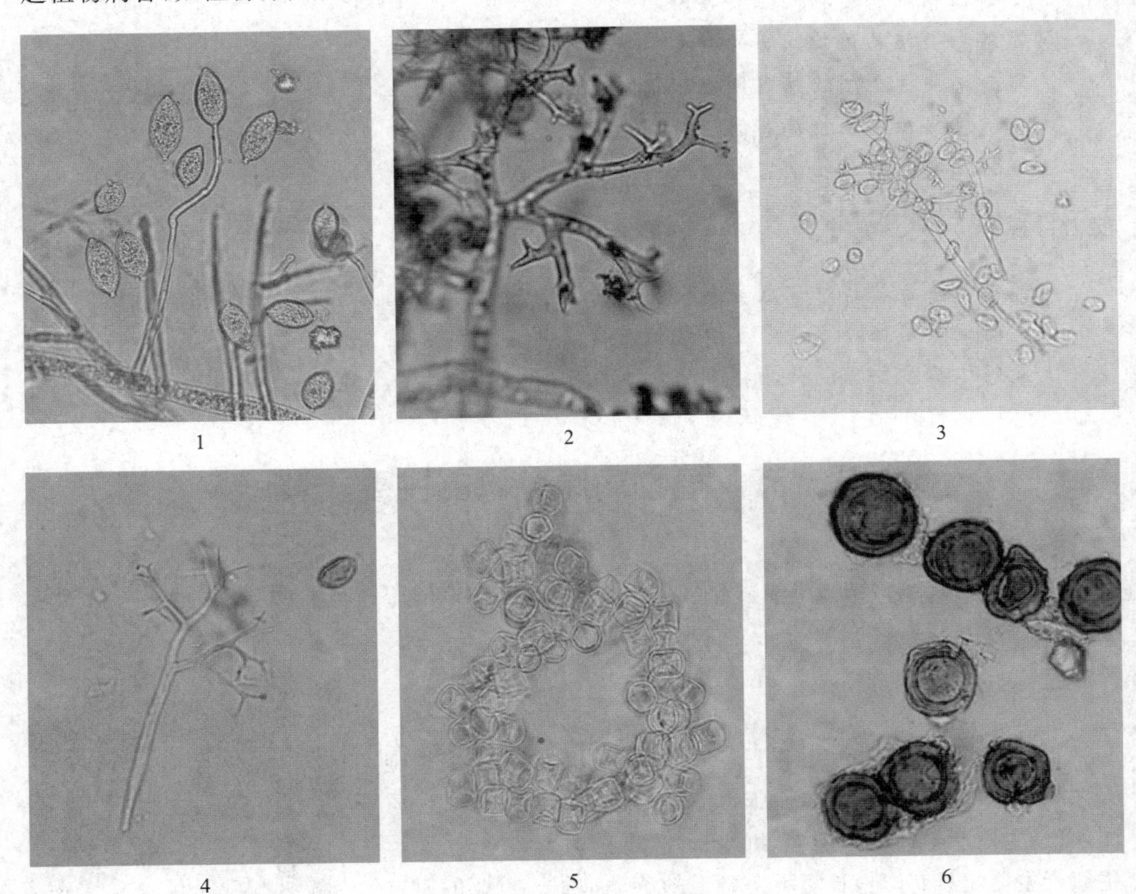

1. 疫霉属　2. 霜霉属　3. 单轴霉属　4. 假霜霉属　5. 白锈属　6. 指梗霉属

1～5. 为游动孢子囊及游动孢子囊梗　6. 为卵孢子

图 4.1.3 卵菌门

表 4.1.1　卵菌门常见病原菌物及所致病害特点

目及形态特征		属及形态特征		代表病害	病害症状特点
腐霉目	孢囊形态与菌丝无明显差别	腐霉属（*Pythium*）	孢囊梗菌丝状，孢子囊球形或姜瓣状，成熟后一般不脱落，萌发时产生泡囊，为土壤习居菌	多种植物的幼苗猝倒病、瓜果腐烂病	猝倒、根腐、腐烂
		疫霉属（*Phytophthora*）	孢囊梗分枝或不分枝。孢子囊近球形、卵形或梨形，顶端有乳突。成熟后脱落，萌发时产生游动孢子或芽管	辣椒疫病、黄瓜疫病、马铃薯晚疫病等	
霜霉目	孢囊梗从寄生气孔伸出与菌丝区别明显，常有各种特征性分支，专性寄生	霜霉属（*Peronospora*）	孢囊梗呈二叉状锐角分枝，末端尖细	十字花科蔬菜霜霉病、葱霜霉病、菠菜霜霉病	病部产生白色或灰白色、紫褐色霜霉
		假霜霉属（*Pseudoperonospora*）	孢囊梗主干呈单轴分枝，后做2～3回不对称二叉状锐角分枝，末端尖细	黄瓜霜霉病	
		单轴霉属（*Plasmopara*）	孢囊梗单轴分枝，分枝呈直角，末端平钝	葡萄霜霉病	
		指梗霉属（*Sclerospora*）	孢囊梗顶端渐粗，指状分枝2～3回	谷子白发病	
		白锈属（*Albugo*）	孢囊梗不分枝，短棍棒状，在寄主表皮下排列成栅栏状，孢子囊椭圆形	十字花科蔬菜白锈病、菊花白锈病	病部产生白色疱状凸起，破裂后散出白色锈粉

四、接合菌门

接合菌绝大多数为腐生菌，少数为弱寄生菌。营养体为无隔菌丝，有性繁殖产生接合孢子，无性繁殖在孢子囊内产生不动的孢囊孢子。重要病原菌有根霉属（*Rhizopus*）（图 4.1.4）和笄霉属（*Choanephora*），可引起多种植物腐烂。

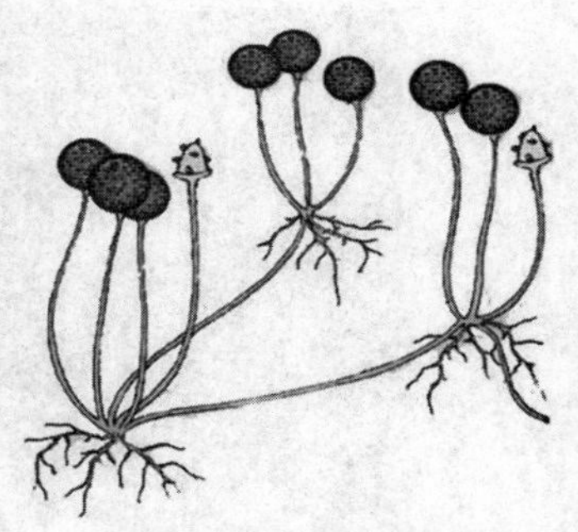

图 4.1.4　根霉属

根霉属菌丝发达，多分枝，匍匐菌丝和假根分布在寄主植物表面和内部，孢囊梗从匍匐菌丝上长出，与假根对生，顶端形成孢囊梗，内生孢囊孢子。在植物成熟期和贮藏期引起南瓜软腐病、桃软腐病。

笄霉属可形成大型孢子囊和小型孢子囊，引起瓜类和茄科植物花腐病、瓜果腐烂病。

五、子囊菌门

大多数子囊菌的营养体是分枝繁茂的有隔菌丝体，有性繁殖产生子囊和子囊孢子。子囊棍棒形或圆柱形，少数呈球形或椭圆形，多数情况下，1个子囊内有8个子囊孢子。多数子囊菌的子囊产生在子囊果内，少数是裸生的。子囊果有4种类型：闭囊壳球形，完全封闭无孔口，闭囊壳外有多种形态的透明附属丝；子囊壳有固定孔口和内腔，球形或扁球形；子囊腔多生于子座上，内部组织溶解形成孔口和内腔，球形或扁球形；子囊盘为有较大开口的盘状或杯状结构，顶部子囊和侧丝平行排列。除子囊盘外，子囊果在病组织表面或内部产生，为肉眼可见的黑色或褐色的点状物；有些子囊菌可形成子菌核，萌发后形成囊盘。无性繁殖在孢子梗上产生分生孢子。外囊菌目的外囊菌属（图4.1.5）、白粉菌目（图4.1.6）、球壳目（图4.1.7）、座囊菌目（图4.1.8）、格孢腔菌目（图4.1.9）和柔膜菌目（图4.1.10）等属可引起多种植物病害（表4.1.2）。

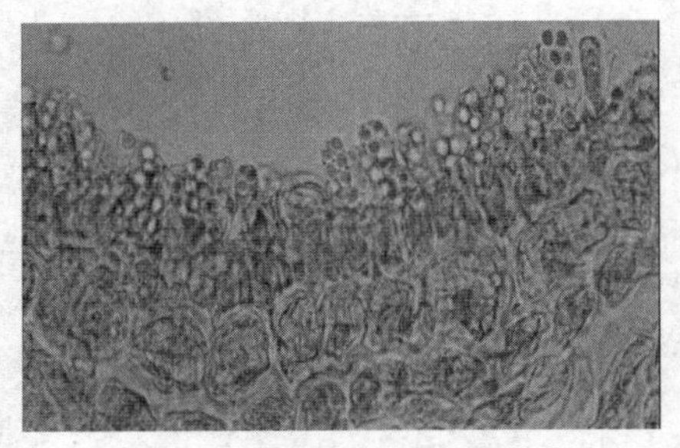

图4.1.5 外囊菌目外囊菌属子囊及子囊孢子

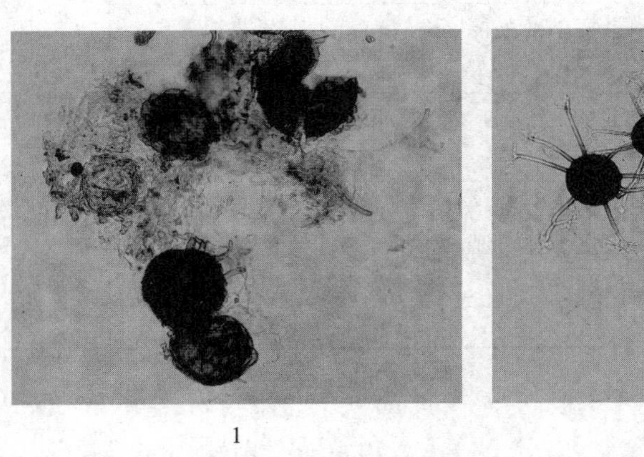

1

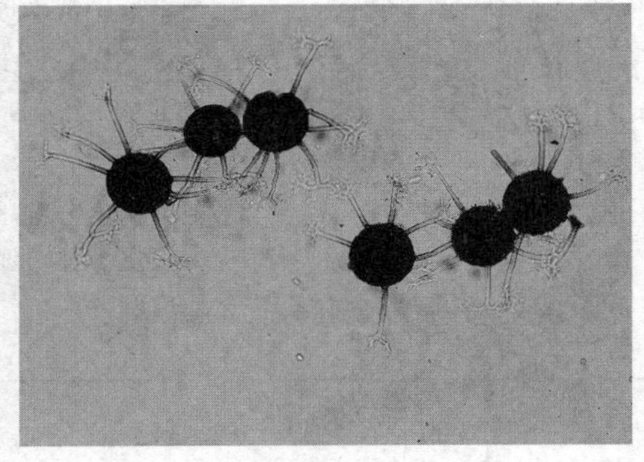

2

3

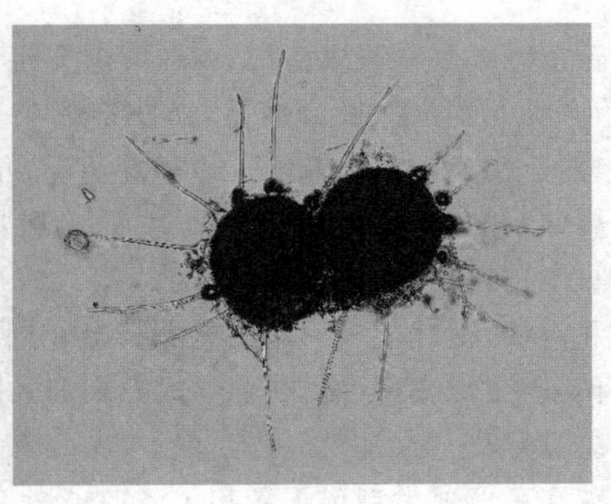

4

图4.1.6 白粉菌目闭囊壳

1. 白粉菌属 2. 叉丝壳属 3. 钩丝壳属 4. 球针壳属

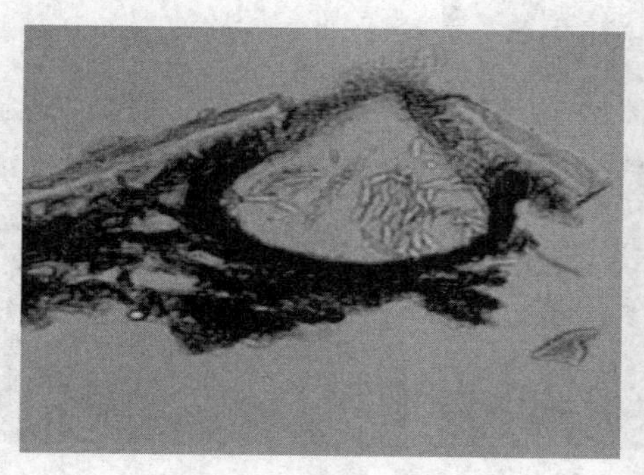

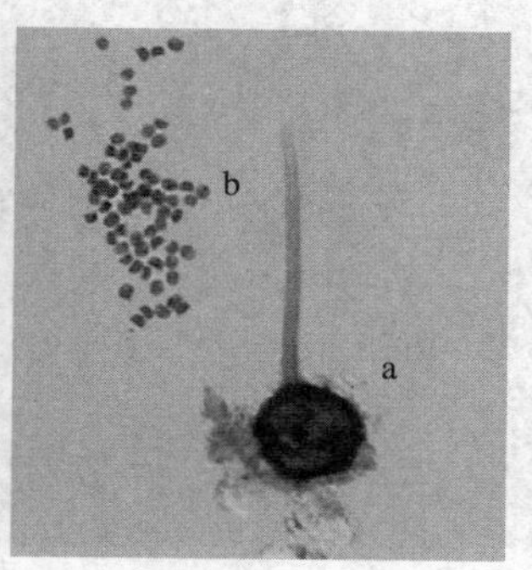

图 4.1.7　球壳目

1. 小丛壳属子囊壳　2a. 长喙壳属子囊壳　2b. 长喙壳属子囊孢子

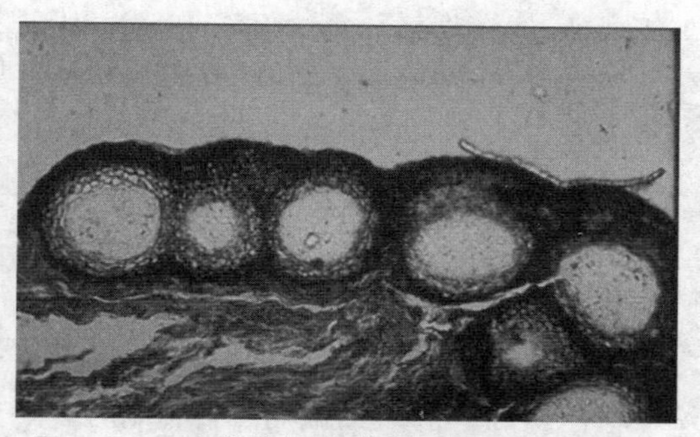

图 4.1.8　座囊菌目球座菌属子囊座及子囊腔

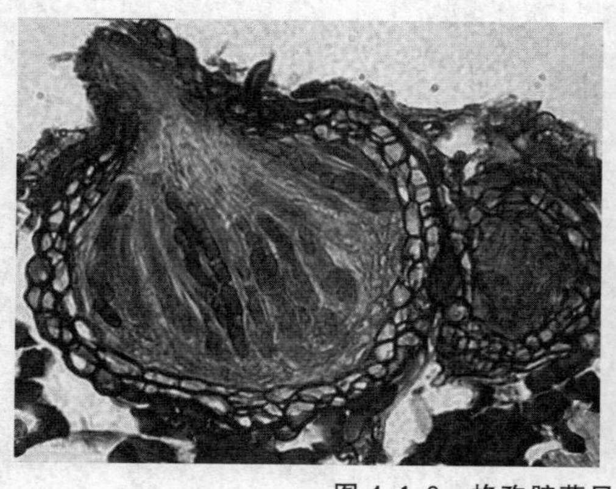

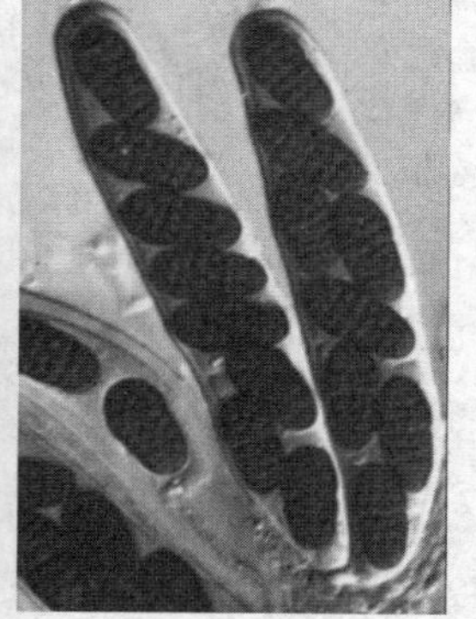

图 4.1.9　格孢腔菌目

左:黑星菌属子囊腔　右:格孢腔菌属子囊及子囊孢子

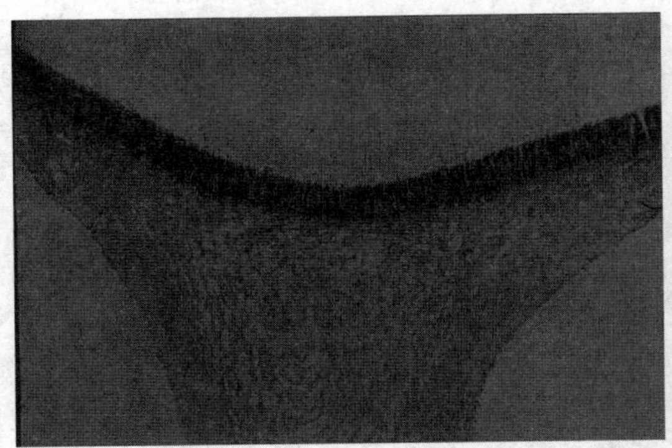

图 4.1.10　柔膜菌目

左:核盘菌属子囊盘　右:链核盘菌属子囊及子囊孢子

表 4.1.2　子囊菌门常见病原菌物及所致病害特点

纲及形态特征		目及形态特征		属及形态特征		代表病害	病害症状特点
半子囊菌纲	子囊裸生	外囊菌目	子囊以柄细胞方式产生	外囊菌属(*Taphrina*)	子囊裸露,平行排列呈栅栏状。专性寄生	桃缩叶病、李囊果病	病部皱缩、肥肿
核菌纲	子囊果为闭囊壳或子囊壳,子囊单层壁,规律排列在子囊果内	白粉菌目	子囊果为闭囊壳,菌丝体外寄生,以吸器深入寄主组织。专性寄生	白粉菌属(*Erysiphe*)	闭囊壳内多个子囊,附属丝菌丝状	小麦白粉病、向日葵白粉病	病部表面有明显白粉状物,后期白粉中长出黑色小点
				单丝壳属(*Sphaerotheca*)	闭囊壳内1个子囊,附属丝菌丝状	瓜类白粉病、豆类白粉病、蔷薇白粉病	
				球针壳属(*Phyllactinia*)	闭囊壳内多个子囊,附属丝呈长针状,基部球形	梨白粉病、核桃白粉病	
				钩丝壳属(*Uncinula*)	闭囊壳内多个子囊,附属丝末端呈钩状	槭树白粉病	
				叉丝壳属(*Microsphaera*)	闭囊壳内多个子囊,附属丝末端呈鹿角状分枝	丁香白粉病、槐树白粉病	
				叉丝单囊壳属(*Podosphaera*)	闭囊壳内1个子囊,附属丝末端呈鹿角状分枝	苹果白粉病、山楂白粉病	

续表4.1.2

纲及形态特征		目及形态特征		属及形态特征		代表病害	病害症状特点
核菌纲	子囊果为闭囊壳或子囊壳，子囊单层壁，规律排列在子囊果内	球壳目	子囊果为子囊壳	小丛壳属（*Glomerella*）	子囊壳小，壁薄，多埋生于子座内，无侧丝	瓜类、豆类、苹果、葡萄、柑橘炭疽病	叶部病斑、果实腐烂，病部后期长出小黑点
				黑腐皮壳属（*Valsa*）	子囊壳具长颈，埋生于子座基部	苹果和梨树腐烂病	树皮溃疡、腐烂，后期长出小黑点
				座腔菌属（*Botryosphaeria*）	子囊壳黑色，埋生于寄主组织内	苹果和梨轮纹病	树皮病瘤、果实腐烂，后期长出小黑点
				长喙壳属（*Ceratocystis*）	子囊壳呈烧瓶状，颈部细长如喙，子囊梨形或卵圆形，子囊孢子呈钢盔状	甘薯黑斑病	病薯表面黑色膏药状病斑，后期长出黑色刺毛状物
腔菌纲	子囊果为子囊座，子囊着生于子囊腔内	座囊菌目	每个子囊腔内含多个子囊，子囊间无拟侧丝	球座菌属（*Guignardia*）	子囊座生于寄主表皮层下。子囊孢子单胞	葡萄黑腐病、房枯病	腐烂、干枯、斑点
		格孢腔菌目	每个子囊腔内含多个子囊，子囊间有拟侧丝	格孢腔菌属（*Pleospora*）	子囊腔球形或瓶形，无刚毛，子囊孢子多细胞，卵圆形，砖格状	葱、蒜和辣椒的黑斑病和叶枯病	病斑
				黑星菌属（*Venturia*）	子囊腔孔口周围有黑色刚毛	苹果和梨黑星病	病叶长黑霉，果实疮痂、龟裂
盘菌纲	子囊果为子囊盘	柔膜菌目	子囊盘不在子座内发育，子座多生于植物表面，子囊成熟前外露，子囊顶端不加厚	核盘菌属（*Sclerotinia*）	子囊盘在菌核上产生，盘状或杯状，具长柄	十字花科蔬菜、芹菜菌核病	病部腐烂，长出菌核
				链核盘菌属（*Monilinia*）	子囊盘在假菌核上产生，盘形或漏斗形	苹果和梨、桃褐腐病，苹果花腐病	病部腐烂

六、担子菌门

担子菌营养体为发达的有隔菌丝体。有性繁殖除锈菌外，产生担子和担孢子，担子上着生 4 个担孢子。担子菌菌丝体发育有 2 个阶段，由担孢子萌发为单细胞核的有隔菌丝，称初生菌丝，性别不同的初生菌丝结合形成双核的次生菌丝。双核菌丝体可以形成菌核、菌索和担子果等机构。低等担子菌有性繁殖时担子裸生，不产生担子果；高等担子菌担子着生在担子果内。担子果有 3 种类型：子实层始终暴露在外的为裸果型；子实层初期封被，担孢子成熟前露出为半被果型；子实层在担孢子成熟后亦不开裂，称为被果型。

锈菌在其生活史中可形成最多 5 种不同类型孢子，这种现象称为孢子多型性。典型的锈菌生活史中可以形成冬孢子、担孢子、性孢子、锈孢子和夏孢子 5 种不同类型的孢子（图 4.1.11）。一般认为多型性是真菌对环境适应性的表现。性孢子单细胞，单核，产生在性孢子器内，性孢子与受精丝交配形成双核菌丝，再形成锈孢子；锈孢子单细胞，产生在锈孢子器内。夏孢子也是双核菌丝体产生的双核孢子，在生长季节可连续产生多次，许多夏孢子聚生在一起形成夏孢子堆；在寄主生长后期，双核菌丝形成厚壁休眠的冬孢子，许多冬孢子聚生在一起形成冬孢子堆。冬孢子萌发形成担子，其上产生担孢子（图 4.1.14）。

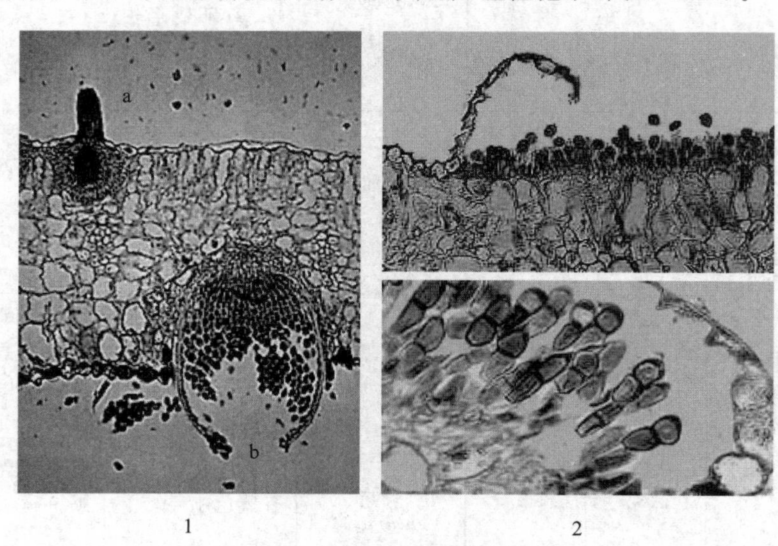

图 4.1.11 锈菌的孢子类型

1a. 性孢子器 1b. 锈孢子器 2 上. 夏孢子堆 2 下. 冬孢子堆

有些真菌在一种寄主植物上就可完成生活史，称单主寄生，大多数真菌都是单主寄生。有的锈菌需要在两种或两种以上不同的寄主植物上交替寄生才能完成其生活史，称为转主寄生。如引起梨锈病的山田胶锈菌和引起小麦秆锈病的禾柄锈菌都是多孢子类型的转主寄生菌。梨锈病菌的性孢子和锈孢子在梨树上产生，冬孢子在桧柏上产生，桧柏是梨锈病菌的转主寄主；小麦秆锈菌的性孢子和锈孢子在小檗上产生，夏孢子和冬孢子在小麦上产生，小檗是小麦秆锈菌的转主寄主。黑粉菌因形成大量黑色粉状孢子得名。黑粉为冬孢子聚集而成。

与植物病害关系密切的担子菌主要为冬孢菌纲锈菌目（图 4.1.12）、黑粉菌目（图 4.1.13）和担子菌纲木耳目的多属菌物（表 4.1.3）。

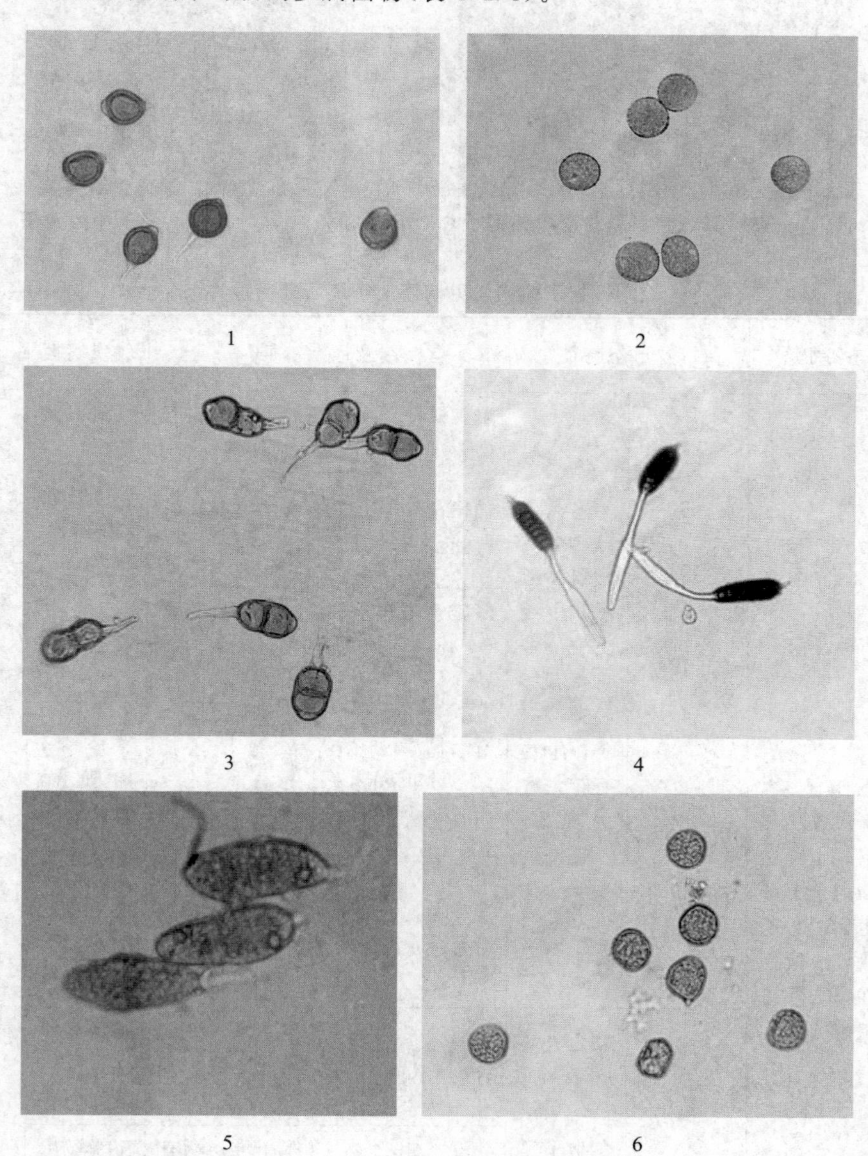

图 4.1.12　锈菌目

1. 单胞锈菌属冬孢子　2. 单胞锈菌属夏孢子　3. 柄锈菌属冬孢子　4. 多胞锈菌属冬孢子　5. 胶锈菌属冬孢子　6. 胶锈菌属锈孢子

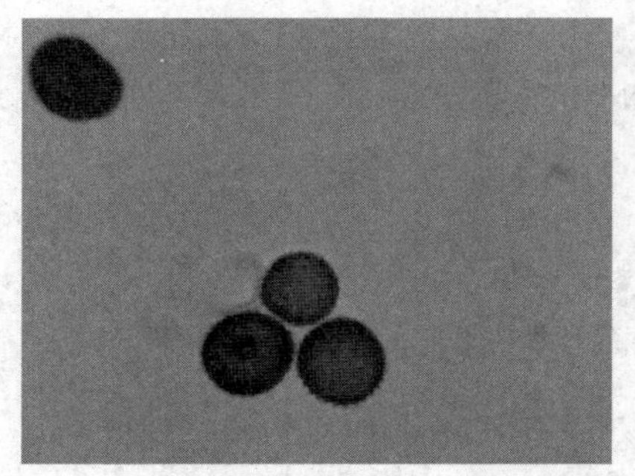

图 4.1.13 黑粉菌目黑粉菌属冬孢子

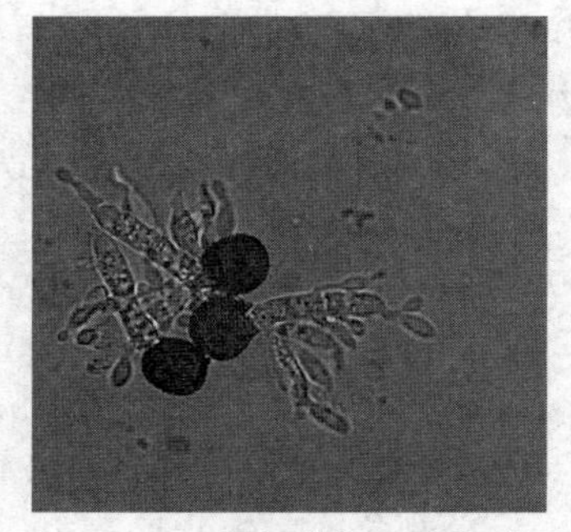

图 4.1.14 黑粉菌担子和担孢子

表 4.1.3 担子菌门常见病原菌物及所致病害特点

<table>
<tr><th colspan="2">纲及形态特征</th><th colspan="2">目及形态特征</th><th colspan="2">属及形态特征</th><th>代表病害</th><th>病害
症状特点</th></tr>
<tr><td rowspan="8">冬孢
菌纲</td><td rowspan="8">无担子果，不形成子实层，担子在冬孢子上产生，冬孢子成堆或散生在寄主组织内</td><td rowspan="5">锈菌目</td><td rowspan="5">只产生孢子器和孢子。生活史中最多可形成 5 种类型孢子，有些有转主寄生现象，专性寄生</td><td>单胞锈菌属
(Uromyces)</td><td>冬孢子单细胞有柄，无锈孢子</td><td>豆科蔬菜锈病</td><td rowspan="5">病部产生锈粉</td></tr>
<tr><td>柄锈菌属
(Puccinia)</td><td>冬孢子双细胞有柄，无锈孢子</td><td>葱锈病、小麦锈病、玉米锈病</td></tr>
<tr><td>多胞锈菌属
(Phragmidium)</td><td>冬孢子多细胞有柄，无锈孢子</td><td>蔷薇锈病</td></tr>
<tr><td>胶锈菌属
(Gymnosporangium)</td><td>冬孢子双细胞有长柄；聚生成孢子角遇水胶化，无夏孢子</td><td>苹果、梨、山楂、海棠锈病</td></tr>
<tr><td>层锈菌属
(Phakopsora)</td><td>冬孢子单细胞无柄，在表皮下排列成数层，不产生性孢子和锈孢子</td><td>枣锈病、葡萄锈病</td></tr>
<tr><td rowspan="3">黑粉菌目</td><td rowspan="3">冬孢子黑色粉状，集结成孢子堆，兼性寄生</td><td>黑粉菌属
(Ustilago)</td><td>冬孢子堆无膜包被，冬孢子散生，萌发产生有隔担子</td><td>玉米黑粉病、小麦散黑穗病</td><td rowspan="3">病部产生黑粉团</td></tr>
<tr><td>轴黑粉菌属
(Sphacelotheca)</td><td>冬孢子堆初期有假膜包被，内有残余寄主组织形成的中轴</td><td>玉米丝黑穗病</td></tr>
<tr><td>条黑粉菌属
(Urocystis)</td><td>冬孢子紧密结合成团，外有不孕细胞，萌发产生无隔担子</td><td>小麦秆黑粉病、葱黑粉病</td></tr>
</table>

续表4.1.3

纲及形态特征		目及形态特征		属及形态特征		代表病害	病害症状特点
层菌纲	担子果裸果型或半被果型，仅产生担孢子	木耳目	担子圆筒形，以横隔膜分为4个细胞	卷担菌属(*Helicobasidium*)	担子果平铺成膜，担子圆筒形弯曲成弓状	苹果、梨、甘薯紫纹羽病	病部生紫色线状菌索

七、半知菌类

半知菌的营养体为多分枝繁茂的有隔菌丝体。多数半知菌未发现有性阶段，少数发现有性阶段的，其有性阶段多属子囊菌，少数为担子菌，无性繁殖产生各种类型的分生孢子。分生孢子着生在分生孢子梗上，分生孢子梗单生、丛生或成束，或着生在分生孢子座和开口较大的分生孢子盘上，或近球形、具孔口的分生孢子器中。半知菌(表4.1.4)所引起的病害种类在菌物病害中所占比例较大，主要为丝孢纲无孢目(图4.1.15)、丝孢目(图4.1.16)(图4.1.17)、瘤座孢目(图4.1.18)及腔孢纲黑盘孢目(图4.1.19)和球壳孢目(图4.1.20)的菌物。

表4.1.4　半知菌类常见病原菌物及所致病害特点

纲及形态特征		目及形态特征		属及形态特征		代表病害	病害症状特点
丝孢纲	分生孢子不产生在分生孢子盘或分生孢子器内，或不产生分生孢子	无孢目	不产生分生孢子	丝核菌属(*Rhizoctonia*)	产生菌核，菌丝多为近直角分枝，分枝处有缢缩，土壤习居菌	立枯病、水稻和玉米纹枯病	根茎坏死、立枯
				小核菌属(*Sclerotium*)	产生菌核，菌丝聚集呈白绢状	多种植物白绢病	根茎腐烂坏死
		丝孢目	分生孢子产生在分生孢子梗上或菌丝上	粉孢属(*Oidium*)	分生孢子梗直立，不分枝，分生孢子矩圆形	多种植物白粉病	病部表面长白色粉状物
				拟粉孢属(*Oidiopsis*)	分生孢子梗直立，不分枝，分生孢子长矩圆形，未成熟时一端尖细	辣椒、甜椒白粉病	病部表面长白色粉状物
				丛梗孢属(*Monilia*)	分生孢子梗成丛，二叉状或不规则分枝，分生孢子链状，串生有分枝	桃褐腐病	果实腐烂
				黑星孢属(*Fusicladium*)	分生孢子梗极短，顶生分生孢子，有孢痕	苹果、梨黑星病	叶斑、疮痂、霉层

续表4.1.4

纲及形态特征		目及形态特征		属及形态特征		代表病害	病害症状特点
丝孢纲	分生孢子不产生在分生孢子盘或分生孢子器内，或不产生分生孢子	丝孢目	分生孢子产生在分生孢子上或菌丝上	尾孢属（*Cercospora*）	分生孢子梗丛生于孢子座上，顶生分生孢子，分生孢子单生，线形、鞭形或蠕虫形	多种植物叶斑病	病斑
				链格孢属（*Alternaria*）	分生孢子梗呈弯曲或屈膝状，分生孢子有纵横隔膜，顶端常具喙状细胞	白菜黑斑病、番茄早疫病、苹果斑点落叶病	病斑
				轮枝孢属（*Verticillium*）	分生孢子梗直立，部分分枝呈轮枝状	茄子黄萎病	病株黄萎
				葡萄孢属（*Botrytis*）	分生孢子梗分枝顶端膨大呈球状，分生孢子聚生成葡萄穗状	多种植物灰霉病	病部密生灰色霉状物
				褐孢霉属（*Fulvia*）	分生孢子梗单生或丛生，不分枝或仅中、上部分枝，多数上半部一侧有齿状突起	番茄、茄子叶霉病	病斑、霉层
				弯孢霉属（*Curvularia*）	分生孢子梗粗壮，分生孢子梭形，多数弯曲，3～5个细胞，第2、3个细胞较大	玉米弯孢霉叶斑病	叶斑
				梨孢属（*Pyricularia*）	分生孢子梗细长，单生或丛生，分生孢子梨形，生于孢子梗顶端	稻瘟病	
				凸脐蠕孢属（*Exserohilum*）	分生孢子梗粗壮，分生孢子呈梭形或圆筒形，脐点突出	玉米大斑病	

续表4.1.4

<table>
<tr><th colspan="2">纲及形态特征</th><th colspan="2">目及形态特征</th><th colspan="2">属及形态特征</th><th>代表病害</th><th>病害
症状特点</th></tr>
<tr><td rowspan="3">丝孢纲</td><td rowspan="3">分生孢子不产生在分生孢子盘或分生孢子器内，或不产生分生孢子</td><td>丝孢目</td><td>分生孢子产生在分生孢子上或菌丝上</td><td>平脐蠕孢属（Bipolaris）</td><td>分生孢子梗粗壮，分生孢子梭形或圆筒形，脐点位于基细胞内</td><td>玉米小斑病、稻胡麻斑病</td><td></td></tr>
<tr><td rowspan="2">瘤座孢目</td><td rowspan="2">分生孢子产生在分生孢子座上</td><td>镰孢霉属（Fusarium）</td><td>分生孢子梗长在分生孢子座上，大型分生孢子多胞镰刀形，小型分生孢子单胞，椭圆形</td><td>瓜类、番茄枯萎病</td><td>病株枯萎</td></tr>
<tr><td>绿核菌属（Ustilaginoidea）</td><td>分生孢子座在寄主子房内形成，分生孢子单胞，壁厚，表面有疣，似黑粉菌冬孢子</td><td>稻曲病</td><td>菌瘿</td></tr>
<tr><td rowspan="5">腔孢纲</td><td rowspan="5">分生孢子产生在分生孢子盘或分生孢子器内</td><td rowspan="3">黑盘孢目</td><td rowspan="3">分生孢子产生在分生孢子盘上</td><td>炭疽菌属（Colletotrichum）</td><td>分生孢子盘生于寄主表皮下，有些有刚毛，分生孢子单胞，长椭圆形或新月形</td><td>多种植物炭疽病</td><td>病斑、腐烂，病部长小黑点</td></tr>
<tr><td>痂圆孢属（Sphaceloma）</td><td>分生孢子盘盘状或垫状，分生孢子单胞，椭圆形</td><td>葡萄黑痘病</td><td>病斑</td></tr>
<tr><td>盘二孢属（Marssonina）</td><td>分生孢子盘盘状，分生孢子椭圆形，双细胞，两细胞大小不等，分隔处有缢缩</td><td>苹果绿缘褐斑病</td><td>病斑</td></tr>
<tr><td rowspan="2">球壳孢目</td><td rowspan="2">分生孢子产生在分生孢子器内</td><td>叶点霉属（Phyllosticta）</td><td>分生孢子器埋生，有孔口。分生孢子小，单胞，近卵圆形</td><td>苹果斑点病</td><td>叶斑</td></tr>
<tr><td>茎点霉属（Phoma）</td><td>分生孢子器埋生或半埋生。分生孢子小，卵形，单胞</td><td>甘蓝黑胫病</td><td>叶斑</td></tr>
</table>

续表4.1.4

纲及形态特征		目及形态特征		属及形态特征		代表病害	病害症状特点
腔孢纲	分生孢子产生在分生孢子盘或分生孢子器内	球壳孢目	分生孢子产生在分生孢子器内	大茎点霉属（*Macrophoma*）	形态与茎点霉属相似，但分生孢子较大	苹果、梨的轮纹病、苹果干腐病	叶斑、枝干溃疡、果实腐烂
				拟茎点霉属（*Phomopsis*）	分生孢子有两种类型：常见的孢子单胞，卵圆形，能萌发；线形，一端呈钩状，不能萌发	茄褐纹病	叶斑、果实腐烂
				壳囊孢属（*Cytospora*）	分生孢子器着生子座内，分生孢子器腔不规则，分为数室，分生孢子细小，香肠形，单胞	苹果、梨树腐烂病	枝干溃疡
				盾壳霉属（*Coniothyrium*）	分生孢子器有孔口，少数有乳状突起，部分埋生于寄主表皮下，分生孢子小，单胞，椭圆形，成熟后呈青褐色	葡萄白腐病	果实腐烂
				壳针孢属（*Septoria*）	分生孢子器有孔口，部分埋生于表皮下，分生孢子多细胞，细长线形，直或微弯	番茄、芹菜斑枯病	叶斑

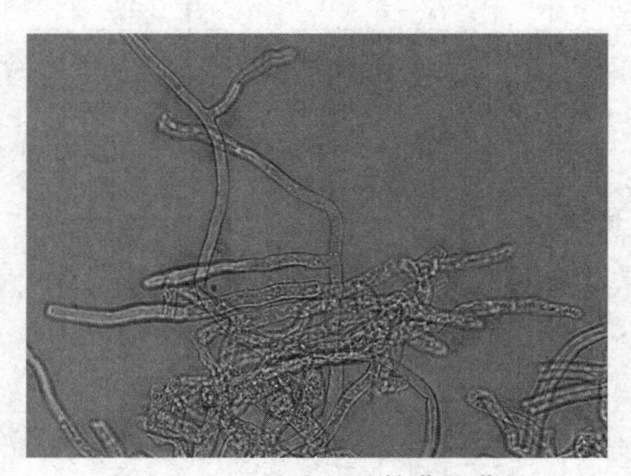

图 4.1.15　无孢目丝核菌属菌丝

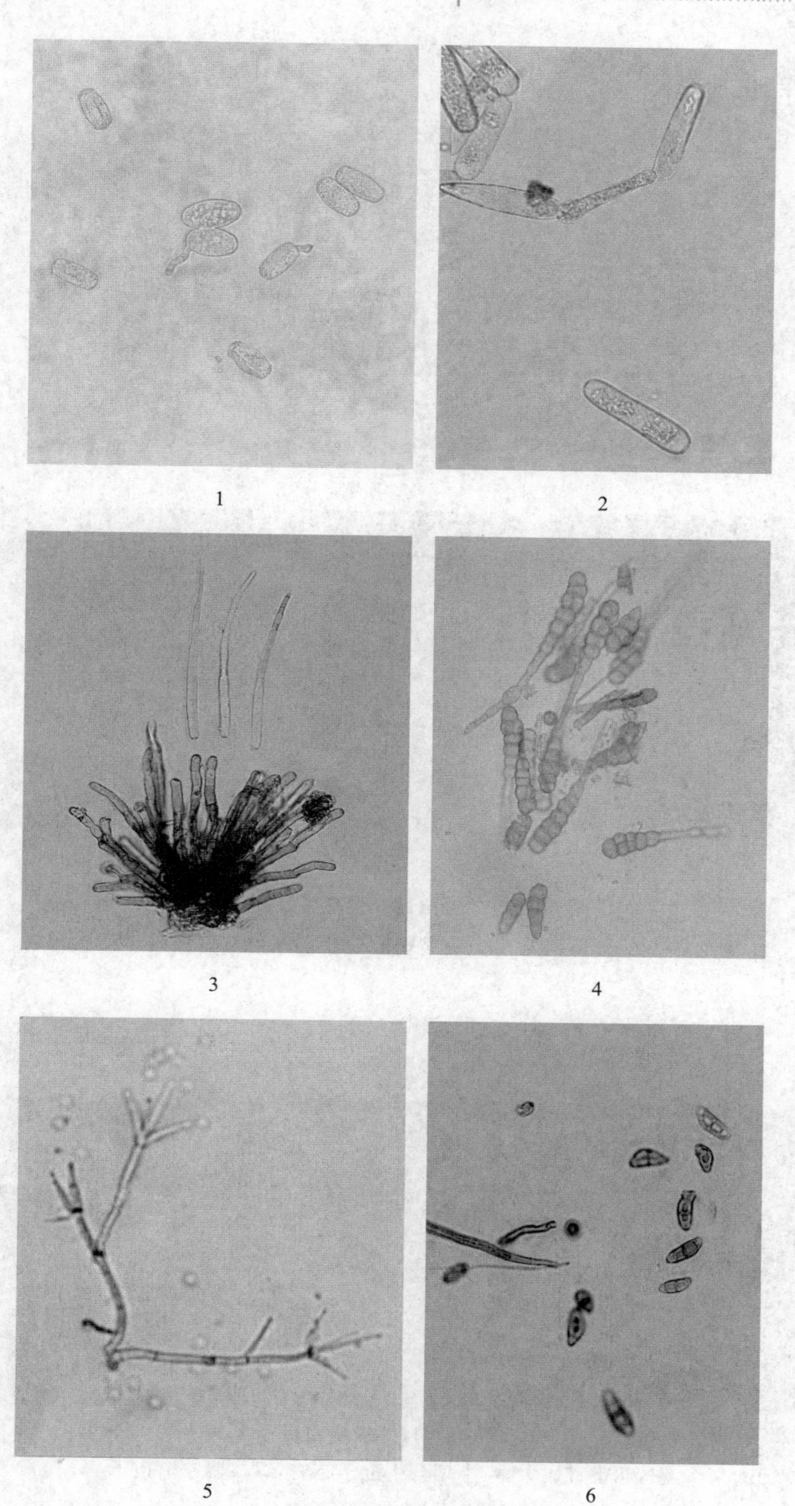

图 4. 1. 16　丝孢目分生孢子及孢子梗

1. 粉孢属　2. 拟粉孢属　3. 尾孢属　4. 链格孢属　5. 轮枝孢属　6. 弯孢霉属

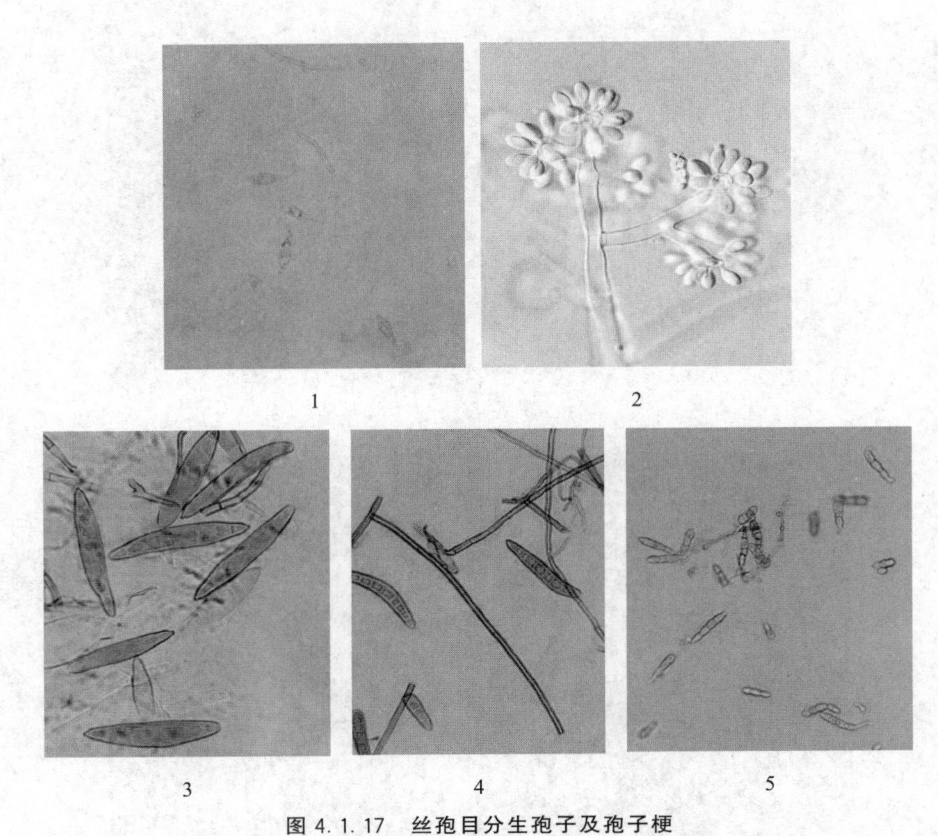

图 4.1.17 丝孢目分生孢子及孢子梗

1. 梨孢属 2. 葡萄孢属 3. 突脐蠕孢属 4. 平脐蠕孢属 5. 褐孢霉属

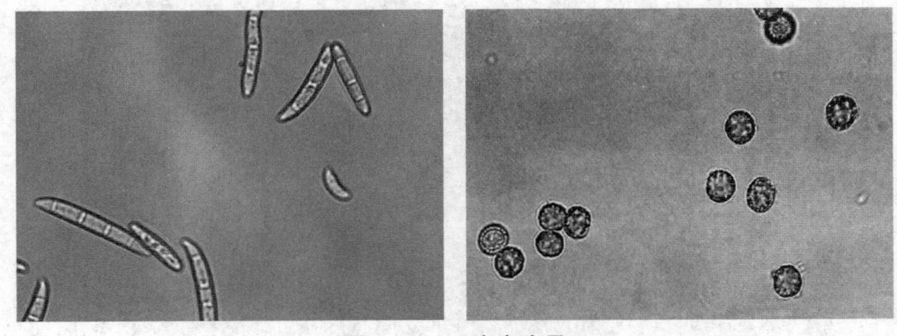

图 4.1.18 瘤座孢目

左:镰孢霉属大型、小型分生孢子 右:绿核属厚垣孢子

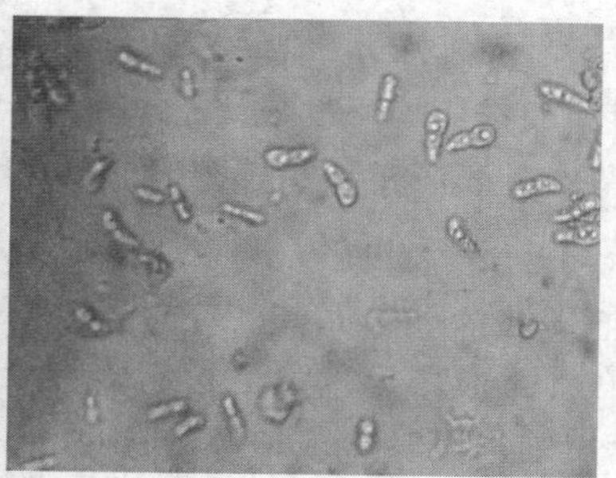

图 4.1.19 黑盘孢目

左:炭疽菌属分生孢子盘及分生孢子 右:盘二孢属分生孢子

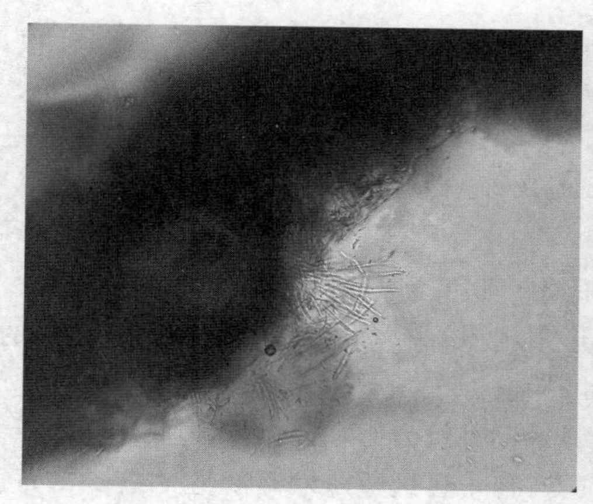

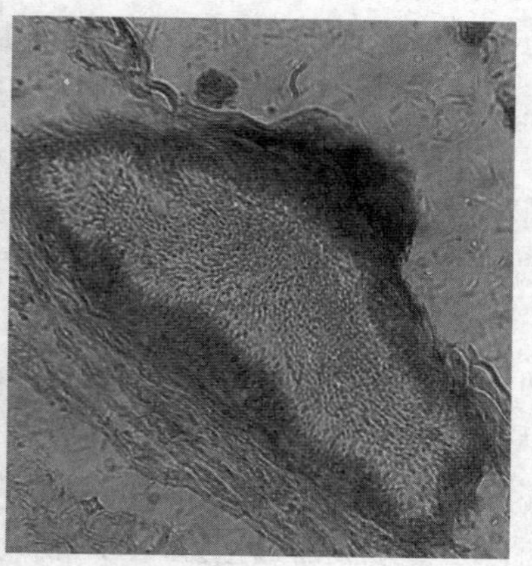

图 4.1.20 球壳孢目分生孢子器及分生孢子

左:壳针孢属 右:拟茎点霉属

第二节 植物卵菌门菌物病害

一、霜霉病

霜霉病在多种植物如葫芦科、十字花科、藜科、豆科、百合科蔬菜,葡萄、柑橘等果树,玉米、谷子等粮食作物及月季、菊花等花卉上都能发生,有些还是某些植物上的主要病害。凉爽潮湿的气候条件有利于霜霉病的发生和流行,故霜霉病多见于春、秋两季,可引起不同程度的减产和经济损失。

霜霉病诊断

(一)黄瓜霜霉病

黄瓜霜霉病是黄瓜的重要病害之一,发生最普遍,常具有毁灭性。其他瓜类植物如甜瓜、丝瓜、冬瓜也有霜霉病的发生。西瓜抗病性较强,受害较轻。

1. 症状

苗期和成株期均可发病。

(1)苗期　子叶正面出现形状不规则的黄色至褐色斑,空气潮湿时,病斑背面产生紫灰色的霉层。

(2)成株期　主要危害叶片。多从植株下部老叶开始向上发展。初期在叶背出现水浸状斑,后在叶正面可见黄色至褐色斑块,因受叶脉限制而呈多角形。常见为多个病斑相互融合而呈不规则形。露地栽培湿度较小,叶背霉层多为褐色,保护地内湿度大,霉层为紫黑色。

2. 病原

病原为古巴假霜霉[*Pseudoperonospora cubensis*(Berk. et Curt)Rosov],为卵菌门,霜霉科,假霜霉属菌物。

游动孢子囊梗由气孔伸出,常多根丛生,无色,不规则二叉状锐角分枝3~4次,末端小梗上着生孢子囊。孢子囊椭圆形或卵圆形,淡褐色,顶端具乳突。游动孢子椭圆形,双鞭毛。卵孢子在自然情况下不易出现。

病菌有生理分化现象,有多个生理小种或专化型,为害不同的瓜类。

3. 发生规律

由于保护地栽培面积的不断扩大,黄瓜终年都可生产,黄瓜霜霉病能终年为害。病菌可在温室和大棚内,以病株上的游动孢子囊形式越冬,成为次年保护地和露地黄瓜的初侵染源。并以孢子囊形式通过气流、雨水和昆虫传播。

病害的发生、流行与气候条件、栽培管理和品种抗病性有密切关系。

病菌孢子囊形成的最适温度为15~19℃;孢子囊最适萌发温度为21~24℃;侵入的适宜温度为16~22℃;气温高于30℃或低于15℃时发病受到抑制。孢子囊的形成、萌发和侵入要求有液态水(水滴或水膜)或高湿度。

在黄瓜生长期间,温度条件易于满足,湿度和降雨就成为病害流行的决定性因素。当日平均气温在16℃时,病害开始发生;日平均气温在18~24℃,相对湿度在80%以上时,病害迅速扩展;在多雨、多雾、多露的情况下,病害极易流行。另外,排水不良、种植过密、保护地内放风不及时等,都可使田间湿度过大而加重病害的发生和流行。在北方保护地,霜霉病一般在2—3月为始见期,4—5月为盛发期。露地多发生在6—7月。

此外,叶片的生育期与病害的发生也有关系。幼嫩的叶片和老叶片较抗病,成熟叶片最易感病。因此,黄瓜霜霉病以成株期最多见,以植株中下部叶片发病最严重。

4. 防治方法

(1)选用抗病品种　晚熟品种比早熟品种抗性强。但一些抗霜霉病的品种往往对枯萎病抗性较弱,应注意对枯萎病的防治。抗病品种有:津研2号,津研6号,津杂1号,津杂2号,津春2号,津春4号,京旭2号,夏青2号,鲁春26号,宁丰1号,宁丰2号,郑黄2号,吉杂2号,夏丰1号,杭青2号,中农3号等,各地根据具体情况选用。

(2)农业防治　采用营养钵培育壮苗,定植时严格淘汰病苗。定植时应选择排水好的地块,保护地采用双垄覆膜技术,降低湿度;浇水在晴天上午,灌水适量。采用配方施肥技术,保证养分供给。及时摘除老叶、病叶,提高植株内通风透光性。此外,保护地还可采用以下措施调控温湿度。

根据天气条件，在早晨太阳未出时排湿气 40～60 min，上午闭棚，温度控制在 25～30℃，低于 35℃；下午放风，温度控制在 20～25℃，相对湿度为 60%～70%，低于 18℃停止放风。傍晚条件允许可再放风 2～3 h。夜间温度应保持在 12～13℃，外界气温超过 13℃时，可昼夜放风。目的是将夜晚结露时间控制在 2 h 以下或不结露。

(3)高温闷棚　在发病初期进行。选择晴天上午闭棚，使生长点附近温度迅速升高至 40℃，调节风口，使温度缓慢升至 45℃，维持 2 h，然后放风降温。处理时若土壤干燥，可在前一天适量浇水，处理后适当追肥。每次处理间隔 7～10 d。注意棚内温度超过 47℃会烤伤生长点，低于 42℃则效果不理想。

(4)化学防治　在发病初期用药，保护地用 45%百菌清烟雾剂 200～300 g/667 m^2，分放在棚内 4～5 处，密闭熏蒸 1 夜，次日早晨通风。隔 7 d 熏 1 次。或用 5%百菌清粉尘剂、5%加瑞农粉尘剂 1 kg/667 m^2，隔 10 d 1 次。

露地可选用 69%安克锰锌可湿性粉剂 1 500 倍液、72.2%普力克水剂 800 倍液、72%克露可湿性粉剂 500～750 倍液、70%安泰生可湿性粉剂 500～700 倍液、52.5%噁唑菌酮·霜脲氰水分散颗粒剂 1 500～2 000 倍液、25%甲霜灵可湿性粉剂 800 倍液、40%乙膦铝水溶性粉剂 300 倍液、64%杀毒矾可湿性粉剂 500 倍液、80%大生可湿性粉剂 600 倍液进行防治。

(二)十字花科蔬菜霜霉病

十字花科蔬菜中，白菜、油菜、花椰菜、甘蓝、萝卜、芥菜、荠菜、榨菜等皆可发生霜霉病。北方以秋播大白菜、萝卜受害严重。

1. 症状

十字花科蔬菜整个生育期都可受害。主要为害叶片，也可为害植株茎秆、花梗和果荚。

(1)叶片　多从下部叶片开始。初在叶背出现水浸状斑，后在叶面可见黄色或灰白色病斑，萝卜、花椰菜、甘蓝病斑多为黑褐色。病斑受叶脉限制而呈多角形，常多个病斑融合呈不规则形。病叶干枯，不堪食用。空气潮湿时，叶背布满白色至灰白色霜霉。

(2)花梗　弯曲肿胀呈"龙头"状，故有"龙头拐"之称。空气潮湿时，表面可产生茂密的白色至灰白色霜霉。茎秆、果荚上症状相似。

2. 病原

病原物为寄生霜霉[*Peronospora parasitica*(Pers)Fr]，属卵菌门，霜霉科霜霉属菌物。

孢囊梗从气孔或表皮细胞间隙伸出，无色，单生或丛生，顶端二叉分枝 6～8 次。末端小梗尖细、略弯曲。小梗顶端着生孢子囊。孢子囊椭圆形，无色。卵孢子在后期病组织或种株的花轴皮层内形成。卵孢子单胞，黄至黄褐色，球形，表面光滑或略带皱纹。

寄生霜霉菌为专性寄生菌，存在明显的生理分化现象。我国有芸薹、萝卜和芥菜三个专化型，其中芸薹专化型又分为白菜、甘蓝和芥菜致病类型。表现为相互之间的侵染力不同。

3. 发生规律

病菌主要以卵孢子在土壤和病残体中越冬，种子也可带菌。次年卵孢子萌发侵染春菜引发病害。在春菜发病的中后期，植株的病组织内又可形成大量卵孢子，这些卵孢子经 1～2

个月的休眠,又可成为当年秋季大白菜、萝卜、甘蓝等蔬菜的初侵染来源。卵孢子和孢子囊主要靠气流和雨水传播。

十字花科蔬菜霜霉病的发生与气候条件、品种抗性、栽培措施等有关。

孢子囊萌发的温度是 7～13℃,侵入温度为 16℃,病组织内的菌丝发育温度为 20～24℃;另外,孢子囊形成、萌发和侵入均需较高的湿度或液态水。因此,气温在 16～20℃,多雨高湿,或田间湿度大、昼暖夜凉、夜露重或多雾,即使无雨量,病害也会发生和流行。

连作、早播、基肥不足、追肥不及时、植株过于茂密、通风不良、排灌不畅的田块,也会加重病害的发生。

白菜品种间有抗性差异。蔬心直筒型的品种抗病,圆球形、中心型品种易感病;青帮品种抗病,白帮品种易感病。此外,白菜对霜霉病的抗性与对病毒病的抗性是一致的,感染病毒病的白菜,也常发生严重霜霉病。

4. 防治方法

以采用抗病品种和加强栽培管理为主,并配合化学防治的综合防治措施。

(1)选用抗病品种　可选用青杂系列、增白系列、丰抗系列品种。

(2)农业防治法　秋季收获后,及时清洁田园、深翻土壤;与非十字花科植物实行 2 年轮作,或 1 年的水旱轮作;适期迟播;合理密植、合理排灌,低洼地宜深沟、高畦种植,降低田间湿度;施足基肥、合理追肥,可定期喷施增产菌防止早衰。

(3)化学防治　播种前用 25%的甲霜灵可湿性粉剂或 50%福美双可湿性粉剂按种子重量的 0.3%拌种,可有效减轻苗期病害发生。

发现中心病株后用药。可用 68.75%氟菌・霜霉威悬浮剂 700～800 倍液,或 10%氰霜唑悬浮剂 1 000 倍液,或 72.2%霜霉威水剂 600～800 倍液,或 72%霜脲锰锌可湿性粉剂 800 倍液,或 16.8%霜霉・辛菌胺水剂 800～1 200 倍液防治。7～10 d 1 次,连续 2～3 次。

(三)葡萄霜霉病

葡萄霜霉病防治

葡萄霜霉病在我国各葡萄产区均有发生,为葡萄的重要病害之一。病害严重时,病叶焦枯早落、病梢生长停滞、严重削弱树势,对产量和品质影响很大。

1. 症状

主要危害叶片,也危害新梢和幼果。

(1)叶片　最初在叶背出现半透明油浸状斑块,后在叶正面形成淡黄色至红褐色病斑,因受叶脉限制病斑呈多角形。常见多个病斑相互融合;叶背面出现白色霜状霉层;病叶常干枯早落。

(2)果粒　幼嫩果粒高度感病。直径 2 cm 以下的果粒表面可见霜霉,病果粒与健康果粒相比颜色灰暗、质地坚硬,但成熟后变软。

(3)新梢　肥厚、扭曲,表面有大量白色霜霉,后变褐枯死。叶柄、卷须和幼嫩花穗症状相似。

2. 病原

葡萄生单轴霉[*Plasmopara viticola*(Berk. et Curt. Berl. et de Toni)],属卵菌门,单轴

霉属菌物。

游动孢子囊梗由植物表皮气孔伸出，单轴分枝，分枝呈直角，分枝 2～3 次，分枝末端平钝，上生孢子囊。孢子囊梗常多根丛生，无色透明。游动孢子囊呈卵形或椭圆形，顶端有乳突，无色。孢子囊在水中萌发时产生无色、双鞭毛、肾形的游动孢子。

葡萄生长后期，在寄主叶片海绵组织内形成卵孢子。卵孢子球形、褐色、厚壁、表面平滑或有皱褶。

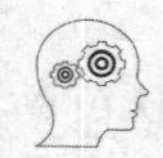

头脑风暴

园艺植物霜霉病的症状和发生规律有什么共性特征？

3. 发生规律

病菌主要以卵孢子在病残体或随病残体在土壤中越冬，在土壤中可存活 2 年以上。温暖地区也可以菌丝体在枝条、幼芽中越冬。来年环境条件适宜时，卵孢子或菌丝体萌发产生孢子囊，再以新生孢子囊内产生的游动孢子借风雨传播。

温度、湿度条件对发病和流行影响很大。葡萄霜霉病多在春、秋季发生，冷凉潮湿的气候有利于发病。

孢子囊形成的温度为 5～27℃，最适为 15℃，相对湿度要求在 95%～100%；孢子囊萌发的温度范围为 12～30℃，最适温度为 24℃，须有液态水。因此，在少风、多雨、多雾或多露的情况下最易发病。阴雨连绵除有利于病原菌孢子的形成、萌发和侵入外，还刺激植株产生易感病的嫩叶和新梢。病害的发生、发展还同果园环境和寄主状况有关。

果园的地势低洼，植株密度过大，棚架过低，通风透光不良，树势衰弱，偏施、迟施氮肥使秋季枝叶过分茂密等有利于病害的发生流行。

葡萄细胞液中钙/钾也是决定抗病力的重要因素之一，含钙多的葡萄抗病能力强。植株幼嫩部分的钙/钾比成龄部分小，因此，嫩叶和新梢容易感病。含钙量与品种的吸收能力及土壤、肥料中的钙含量有关。

4. 防治方法

在采用抗病品种的基础上，实施清洁果园、加强栽培管理和药剂保护等综合防治措施。

(1)选用抗病品种　美洲系统品种较抗病，欧亚系统品种易感病。抗病品种有：康拜尔、北醇等。中抗品种有：巨峰、先锋、早生高墨、龙宝、红富士、黑奥林、高尾等品种。新玫瑰香、甲州、甲斐、粉红玫瑰、里查玛特及我国的山葡萄等为易感病品种。

(2)农业防治　春、夏、秋季彻底修剪病枝、病蔓、病叶；做到树无病枝、枝无病叶、穗无病粒、地无病残；提高结果部位(40 cm 以上)和棚架高度(2.5 m)；及时摘心，斜绑主蔓，清除园中杂草，及时排水，增施磷、钾肥等，提高植株抗病能力。

(3)化学防治　发病初期可选用 52.5%噁酮・霜脲氰水分散粒剂 1 200～1 500 倍液，或 10%氰霜唑悬浮剂 2 000～2 500 倍液，或 68.75%氟菌・霜霉威悬浮剂 700～800 倍液或 86.2%铜大师 800～1 200 倍液防治。用药间隔 15～20 d，连续用药 2～4 次。注意药剂轮换。

(四)谷子白发病

谷子白发病是谷子的重要病害,谷子种植区发生普遍,发病率一般在1%~10%,严重地块可达50%,造成严重减产。

1. 症状

白发病是系统侵染病害,谷子从萌芽到抽穗后,在各生育阶段,陆续表现出多种不同症状:

(1)烂芽　幼芽出土前被侵染,扭转弯曲,变褐腐烂,不能出土而死亡,造成田间缺苗断垄。烂芽多在菌量大、环境条件特别有利于病菌侵染时发生,较为少见。

(2)灰背　从2叶期到抽穗前,病株叶片变黄绿色,略肥厚和卷曲,叶片正面产生与叶脉平行的黄白色条状斑纹,后变为黄褐色或紫褐色,叶背在空气潮湿时密生灰白色霉层,为病原菌的孢囊梗和游动孢子囊。这一症状被称为"灰背"。苗期白发病的鉴别,以有无"灰背"为主要依据。

(3)白尖、枪杆、白发　谷子株高60 cm左右时,病株上部2~3片叶片不能展开,卷筒直立向上,叶片前端变为黄白色,称为"白尖"。7~10 d后,白尖变褐,枯干,直立于田间,形成"枪杆"。以后心叶薄壁组织解体纵裂,散出大量褐色粉末状物,即病原菌的卵孢子。残留黄白色丝状物,卷曲如头发,称为"白发",病株不能抽穗。

(4)看谷佬或刺猬头　有些病株能够抽穗,但穗子短缩肥肿,全部或局部畸形,颖片伸长变形成小叶状,有的卷曲成角状或尖针状,向外伸张,呈刺猬状,称为"看谷佬"或"刺猬头"。病穗变褐干枯,组织破裂,散出黄褐色粉末状物。

2. 病原

病原为禾生指梗霉[*Sclerospora graminicola* (Sacc.) Schrot],属卵菌门,指梗霉属菌物。

游动孢子囊梗无色,顶部分枝2~3次;主枝粗短呈手指状,最后小分枝呈圆锥状,顶生1个孢子囊。孢子囊为卵圆形至近球形,透明无色,萌发时形成游动孢子。卵孢子球形、近球形至长圆形,淡黄色或黄褐色,产生于黄褐色或红褐色藏卵器内。

3. 发生规律

病原菌以卵孢子混杂在土壤中、粪肥里或黏附在种子表面越冬。卵孢子在土壤中可存活2~3年。用混有病株的谷草饲喂牲畜,排出的粪便中仍有多数存活的卵孢子。土壤带菌是主要越冬菌源,其次是带菌厩肥和带菌种子。

谷子发芽时,卵孢子萌芽产生芽管,从胚芽鞘、中胚轴或幼根表皮直接侵入,蔓延到生长点,随生长点分化而系统侵染,进入各层叶片和花序,表现各种症状。谷子芽长3 cm以前最易被侵染。

土壤温度、湿度和播种状况影响侵染和发病程度。幼苗在土温11~32℃都能发病,适宜发病温度为18~20℃,最低为10℃,最高为34℃。土壤湿度过低或过高都不适于发病。在土壤相对湿度30%~60%范围内,特别是40%~50%间,发病较多。

灰背上产生的大量游动孢子囊随风雨传播,重复进行再侵染,在叶片上形成局部病斑。

但游动孢子囊侵染有分生组织的幼嫩器官时，也可产生系统侵染，在田间以分蘖分枝发病率最高。影响游动孢子囊再侵染的主要因素是空气温度、湿度。游动孢子囊在夜间高湿时产生。气温低于10℃不产生游动孢子囊，20～25℃时产生最多。游动孢子囊萌发适宜温度为15～16℃，最低为2℃，最高为32℃。遭遇多雨高湿而温暖的天气后，再侵染发生的较多。

白发病的发生与栽培条件关系密切。连作田土壤或肥料中带菌数量多，病害发生严重，而轮作田发病轻。播种过深，土壤墒情差，出苗慢，发病也重。

谷子品种间抗病性有明显差异。据中国国内鉴定，抗白发病的种质资源主要分布在中国北纬34°～41°，即晋、鲁、豫、陕诸省的温暖多雨和低洼易涝地区。白发病菌有致病性分化现象，存在多个生理小种。

4. 防治方法

采用合理轮作、药剂拌种和种植抗病品种等综合措施进行防治。

(1)种植抗病品种　谷子白发病菌有不同生理小种，在抗病育种和种植抗病品种时应予注意。

(2)农业防治　病田可与大豆、高粱、玉米、小麦和薯类等实行2～3年轮作。施用腐熟肥料，不用病株残体沤肥，不用带病谷草做饲料。在白尖出现初期拔除病株，深埋或烧毁。应坚持数年大面积连续拔除病株。

(3)化学防治　用25%甲霜灵可湿性粉剂或35%甲霜灵拌种剂，以种子重量0.2%～0.3%的药量拌种。

田间可使用80%烯酰吗啉水分散粒剂1 500～2 500倍液，或16.8%霜霉·辛菌胺水剂800～1 200倍液喷雾。连续用药2～3次。

二、疫霉菌疫病

疫病主要指由卵菌门、疫霉属真菌引起的一类病害，这类病害再侵染频繁、流行速度快，常具毁灭性，致使农业生产损失巨大。

番茄晚疫病
诊断与防治

(一)番茄晚疫病

番茄晚疫病是番茄的重要病害之一，阴雨的年份发病重。该病除为害番茄外，还可为害马铃薯。

1. 症状

番茄晚疫病在番茄的整个生育期均可发生，幼苗、茎、叶和果实均可受害，以叶和青果受害最重。

(1)苗期　茎、叶上病斑黑褐色，常导致植株萎蔫、倒伏，潮湿时病部产生白霉。

(2)成株期　叶片发病，叶尖、叶缘发病较为多见，病斑水浸状呈不规则形，暗绿色或褐色，叶背病健交界处长出白霉，后整叶腐烂。茎秆上病斑呈条形，暗褐色。果实以青果发病居多，病部多位于果蒂，病果一般不变软；果实上病斑呈不规则形，边缘清晰，油浸状暗绿色或暗褐色至棕褐色，稍凹陷，空气潮湿时其上长出少量白霉，后果实迅速腐烂。

2. 病原

病原为致病疫霉[*Phytophthora infestans*(Mont.)de Bary]，属卵菌门，疫霉属菌物。游

动孢子囊梗无色,单根或多根由植物气孔生出,有分枝,并有结节状膨大现象。孢子囊卵形或近圆形,无色,具乳突。未见厚垣孢子和卵孢子。

此菌只为害番茄和马铃薯,对番茄的致病力强,有明显的生理分化现象。

3. 发生规律

病菌主要以菌丝体在病残体或保护地栽培的番茄、马铃薯块茎上越冬。借气流和雨水传播。再以中心病株上的孢子囊借风雨、气流引起多次再侵染,导致病害流行。

番茄晚疫病的发生、流行与气候条件、栽培管理措施等因素有关,尤其是气候条件的影响最大。病菌发育温度为 10～30℃,最适温度为 24℃。孢子囊形成要求 100%的相对湿度。因此,白天气温低于 24℃、早晚多雾多露或经常阴雨绵绵、相对湿度持续保持在 75%～100%,病害容易发生和流行。

地势低洼、排水不畅、过度密植造成田间湿度过大,及偏施氮肥、土壤肥力不足、植株生长衰弱都有利于病害发生。

4. 防治方法

(1)种植抗病品种　抗病品种有圆红、渝红 2 号、中蔬 4 号、中蔬 5 号、佳红、中杂 4 号等。

(2)农业防治　与非茄科作物实行 3 年以上轮作;合理密植、采用高畦种植,控制浇水、及时整枝打杈、摘除老叶降低田间湿度。保护地栽培应从苗期开始,严格控制生态条件,尤其是防止高湿度条件出现。

(3)化学防治　发现中心病株后应及时拔除并销毁重病株,摘除轻病株的病叶、病枝、病果,对中心病株周围的植株进行喷药保护,重点是中下部的叶片和果实。

药剂可选用 72.2%霜霉威水剂 800 倍液,或 52.5%噁酮・霜脲氰水分散粒剂 1 200～1 500 倍液,或 10%氰霜唑悬浮剂 2 000～2 500 倍液,或 68.75%氟菌・霜霉威悬浮剂 700～800 倍液等防治。每 7～10 d 用药 1 次,连续用药 4～5 次。

(二)辣椒疫病

辣椒疫病是一种毁灭性病害,温室、大棚及露地种植均有发生,病菌的寄主范围广,还可侵染瓜类、茄果类、豆类蔬菜。

1. 症状

辣椒疫病在辣椒的整个生育期均可发生,茎、叶、果实、根皆可发病。

(1)苗期　茎基部暗绿色水渍状软腐,导致幼苗猝倒;或产生褐色至黑褐色大斑,导致幼苗枯萎。

(2)成株期　叶片发病,通常在接近叶缘的位置出现暗绿色圆形或近圆形的大斑,直径 2～3 cm,后边缘黄绿色,中央暗褐色;果实通常于蒂部最先发病,病果潮湿时表面长出白色稀疏霉层,干燥时形成僵果挂于枝上;茎秆通常在茎基部最先发病,其次分枝处症状最为多见,病部变为褐色或黑色,如被害茎在木质化前发病,则茎秆明显缢缩,植株迅速凋萎死亡。

2. 病原

病原为辣椒疫霉(*Phytophthora capsici* Leonian),属卵菌门,疫霉属菌物。

游动孢子囊梗无色、菌丝状；孢子囊顶生，单胞，卵形、肾形、梨形、长椭圆形或不规则形，有乳突；孢子囊成熟后释放肾形双鞭毛的游动孢子；卵孢子球形，淡黄色，壁光滑；厚垣孢子球形或不规则形，淡黄色。

3. 发生规律

病菌以卵孢子或厚垣孢子在病残体、土壤或种子中越冬，其中土壤中的卵孢子可存活 2～3 年，是次年病害的主要初侵染源。翌年病菌经雨水飞溅、灌溉水传播至茎基部或近地面果实上，引发病害，出现中心病株。之后，病部产生的孢子囊借雨水、灌水进行多次再侵染。

辣椒疫病的发生与环境条件中的温度、湿度关系最为密切。病菌生长发育温度为 8～38℃，最适温度 30℃；田间温度为 25～32℃，相对湿度超过 85%时病害极易流行。一般是大雨过后天气突然转晴，或浇水后闷棚时间过长，温度、湿度急剧上升，导致病害流行。另外，连作、积水、定植过密、通风透光不良的田块发病重。

疫病是一种发病周期短、流行速度异常迅猛的毁灭性病害。当土壤湿度在 95%以上，病菌只要 4～6 h 就可完成侵染，2～3 d 就可发生一次病害循环。

4. 防治方法

应采取以农业防治为主，化学防治为辅的综合防治措施。

(1)选用抗耐病品种　如碧玉椒、丹椒 2 号、细线椒等抗病品种，辣优 4 号、陇椒 1 号等耐病品种。

(2)农业防治　与茄科、葫芦科以外的作物实行 2～3 年的轮作；用 52℃温水浸种 30 min，或清水预浸 10～12 h 后，用 1%硫酸铜浸种 5 min；注意暴雨后及时排水，控制浇水，严防湿度过高；及时发现中心病株并拔除销毁。

(3)化学防治　发病前，喷洒植株茎基和地表，防止初侵染；生长中后期以田间喷雾为主，防止再侵染。田间出现中心病株和雨后高温多湿时应喷雾与浇灌并重。可选用的药剂有：52.5%噁酮・霜脲氰水分散粒剂 1 200～1 500 倍液，或 10%氰霜唑悬浮剂 800～1 000 倍液，或 23.4%双炔酰菌胺 1 200～1 500 倍液，或 64%杀毒矾可湿性粉剂 600～800 倍液等。每 7～10 d 用药 1 次，共 3～4 次。

综合实训 4-1　植物卵菌门菌物病害的诊断

一、技能目标

掌握植物卵菌门菌物病害的症状特点，病原物特征和显微诊断技术。

二、用具与材料

(1)用具　显微镜、载玻片、盖玻片、贮水滴瓶、挑针、搪瓷盘、多媒体设备等。

(2)材料　黄瓜霜霉病、白菜霜霉病、萝卜霜霉病、菠菜霜霉病、大葱霜霉病、葡萄霜霉病、谷子白发病、月季霜霉病、大豆霜霉病、菊花霜霉病、番茄晚疫病、马铃薯晚疫病、辣椒疫病、茄子绵疫病、苋菜白锈病、十字花科蔬菜白锈病、猝倒病等病害的新鲜或腊叶标本，病原菌永久玻片，病害挂图及幻灯片等。

三、内容及方法

1. 取各种植物霜霉病、疫病、猝倒病标本或挂图等，观察发病部位及病部特征，比较、概括和总结不同植物霜霉病、疫病、猝倒病的症状特点。

2. 挑取白菜霜霉病、萝卜霜霉病、菠菜霜霉病、大葱霜霉病、月季霜霉病、大豆霜霉病、菊花霜霉病、黄瓜霜霉病、葡萄霜霉病、猝倒病病部霉状物制备临时玻片或观察永久片，观察并比较霜霉属、假霜霉属、单轴霉属、腐霉属游动孢子和游动孢子囊梗形态特征。

3. 挑取番茄晚疫病、马铃薯晚疫病、辣椒疫病、茄子绵疫病病部霉状物制备临时玻片或观察永久片；观察并比较疫霉属游动孢子和游动孢子囊梗形态特征。

4. 挑取十字花科蔬菜白锈病、苋菜白锈病病部白锈制备临时玻片，观察不同白锈属游动孢子和游动孢子囊梗形态特征。

5. 挑取谷子白发病穗黄褐色粉状物制备临时玻片或观察永久片，观察卵孢子形态特征。

综合实训 4-1 植物卵菌门菌物病害的诊断

四、作业

1. 完成植物卵菌门菌物病害的诊断实训任务报告单。
2. 采集并制作当地常见卵菌门菌物病害标本。

综合实训 4-2　植物霜霉病的田间调查与统计

一、技能目标

掌握植物霜霉病发生情况的调查方法。

二、用具与材料

放大镜，标本夹等采集用具，记录本，铅笔，计数器等。

三、内容及方法

以小组为单位，选择当地 1 种代表性植物霜霉病，调查病害发生轻重程度，分布特点等，并记录相关因子如品种、生育期、种植环境情况等。采用 5 点取样法调查并统计发病率。

综合实训 4-2 植物霜霉病的田间调查与统计

四、作业

完成植物霜霉病发病情况调查实训任务报告单。

综合实训 4-3　植物霜霉病的综合防治

一、技能目标

制定当地主要植物霜霉病综合防治方案并实施化学防治。

二、用具与材料

(1)用具　喷壶、玻棒、胶皮手套、插地杆、记号牌、标签等。

(2)材料　防治霜霉病常用药剂 2～3 种,如霜脲锰锌、烯酰吗啉、霜霉威等。

三、内容及方法

1. 制定并实施综合防治方案

以小组为单位,选择当地 1 种代表性植物霜霉病,制定并实施病害综合防治方案;选择 2 种化学药剂,实施化学防治并调查药剂防治效果。

2. 实施化学防治

比较防治霜霉病的 2 种农药、2 种剂型或 2 种使用浓度的防治效果。药效试验的小区面积一般为 15～50 m^2,小区形状以狭长形为好,一般土壤肥力变化较大的,植株高大,株行距较大的植株,小区面积要大些,反之可小些。每个处理重复 3 次,并设清水处理为对照(以 CK 表示),用随机区组设计,如设计两种农药的两种使用浓度,代号分别为 1、2、3、4(图 4.2.1)。

1	3	2	4	ck
4	2	3	ck	1
3	1	ck	4	2

图 4.2.1　药效试验小区设计

在药效试验时应保证农药配制浓度准确、施药均匀,所有处理应在短时间内完成,最长不可超过 1 d。为避免各种外来因素和边际效应的影响,在试验地的周围还应设立保护行,保护行的宽度应在 1 m 以上。小区之间还应设置隔离行 2～3 行,这样即使在喷药时相邻小区的药液有轻微的飘移,也不会影响处理间的效果评价。

3. 药剂效果调查

采用对角线法 5 点取样,每点为 5 株,分别记录各药剂种类、剂型或施药浓度在施药前和施药后的发病程度,并计算病情指数,再计算 3 d,5 d,10 d,15 d 的相对防治效果。

综合实训 4-3
植物霜霉病的
综合防治

$$\text{相对防治效果} = \frac{\text{对照区发病率} - \text{防治区发病率}}{\text{对照区发病率}} \times 100\%$$

四、作业

完成植物霜霉病综合防治效果调查实训任务报告单。

第三节 植物子囊菌门菌物病害

一、白粉病

白粉病是各种园艺植物上发生普遍的重要病害。我国北方葫芦科、豆科蔬菜，苹果、梨等果树都有白粉病的发生。但以葫芦科蔬菜的白粉病发生较重。

(一)瓜类白粉病

葫芦科蔬菜中以黄瓜、西葫芦、南瓜、甜瓜、苦瓜发病最重，冬瓜和西瓜次之，丝瓜抗性较强。

1. 症状

白粉病自苗期至收获期都可发生，但以中后期为害严重。主要为害叶片，一般不为害果实；初期叶片正面和叶背面产生白色近圆形的小粉斑，以后逐渐扩大连片。白粉状物后期变成灰白色或红褐色，叶片逐渐枯黄发脆，但不脱落。秋季病斑上出现散生或成堆的黑色小点。

2. 病原

瓜类白粉病的诊断

病原为瓜白粉菌(*Erysiphe cucurbitacearum* Zheng et Chen)和瓜单囊壳菌[*Sphaerotheca cucurbitae*(Jacz.)Z. Y. Zhao]，属子囊菌门的白粉菌目、白粉菌属和单丝壳属菌物，白粉菌目菌物都是表寄生的专性寄生菌。北方以瓜单囊壳菌较为多见。

其无性世代形态相似，产生无色、矩圆形分生孢子，孢子通常串生。分生孢子梗不分枝，圆柱形，无色。

3. 发生规律

北方病菌以菌丝体和分生孢子在温室和大棚内的发病植物上越冬。分生孢子主要借气流传播，其次是雨水。

病菌的分生孢子在10～30℃时内都能萌发，以20～25℃较为适宜；对湿度要求不严格，但如叶面上有水滴时，对孢子萌发不利。当田间湿度较大，温度在16～24℃时，白粉病很易流行；温室、塑料大棚内湿度较大、空气不流通，白粉病比露地发病早且严重。

栽培管理粗放、植株徒长、光照不足、通风不良、湿度较大、灌水不当利于白粉病发生。

4. 防治方法

以选用抗病品种和加强栽培管理为主，配合化学防治的综合措施。

(1)选用抗病品种　一般抗霜霉病的黄瓜品种也较抗白粉病。

(2)农业防治　注意田间通风透光，降低湿度，加强肥水管理，防止植株徒长和早衰等。

(3)化学防治

①温室熏蒸消毒　白粉菌对硫敏感，在幼苗定植前2～3 d，密闭棚室，每100 m^3 用硫黄粉250 g和锯末粉500 g(1∶2)混匀，分置几处的花盆内，引燃后密闭一夜。熏蒸时，棚室内温度应维持在20℃左右；也可用45%百菌清烟剂，用法同黄瓜霜霉病。

②药剂喷雾 目前防治白粉病的药剂较多，但连续使用易产生抗药性，注意交替使用。可用40%氟硅唑乳油8 000～10 000倍液，或30%特富灵可湿性粉剂1 500～2 000倍液，或70%甲基托布津可湿性粉剂1 000倍液，或15%粉锈宁可湿性粉剂1 500倍液，或40%多·硫悬浮剂500～600倍液，或6%氯苯嘧啶醇可湿性粉剂3 000～5 000倍液，或25%乙嘧酚悬浮剂1 000倍液等。

在防治过程中应当注意：西瓜、南瓜抗硫性强，黄瓜、甜瓜抗硫性弱，气温超过32℃，喷硫制剂易发生药害。但气温低于20℃时防效较差。

(二)小麦白粉病

小麦白粉病是一种世界性病害，在小麦栽培区均有发生。

1. 症状

小麦白粉病在苗期至成株期均可发生。主要侵染叶片，严重时也可以侵染叶鞘、茎秆和穗部。最初在病部产生黄色小点，以后逐渐扩大为圆形或椭圆形的病斑，在叶片上产生一层白粉状霉层，后期霉层逐渐变为灰白色，最后浅褐色，其上生有许多黑色的小颗粒。一般叶片正面病斑多于反面，植株下部叶片多于上部叶片。病斑多时常愈合成片，使叶片发黄枯死。发病严重的植株矮小细弱，穗小粒少，千粒重下降，严重影响作物产量。

2. 病原

病原为禾布氏白粉菌[*Blumeria graminis*(DC.)Speer]，属子囊菌门，白粉菌属菌物；无性态为串珠状粉孢菌(*Oidium monilioides* NeesLink)，属半知类，粉孢属菌物。

病叶表面白粉为病菌的分生孢子。病菌为表面寄生菌，在寄主植物体上表生，无色，以吸器伸入寄主的细胞内吸收营养。菌丝向上垂直生成分生孢子梗，基部膨大成球形，梗上生有成串的分生孢子，一般有6～7个，有时多达10个以上。分生孢子单胞、无色、卵圆形，寿命较短，侵染力通常只能保持3～4 d。病斑霉层内的黑色小颗粒为病菌的闭囊壳。闭囊壳为黑色、球形，外有丝状附属丝。闭囊壳内含有9～30个子囊。子囊为长椭圆形，内含4个或8个子囊孢子。子囊孢子椭圆形、无色、单胞。

3. 发生规律

在低温干燥地区以含有闭囊壳的病残体在田间越冬，在夏季气温较低的地区，以分生孢子在自生麦苗上继续侵染繁殖，或以潜伏菌丝状态越夏。病菌越夏后，先侵染越夏区秋苗，发病后产生分生孢子向附近麦田传播，分生孢子还可借助高空气流远距离传播到非越夏区。以菌丝体潜伏在植株下部叶片或叶鞘上越冬。

冬季温暖，雨雪较多或土壤湿度大，有利于病菌的越冬。东北地区白粉病菌不能越冬，春小麦白粉病初侵染源主要来自胶东半岛的冬麦区。病菌的分生孢子和子囊孢子随气流传播到感病品种上后，萌发产生芽管直接穿透寄主表皮侵入，在表皮细胞内产生吸器，吸取寄主营养。菌丝可在寄主组织表面蔓延生长，形成分生孢子梗并产生大量的分生孢子。分生孢子成熟后脱落，由气流向周围传播蔓延引起病害的再侵染。

小麦白粉病发病适宜温度为15～20℃，空气湿度较高有利于病菌孢子的形成和侵入，病害加重，但湿度过大、降雨过多则不利于分生孢子的形成和传播；播种密度大，白粉病发生较重；氮肥施用过量、灌水过多，有利于病原菌的繁殖和侵染；水肥条件好的高产地块易于发病，但肥力不足，土壤干旱，植株生长衰弱，抗病性下降，也会引起病害严重发生。

4. 防治方法

采取农业防治为主、化学防治为辅的综合防治措施。

(1)农业防治　在病原菌越夏灌水过多小麦区，小麦播前要尽可能消灭自生麦苗，减少菌源，降低秋苗发病率；在病原菌闭囊壳能够越夏的地区，小麦播前要妥善处理带病麦秸。适期适量播种，控制田间植株密度，防止因密度过大造成通风透光不良，相对湿度增加，削弱生长势，植株易倒伏，发病加重。根据土壤肥力状况，增施磷钾肥，避免偏施氮肥。合理灌水，降低发病高峰期的田间湿度。

(2)化学防治

种子处理　在秋苗发病较重的地区，可选用25%三唑酮可湿性粉剂，用药量为种子重量的0.03%拌种，能有效地控制苗期白粉病和锈病的发生，还能兼防根部病害。

喷雾防治　小麦白粉病流行性很强，在春季发病初期病叶率达到10%或病情指数达到1以上要及时进行化学防治，可选用20%三唑酮可湿性粉剂1 000～1 200倍液，或12.5%烯唑醇可湿性粉剂1 000～1 500倍液喷雾，一般喷洒1次可基本控制白粉病。

二、菌核病

菌核病可为害黄瓜、茄子、番茄、辣椒、马铃薯、十字花科蔬菜、菜豆、豌豆、莴苣、菠菜、芹菜、胡萝卜和洋葱等多种蔬菜。随着设施栽培蔬菜面积的不断扩大，菌核病发生有加重的趋势。

1. 症状

从苗期至成熟期均可发病，主要为害叶、茎和果实。

幼苗表现为茎基部水渍状腐烂，引起猝倒。成株期后，整个植株的各个部位皆可发病。

(1)果实　多从残花处先腐烂，可扩展至全果，烂果上长出大量膨松白色绵霉，有时可见有汁液流出。绵霉内后期可见黑色鼠粪状的菌核。

(2)叶片和茎蔓　水浸状软腐，也有白色绵霉或菌核，病茎蔓以上组织凋萎枯死。

2. 病原

病原为核盘菌[*Sclerotinia sclerotiorum* (Lib.) de Bary]，属子囊菌门，核盘菌属菌物。菌丝有隔膜，菌核初白色，后变为黑色鼠粪状，由菌丝体纠结而成。干燥条件下，可以存活4～11年，水中经1个月腐烂。

菌核萌发产生1至数个子囊盘，子囊盘肉质，初黄色，成熟后暗红色或红褐色，大小不等。子囊着生在子囊盘上，子囊之间有无色、丝状的侧丝。子囊无色、棍棒状，内生8个子囊孢子，子囊孢子无色，单胞，椭圆形。病菌一般不产生分生孢子。

3. 发生规律

病菌以菌核在病残体、土壤或种子间越冬越夏。次年春季，土中的菌核萌发产生子囊盘及子囊孢子。种子、粪肥、流水皆可传播菌核。子囊孢子主要靠气流传播，先侵染衰弱的叶片等组织，然后为害茎蔓和果实。在田间主要以菌丝通过病健株或病健组织的接触进行再侵染。

病菌发育的温度为0～30℃，适宜温度15～20℃；对湿度要求较高，相对湿度在85%以上利于菌核萌发和菌丝生长、侵入及子囊盘产生；因此，保护地内低温、湿度大或早春和秋季多雨的年份有利于病害的发生和流行，并且菌核形成速度快、数量多。

此外，连年种植十字花科、葫芦科、豆科、茄科蔬菜的田块、排水不良、偏施氮肥、组织柔嫩及植株遭受霜冻后发病严重。

4. 防治方法

(1)农业防治　无病株上采种或播前用10%盐水漂种2～3次，汰除菌核；有条件可水旱轮作，或夏季灌水泡田杀死菌核；收获后深翻土壤20 cm，使菌核埋入深土中不能萌发；采用高畦或半高畦覆盖地膜，防止子囊盘出土；发现子囊盘后，及时铲除，田外销毁；控制浇水，降低湿度。

(2)化学防治　发病初期保护地可用15%腐霉利烟剂250 g/667 m^2 熏蒸，在傍晚时闭棚，熏闷一夜后，于次日早晨通风。每7～10 d 1次，连熏3～4次；也可用10%氟吗啉粉尘剂1 kg/667 m^2。

发病初期可选用50%啶酰菌胺水分散颗粒剂1 000～1 500倍液，或50%腐霉利可湿性粉剂1 500倍液，或50%异菌脲可湿性粉剂800倍液，或50%乙烯菌核利可湿性粉剂600～800倍液喷雾，每7～10d用药1次，连续3～4次。病情严重时，可将上述药剂50倍液涂于病茎处。

综合实训4-4　植物子囊菌门菌物病害的诊断

一、技能目标

掌握植物子囊菌门菌物病害的症状特点，病原物特征和显微诊断技术。

二、用具与材料

(1)用具　显微镜、载玻片、盖玻片、贮水滴瓶、挑针、搪瓷盘、多媒体设备等。

(2)材料　黄瓜白粉病、南瓜白粉病、辣椒白粉病、番茄白粉病、苣荬菜白粉病、梨白粉病、葡萄白粉病、小麦白粉病、月季白粉病、丁香白粉病、黄瓜菌核病、菜豆菌核病、桃缩叶病、甘薯黑斑病等病害的新鲜或腊叶标本，病原菌永久玻片，病害挂图及幻灯片等。

三、内容及方法

1. 取各种植物白粉病、菌核病、桃缩叶病、甘薯黑斑病标本或挂图等，观察发病部位及病部特征，比较、概括和总结不同植物白粉病、菌核病、桃缩叶病、甘薯黑斑病的症状特点。

2. 挑取病部粉状物、点状物，制备临时玻片；观察不同子囊菌分生孢子和分生孢子梗、闭囊壳及附属丝、子囊壳、子囊和子囊孢子形态特征；切取菌核制备临时玻片，观察菌核内部组织形态。

综合实训4-4 植物子囊菌门菌物病害的诊断

四、作业

1. 完成病害诊断实训任务报告单。

2. 采集并制作当地常见子囊菌门菌物病害标本。

第四节 植物担子菌门菌物病害

一、锈病

锈病诊断

锈病是一类重要的植物病害，危害多种园艺植物的叶片，因产生类似于铁锈的粉状物而得名。

(一)豆科蔬菜锈病

豆科蔬菜锈病是豆科蔬菜重要病害之一，在我国各地均有发生，对产量影响较大。豆科植物如菜豆、豇豆、蚕豆、大豆、花生等都有不同程度发生。

1. 症状

主要为害叶片(正反两面)，也可为害豆荚、茎、叶柄等部位。最初叶片上出现黄绿色小斑点，后发病部位变为棕褐色、直径 1 mm 左右的粉状小点，为锈菌的夏孢子堆。其外围常有黄晕，夏孢子堆 1 至数个不等。

发病后期或寄主衰老时长出黑褐色的粉状小点，为锈菌的冬孢子堆。

有时叶片的正面及荚上产生黄色小粒点，为病菌的性孢子器；叶背或荚周围形成黄白色的绒状物，为病菌的锈孢子器。但一般不常发生。

2. 病原

病原为疣顶单胞锈菌[*Uromyces appendiculatus*(Pers.)Ung]，引起菜豆锈病；豇豆单胞锈菌[*U. vignaesinensis*(Miura)]引起豇豆锈病；豌豆单胞锈菌[*U. pisi*(Pers.)Schrot.]引起豌豆锈病。三者皆属担子菌门单孢锈菌属菌物。其中豌豆锈病菌是转主寄生，其余为单主寄生。

菜豆锈病菌夏孢子堆黄褐色。夏孢子单胞，卵圆形，浅黄褐色，表面有微刺；冬孢子堆黑褐色，冬孢子有长柄，单胞，椭圆形，顶端有乳突，栗褐色，表面光滑或仅上部有微刺。

豇豆锈病菌夏孢子堆褐色，夏孢子单胞，卵圆形，黄褐色，表面有微刺；冬孢子堆黑褐色，冬孢子有柄，单胞，椭圆形，顶端有乳突，栗褐色，表面光滑或仅上部有微刺。

3. 发生规律

豆科蔬菜锈菌在露地以冬孢子在病残体上越冬，在保护地也可以夏孢子越冬。冬孢子萌发产生担孢子，并以担孢子完成初侵染。其夏孢子通过气流传播，可重复侵染为害，再侵染频繁。

锈菌的夏孢子萌发和侵入必须有液态水，菜豆锈菌在气温 20℃，相对湿度 84%以上，病害易流行。豇豆锈菌在日均温度 23℃，相对湿度 90%以上，病害易流行。因此，高湿度、昼夜温差大、结露时间长或连续阴雨天发病严重。此外，低洼地、排水不良、种植过密、通风性差发病也重。

4. 防治方法

(1)选育抗病品种　品种抗病性差别大，在菜豆蔓生种中细花种比较抗病，而大花、中花品种则易感病。可选择适合当地栽培的品种。

(2)农业防治 及时清除病残体,深埋或高温堆肥无害化处理,采用配方施肥技术、适当密植等。

(3)化学防治 发病初期及时喷药防治。药剂可选用:15%粉锈宁可湿性粉剂1 000~1 500倍液,或25%丙环唑乳油3 000倍液,或12.5%烯唑醇可湿性粉剂4 000~5 000倍液,或70%代森锰锌可湿性粉剂1 000倍+15%粉锈宁可湿性粉剂2 000倍液等均有效。15 d喷药1次,共喷药1~2次。

(二)梨锈病

梨锈病又名赤星病、羊胡子,是梨树重要病害之一。为害叶片和幼果,造成早落,影响产量和品质。另外,其他果树如苹果、山楂、沙果、棠梨和海棠等也有锈病的发生。

病菌有转主寄主现象。其转主寄主为松柏科的桧柏、欧洲刺柏、南欧柏、高塔柏、圆柏、龙柏、柱柏、翠柏、金羽柏和球桧等。以桧柏、欧洲刺柏和龙柏最易感病,球桧、翠柏次之,柱柏和金羽柏较抗病。

1. 症状

梨锈病主要为害叶片和新梢,严重时也能为害果实。

(1)叶片 叶正面形成近圆形的橙黄色病斑,直径4~8 mm,有黄绿色晕圈,表面密生橙黄色黏性小粒点,为病菌的性子器和性孢子。后小粒点逐渐变为黑色,向叶背凹陷,并在叶背长出多条灰黄色毛状物,即病菌的锈子器,病部组织多增生肥厚。病斑多时常导致病叶提早脱落。

(2)幼果 症状与叶片相似,只是毛状的锈子器与性子器在同部位出现。病果常畸形早落。新梢、果梗与叶柄被害后,病部龟裂,易折断。

转主寄主桧柏染病后,起初在针叶、叶腋或小枝上出现淡黄色斑点,后稍隆起。在次年3月,逐渐突破表皮露出单个或数个红褐色圆锥形的角状物,即为病菌的冬孢子角。春雨后,冬孢子角吸水膨胀,呈橙黄色胶质花瓣状。

2. 病原

病原为梨胶锈菌(*Gymnosporangium asiaticum* Miyabe ex Yamada),属担子菌门,胶锈菌属菌物。

病菌需要在两类不同的寄主上完成其生活史。在梨、山楂等寄主上产生性孢子器及锈子器,在桧柏、龙柏等转主寄主上产生冬孢子角。

性孢子器扁球形,生于叶正面病部表皮下,初黄色后黑色,孔口外露,内生性孢子,无色单胞,纺锤形或椭圆形。

锈子器丛生于病部叶背、幼果、果梗等处,细圆筒形,直径0.2~0.5 mm。内生锈孢子,近球形,橙黄色,表面有微瘤。

冬孢子角红褐色或咖啡色,圆锥形,吸水后膨胀胶化,长2~5 mm。冬孢子黄褐色,双胞,长椭圆形,柄无色细长,遇水胶化。冬孢子萌发产生担孢子,担孢子卵形,单胞,淡黄褐色。

3. 发生规律

锈菌的转主寄生

病菌以多年生菌丝体在桧柏病组织中越冬。翌年春形成冬孢子角。冬孢子角在雨后吸水膨胀，冬孢子开始萌发产生担孢子；担孢子随风雨传播，引起梨树叶片和果实发病，产生性孢子和锈孢子；锈孢子不能再为害梨树，只能侵害转主寄主桧柏的嫩叶和新梢，并在桧柏上越夏、越冬，因而无再侵染，至翌年春再度形成冬孢子角；梨锈病菌无夏孢子阶段。

冬孢子萌发的温度范围为5～30℃，适宜温度为17～20℃。担孢子发芽适宜温度15～23℃，锈孢子萌发的最适温度为27℃。

梨锈病发生的轻重与转主寄主、气候条件、品种的抗性等密切相关。

担孢子传播的有效距离是2.5～5 km，在此范围内患病桧柏越多，锈病发生越重。

梨树的感病期很短，自展叶开始20 d内展叶至幼果期最易感病，超过25 d，叶片一般不再受感染；同时病菌担孢子一般只能侵害幼嫩组织。而冬孢子萌发时间和梨树的感病期能否相遇则取决于梨树展叶前后的气候条件。当梨芽萌发、幼叶初展前后，天气温暖多雨，风向和风力均有利于担孢子的传播时病害重。而当冬孢子萌发时梨树尚未发芽，或当梨树发芽、展叶时，天气干燥，则病害发生均很轻。

中国梨最易感病，日本梨次之，西洋梨最抗病。

另外，梨锈菌的重寄生菌对锈子器的寄生率达92%，减少了对转主寄主桧柏的侵染。可逐年减轻锈病的发生。

4. 防治方法

(1)清除转主寄主　梨园周围5 km内禁止栽植桧柏和龙柏等转主寄主，以保证梨树不发病。

(2)化学防治　无法伐除转主寄主时，可在春雨前剪除桧柏上冬孢子角，或用2～3°Bé石硫合剂，或1∶2∶150的波尔多液，或30%绿得保胶悬剂300～500倍液，或0.3%五氯酚钠混合1°Bé石硫合剂喷雾桧柏，减少初侵染源。

梨树上喷药，应掌握在梨树萌芽至展叶的25 d内进行，一般在梨萌芽期喷第1次药，以后每隔10 d左右喷1次，连续喷3次，雨水多的年份可适当增加喷药次数。药剂有1∶2∶(160～200)波尔多液，或12.5%烯唑醇可湿性粉剂4 000～5 000倍液，或25%丙环唑乳油3 000倍液，或25%丙环唑乳油4 000倍+15%粉锈宁可湿性粉剂2 000倍液，或15%三唑酮乳油2 000倍液。

(三)小麦锈病

小麦锈病在世界各国小麦产区均严重发生。可分为条锈、叶锈、秆锈3种。小麦被病菌侵染后，植株营养物质大部分被锈菌消耗，呼吸作用加强，光合作用减弱，增加水分蒸发，一般比健株蒸发量增加20%～60%，严重的达到200%～300%。发病轻时，小麦穗短而小，种子不饱满，千粒重降低；发病比较早而重时，不能正常抽穗。3种锈病以秆锈对产量影响最大，条锈次之，叶锈较小。

1. 症状

3种锈病的共同特点是在被害处产生夏孢子堆，后期在病部生成黑色的冬孢子堆。根据孢子堆的大小、颜色、形状、着生的部位、排列的情况和表皮穿透的特点区分3种锈病(表4.4.1)。

表4.4.1 小麦三种锈病症状特点

症状 \ 病害种类	条锈病	叶锈病	秆锈病
为害部位	主要为害叶片,也可为害叶鞘,茎秆和穗	主要为害叶片,也可为害叶鞘,茎秆和穗	主要为害茎秆和叶鞘,严重时叶片和穗上也能发生
夏孢子堆	孢子堆小,黄色疱状,不能穿透叶片,孢子堆表皮通常不开裂,在叶片上呈虚线状,与叶脉平行	孢子堆橘红色,较小,孢子堆可穿透叶片,背面孢子堆比正面小,表皮开裂,在叶片上排列不规则	孢子堆大,长椭圆形,深褐色。孢子堆可穿透叶片,背面孢子堆比正面大,表皮开裂,在叶片上排列不规则
冬孢子堆	孢子堆小,黑色疱状,成行排列,表皮不开裂	孢子堆小,黑色椭圆形,排列不规则,表皮不开裂	孢子堆较大,长椭圆形或条形,黑色,排列不规则,表皮开裂

2. 病原

3种锈菌均属担子菌门,柄锈菌属菌物。小麦条锈病的病原菌为条形柄锈菌(*Puccinia striiformis* West.)小麦专化型,夏孢子单胞、球形,表面有细刺,鲜黄色;冬孢子双胞、棍棒形,顶部扁平或斜切,灰黑色,柄较长,转主寄主不明。小麦叶锈病的病原菌为小麦隐匿柄锈菌[*Puccinia recondita*(Rob. ex Desm. f. sp. tritici)Eriks. et Henn.],夏孢子单胞球形、近球形,表面有微刺,黄褐色;冬孢子双胞、棍棒状,上宽下窄,顶部平截或稍倾斜,暗褐色,柄极短;在我国转主寄主未得到证实,国外证实是唐松草和小乌头。小麦秆锈病的病原菌为禾柄锈菌(*Puccicinia graminis* Pers.),夏孢子单胞、长圆形,表面有细刺,暗黄色;冬孢子双胞、椭圆形或长棒形,表面光滑,顶端壁厚,横隔处稍缢缩,深褐色,柄长,转主寄主是小檗和十大功劳。小麦锈菌都是转主寄生,有明显的生理分化现象。

锈菌最多可产生性孢子、锈孢子、夏孢子、冬孢子和担孢子5种孢子。如小麦秆锈菌就是全孢型转主寄生菌,在小麦上产生夏孢子和冬孢子,冬孢子萌发产生担孢子,担孢子侵染转主寄主,并在其上产生性孢子和锈孢子。

3. 发生规律

小麦锈病的病原菌都是专性寄生物,只能在寄主上发育和繁殖,并通过夏孢子传播为害,气流是主要传播媒介。当夏孢子成熟后,极轻微的气流,就可将夏孢子堆吹散,夏孢子可随上升气流到达5 000 m以上的高空,并被带至几百千米以外的地区,引发小麦锈病大流行。

夏孢子萌发产生芽管后侵入寄主,在寄主表皮下形成夏孢子堆。夏孢子成熟后可突破表皮,并随气流传播,反复多次进行再侵染,造成锈病流行。小麦3种锈菌对湿度的要求基本相同,都需要有饱和湿度。小麦叶片及孢子表面必须有持续4～6 h的水膜存在,病菌才能侵入寄主。多雨、多雾或田间湿润、结露的情况下,锈病容易发生。

4. 防治方法

(1)农业防治　选用抗病品种是防治小麦锈病最经济而有效的办法;清除杂草和自生麦苗,控制越夏菌源,避免过早播种,可显著减轻冬小麦幼苗发病,减少越冬菌源;合理密植和适量适时追肥,避免过多过晚施用氮肥,防止麦苗贪青晚熟,加重病情;增施磷肥、钾肥,促进生长,适时收割;锈病发生后,南方多雨麦区及时排水,北方干旱麦区及时灌水,可减轻产量损失;麦收后深翻土地,清除自生苗,减少越夏菌源。

(2)化学防治　条锈病和叶锈病在点片发生时,即病叶率为1%～10%时开始防治;秆锈病在病秆发生率在1%以上时,即应进行防治。

药剂拌种　可选用25%粉锈宁可湿性粉剂120 g/100 kg麦种进行拌种处理,拌匀后闷1～2 h再播种,播种后45 d仍可保持90%左右的防治效果。

喷雾防治　在冬小麦苗期常发病区,发病初期进行喷药防治。药剂可用25%丙环唑乳油3 000倍液喷雾,或25%三唑酮可湿性粉剂,或12.5%烯唑醇可湿性粉剂4 000～5 000倍液喷雾,连续用药2～3次。

二、黑粉病

(一)玉米丝黑穗病

玉米丝黑穗病的防治

玉米丝黑穗病又称乌米、哑玉米,在我国华北、东北、华中、西南、华南和西北地区都有不同程度的发生。一般年份发病率在2%～8%,个别地块达60%～70%。20世纪80年代后,由于种子药剂处理方法的普及,玉米丝黑穗病已基本得到控制,但仍是玉米生产的重要病害之一。

1. 症状

玉米丝黑穗病属苗期侵染的系统侵染性病害。一般在抽穗期表现典型症状,主要为害雌穗和雄穗。一旦发病,全株颗粒无收。

受害严重的植株,在苗期可表现各种症状。幼苗分蘖增多呈丛生形,植株明显矮化,节间缩短,叶片颜色暗绿挺直。有些品种在叶片上会出现与叶脉平行的黄白色条斑,有的幼苗心叶紧紧卷在一起弯曲呈鞭状,但较为少见。抽穗后,雌穗和雄穗症状表现最为明显。

(1)雌穗　果穗短,基部粗,顶端尖,整个果穗近球形,无花丝;雌穗内不产生籽粒。除苞叶外,整个果穗变成一个黑粉包,其内混有丝状的寄主维管束组织,故称为丝黑穗病。黑粉通常不易飞散;有些雌穗的颖片过度生长成管状长刺,病穗呈刺猬头状,基部略粗,顶端稍细,中央空松,刺长短不一,绿色或紫绿色,一般不产生黑粉和黑丝。

(2)雄穗　多数雄穗保持原来穗形,个别小穗变成黑粉包;有些雄穗的小花器受病菌刺激伸长,呈刺猬头状;也有个别雄穗整个变成1个大的黑粉包。

2. 病原

玉米丝黑穗病的病原菌为丝轴黑粉菌[*Sphacelotheca rdeilinana* (Kühn) Clint.],属担子菌门,轴黑粉菌属菌物。病组织中散出的黑粉为冬孢子,冬孢子黄褐色至暗紫色,球形或近球形,表面有细刺。冬孢子萌发产生有分隔的担孢子,担孢子单胞椭圆形,无色。

冬孢子在成熟前常集合成孢子球,由菌丝组成的白色薄膜包围,成熟后分散。冬孢子萌发温度为 10～35℃，适温为 25℃，低于 17℃或高 32.5℃不能萌发；缺氧时不易萌发。病菌发育温度范围为 23～36℃，最适温度为 28℃。

误病菌有明显的生理分化现象。侵染玉米的丝黑粉菌不能侵染高粱；侵染高粱的丝黑粉菌虽能侵染玉米，但侵染力很低，这是两个不同的专化型。

3. 发生规律

玉米丝黑穗病菌越冬和侵入

该菌主要以冬孢子在土壤中越冬，有些则混入粪肥或黏附在种子表面越冬。土壤带菌是最主要的初次侵染来源，种子带菌则是病害远距离传播的主要途径。冬孢子在土壤中能存活 2～3 年。冬孢子在玉米雌穗吐丝期开始成熟，且大量落到土壤中，部分则落到种子上尤其是收获期。播种后，一般在种子发芽或幼苗刚出土时侵染胚芽，有的在 2～3 叶期也发生侵染，一般认为侵染最晚时间为 7～8 叶期。冬孢子萌发产生担孢子，担孢子萌发后从胚芽或胚根侵入，并很快扩展到茎部且沿生长点生长。花芽开始分化时，菌丝则进入花器原始体，侵入雌穗和雄穗，最后破坏雄花和雌花。

感病品种的大量种植，是导致丝黑穗病严重发生的因素之一。另外，病原菌可能出现新的生理小种，导致原来抗病的品种丧失抗性。

长期连作致使土壤含菌量迅速增加。据报道，如果以病株率来反映菌量，那么土壤中含菌量每年可大约增长 10 倍。

用病穗喂猪，冬孢子经牲畜消化道后并不能全部死亡，施用这些带菌粪肥仍然可以引起田间发病；用病残体和病土沤肥又未腐熟情况下，田间发病率高达 10.6%～23%。

播种未消毒的种子、土壤中未妥善处理的病株残体都会使土壤中菌量增加，导致该病的严重发生。

玉米播种至出苗期间的土壤温度、湿度与发病关系极为密切。土壤温度在 15～30℃利于病菌侵入，以 25℃最为适宜。土壤湿度过高或过低都不利于病菌侵入，在 20%的湿度条件下发病率最高。土壤含水量低于 12%或高于 29%不利其发病。另外，播种过深、种子生活力弱的情况下发病较重。

4. 防治方法

(1)选用优良抗病品种　选用抗病品种是防治玉米丝黑穗病的根本性措施。如丹玉 6 号、丹玉 13 号、中单 2 号、吉单 101、吉单 131、辽单 2 号、锦单 6 号、掖单 11 号、掖单 13 号、陕单 9 号、中玉 5 号、冀单 29、冀单 30、辽单 22 号、海玉 8 号、海玉 9 号、农大 3315 等。各地可因地制宜加以选用。

(2)农业防治　可与高粱、谷子、大豆、甘薯等作物实行 3 年以上轮作；禁止用带病秸秆等喂牲畜和积肥。有机肥料要充分腐熟后再施用，减少土壤病菌来源。调整播期，提高播种质量。

玉米丝黑穗病主要为害雌、雄穗，症状明显，可结合间苗、定苗及中耕除草等予以拔除病苗，注意拔除的病株要深埋或烧毁。

(3)化学防治　化学药剂处理种子对防治玉米丝黑穗病效果较好。方法有拌种、浸种和种衣剂处理 3 种。拌种防治玉米丝黑穗病防效可稳定在 80%左右。可用 2.5%咯菌腈悬浮种衣剂 100～200 mL/100 kg 种子拌种；或种子重量 0.3%～0.4%的三唑酮乳油，或 40%双可湿性粉剂按种子重量 0.7%拌种，或 12.5%烯唑醇可湿性粉剂用种子重量的 0.2%拌种，或按种子重量 0.2%的 50%福美双可湿性粉剂拌种等。

(二)玉米瘤黑粉病

玉米瘤黑粉病广泛分布在各玉米栽培地区，危害普遍，在玉米生长的各个时期形成菌瘿，影响玉米正常生长。一般病株率在 5%～10%，严重时可达 70%～80%。

1. 症状

玉米在各个生育期，植株地上幼嫩组织和器官，如玉米叶、叶鞘、腋芽、茎秆、雄穗和果穗等部位幼嫩组织，均可发病，病部的典型特征是产生大小不等的病瘤。病瘤初为白色疱状，生长迅速，很快膨大成肿瘤状，肉质有光泽，后期内部变为灰至黑色，当外膜破裂时，散出大量黑粉，即病菌的冬孢子，这也是瘤黑粉病得名的由来。

叶片及叶鞘上的病瘤小而多，常密集成串，内部黑粉较少；茎秆处的病瘤较大，不规则球状或棒状；雌穗发病，部分籽粒或上半部果穗形成较大肿瘤，但不会出现整个雌穗都变成黑粉的现象，这也是瘤黑粉病与丝黑穗病的主要区别；雄穗大部分或个别小花变成囊状病瘤。

2. 病原

玉米瘤黑粉菌[*Ustilago maydis* (DC.)Corda,]，属担子菌门，黑粉菌属菌物。冬孢子球形或椭圆形，暗褐色，壁厚，表面有微刺。冬孢子萌发时产生有 4 个细胞的担子，担子上着生梭形，无色的担孢子。

冬孢子没有明显的休眠现象，成熟后遇到适宜的温度、湿度条件就能萌发。在 5～38℃皆可萌发，适宜温度为 26～30℃，在水中及相对湿度 98%以上均可萌发。自然条件下集结成块的冬孢子在土壤中可长期存活。干燥条件下 4 年后孢子萌发率可达 24%。

瘤黑粉病菌有明显的生理分化现象。

3. 发生规律

玉米瘤黑粉病是一种局部侵染的病害。病原菌主要以冬孢子在土壤中或在病株残体上越冬，成为翌年的侵染菌源。混杂在未腐熟堆肥中的冬孢子和种子表面污染的冬孢子，也可以越冬传病。越冬后的冬孢子，在适宜的温度、湿度条件下萌发产生担孢子，不同性别的担孢子结合，产生双核侵染菌丝，从玉米幼嫩组织和表皮细胞直接侵入，或者从伤口侵入。

生长早期形成的肿瘤，产生冬孢子和担孢子，随气流和雨水分散传播，或者被昆虫携带传播引起再侵染。

玉米生长前期干旱，或抽雄前后遭遇干旱，会导致植株抗病性下降，若遇小雨或结露，或者后期多雨高湿，或干湿交替等气候条件，都利于病原菌侵染，发病严重；暴风雨或冰雹过后，造成植株产生大量伤口，有利于病原菌侵入，发病严重；玉米螟等害虫不仅造成大量伤口，又能传播病原菌，因而虫害严重的田块，瘤黑粉病也严重。

此外，病田连作，收获后不及时清除病残体，施用未腐熟农家肥，田间菌源增多，都会加重病害；种植密度大，偏施氮肥，通风透光差，组织柔嫩，都利于病害发生。

玉米品种间抗病性有明显差异。概而言之，耐旱的品种、果穗苞叶长而紧裹的品种和马齿型玉米较抗病，甜玉米易感病，早熟品种发病轻。

4. 防治方法

(1)种植抗病品种　玉米品种之间抗病性有明显差异。当前生产上较抗病的杂交种有掖单2号、掖单4号、中单2号、农大108、吉单342、沈单10号、郑单958、鲁玉16、掖单22、聊93～1、豫玉23、蠡玉6号、海禾1号等。

(2)农业防治　病田实行2～3年轮作。施用充分腐熟的堆肥、厩肥,防止病原菌冬孢子随粪肥传病。玉米收获后及时清除田间病残体,秋季深翻。适期播种,合理密植。加强肥水管理,均衡施肥,避免偏施氮肥,防止植株贪青徒长;缺乏磷、钾肥的土壤应及时补充,适当施用含锌、含硼的微肥。抽雄前后适时灌溉,防止干旱。加强玉米螟等害虫的防治,减少虫伤口;在肿瘤未成熟破裂前,尽早摘除病瘤并深埋销毁。摘瘤应定期、持续进行,长期坚持,力求彻底。

(3)化学防治　种子带菌是田间发病的菌源之一,可用杀菌剂处理带菌种子。如用9%氟环·咯·苯甲悬浮剂100～200 mL/100 kg拌种;或用2%戊唑醇湿拌种剂285～330 g,加少量水调成糊状后,拌玉米种子100 kg等;或在玉米未出土前用15%三唑酮可湿性粉剂750～1 000倍液,或50%克菌丹可湿性粉剂200倍液,进行土表喷雾,以减少初侵染菌源。或在肿瘤未出现前,用上述药剂喷雾防治。

综合实训4-5　植物担子菌门菌物病害的诊断

一、技能目标

掌握植物担子菌门菌物病害的症状特点,病原物特征和显微诊断技术。

二、用具与材料

(1)用具　显微镜、载玻片、盖玻片、贮水滴瓶、挑针、搪瓷盘、多媒体设备等。

(2)材料　菜豆锈病、葱锈病、苹果锈病、梨锈病、玉米锈病、小麦锈病、向日葵锈病、花生锈病、蔷薇锈病、菊花锈病、草坪锈病、杨树锈病、玉米丝黑穗病、高粱丝黑穗病、玉米瘤黑粉病、小麦散黑穗病、谷子粒黑粉病等病害的新鲜或腊叶标本,病原菌永久玻片,病害挂图及幻灯片等。

三、内容及方法

1. 取各种植物锈病、黑粉病标本或挂图等,观察发病部位及病部特征,比较、概括和总结不同植物锈病、黑粉病的症状特点。

2. 挑取病部锈粉、黑粉,制备临时玻片;观察不同锈菌和黑粉菌夏孢子、冬孢子、性孢子、锈孢子和担孢子形态特征。

综合实训4-5 植物担子菌门菌物病害的诊断

四、作业

1. 完成植物担子菌门菌物病害的诊断实训任务报告单。
2. 采集并制作当地常见担子菌门菌物病害标本。

第五节　植物半知菌类菌物病害

半知菌引起的病害种类多，症状表现多样，发病部位也很广泛。在菌物病害中有非常重要的地位。

一、叶斑病

(一)黄瓜棒孢叶斑病

黄瓜棒孢叶斑病俗称靶斑病、黄点子病，近20年来在全国各地广泛发生，特别在日光温室黄瓜上大面积暴发流行，造成叶片大量枯死，蔓延趋势明显，目前已经成为黄瓜主要病害之一。因与黄瓜霜霉病和细菌性角斑病症状相似，经常引起误诊，造成较大损失。

1. 症状

黄瓜棒孢叶斑病以叶片发病为主，严重时可蔓延到叶柄和茎。通常从植株下部叶片开始发病，叶片正面和背面皆可受害。发病初期在叶片上出现黄色水浸状斑点，病斑为多角形、圆形或不规则形，易与霜霉病和细菌性角斑病相混淆。病斑正面粗糙不平，中央有一明显的圆形靶心，灰白色、半透明，易穿孔，严重时多个病斑联合，引起叶片枯死，最后植株提早拉秧。湿度大时病斑上可生有稀疏灰黑色霉层，即为病害的病原物。

2. 病原

病原为多主棒孢霉[*Corynespora cassiicola* (Berk. &Curt.)]，属半知菌类棒孢霉属。

菌丝体无色或浅褐色，有隔膜。分生孢子梗1～5个丛生，浅褐色，直或微弯，不分枝，顶端有时膨大；分生孢子浅褐色，倒棍棒形或圆筒形，微弯，顶端钝圆，基部平截，串生，有隔膜。

分生孢子萌发温度为10～35℃，以25～30℃适宜；同时要求90%以上的相对湿度，在水滴中萌发率最高。饱和湿度下，最快2 h即可萌发。

3. 发生规律

病菌主要以分生孢子或菌丝体遗留在土中的病残体上越冬，成为翌年的初侵染源。菌丝或孢子在病残体上可存活1年以上；带菌的种子也可引起发病。

翌年分生孢子借气流或雨水飞溅传播，从气孔、伤口或直接穿透表皮侵入，潜育期5～7 d，病菌有多次再侵染，适宜条件下，一个生长季即可引起病害流行。病菌在10～35℃时均能生长，以30℃左右最适。高温、高湿有利于病害的流行和蔓延，叶面结露、光照不足、昼夜温差大都会加重病害的发生程度。

4. 防治方法

(1)选择抗病品种　目前抗病的品种有津优38号、津优305号、美奥2号、绿隆星4号等，可因地制宜选用。

(2)农业防治　与非瓜类作物实行2～3年以上轮作，收获后彻底清除病残体，深翻土壤减少初侵染源；黄瓜种子和嫁接用南瓜种子用55℃温水处理30 min；避免偏施氮肥，增施磷肥、钾肥，适量施用硼肥。棚室控制浇水，及时放风，降低田间湿度；发病初期摘除病叶，减少病害传播。

(3)化学防治　发病前可用5%百菌清粉尘剂1 kg/667 m^2,45%百菌清或10%腐霉利烟剂250 g/667 m^2 等进行药剂预防。

座果前后或发病初期药剂喷雾防治,药剂可选用40%腈菌唑乳油3 000倍液,或40%嘧霉胺悬浮剂1 500倍液,或43%戊唑醇悬浮剂5 000～7 000倍液,或10%苯醚甲环唑水分散粒剂1 000～1 500倍液等喷雾防治,5～7 d喷1次,连喷3次。病菌易产生抗药性,注意药剂轮换。

(二)苹果斑点落叶病

苹果斑点落叶病又称褐纹病。我国自20世纪70年代后期陆续发现,80年代后成为各苹果产区的重要病害。病害发生后,7～8月间新梢叶片大量染病,造成提早落叶,严重影响树势和翌年的产量。此病通常只为害苹果。

1. 症状

斑点落叶病主要为害叶片,特别是展叶20 d内的嫩叶,也能为害叶柄、一年生枝条和果实。

叶片染病,出现直径2～6 mm大小不等的红褐色病斑,边缘紫褐色,病斑中央常具一深色小点或同心轮纹。天气潮湿时,病部正反面均可长出墨绿至黑色霉层;高温多雨季节,数个病斑相连,导致叶片焦枯脱落;嫩叶染病常扭曲畸形。

叶柄染病,产生椭圆形凹陷病斑,常导致叶片脱落;枝条染病,产生灰褐色病斑,芽周变黑,凹陷坏死,边缘开裂。果实受害多在近成熟期,果面上产生红褐色的小斑点。

2. 病原

病原为苹果链格孢菌(*Alternaria mali* Roberts),属半知菌类,链格孢属菌物。

病原的分生孢子梗成束,暗褐色,弯曲,有隔膜;分生孢子暗褐色,单生或串生,倒棍棒状或纺锤形,有短喙,具横隔1～5个,纵隔0～3个。

病菌能产生毒素,这种毒素具有寄主特异性,可用于苗木的抗病性鉴定。

3. 发生规律

病菌以菌丝在病叶、枝条或芽鳞中越冬,翌春产生分生孢子,随气流、风雨传播。病害在17～31℃均可发病,适宜温度为28～31℃。病害在一年中有2个发生高峰。第一高峰为5月上旬至6月中旬,春梢和叶片大量染病,严重时造成落叶;第二高峰为9月,秋梢发病严重,造成大量落叶。

病害的发生、流行与气候、品种密切相关。高温多雨病害易发生,春季干旱年份,病害始发期推迟;春、秋梢抽生期间的雨量大,发病重。此外,树势衰弱,通风透光不良,地势低洼,地下水位高,枝细叶嫩等易发病。

苹果不同品种间存在抗病性差异,红星、红元帅、印度、青香蕉、北斗易感病;富士系、金帅系、鸡冠、祝光、嘎拉、乔纳金发病较轻。

4. 防治方法

(1)选用抗病品种　选栽红富士、乔纳金等较抗病品种。

(2)农业防治　秋季、冬季结合修剪清除果园内病枝、病叶,减少初侵染源;夏季剪除徒

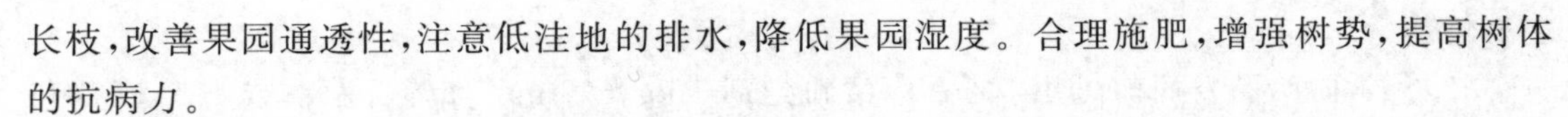

长枝，改善果园通透性，注意低洼地的排水，降低果园湿度。合理施肥，增强树势，提高树体的抗病力。

(3)化学防治　病叶率10%左右为用药时期。可选用1∶2∶200倍量式波尔多液，或30%绿得保胶悬剂300～500倍液，或80%代森锰锌可湿性粉剂600～800倍液，或10%多抗霉素可湿性粉剂1 000～1 500倍液，或50%异菌脲可湿性粉剂2 000倍液，或36%甲基硫菌灵悬浮剂500～600倍液喷雾。用药间隔期10～20 d，喷药3～4次。

(三)苹果褐斑病

苹果褐斑病主要为害叶片，也可为害果实。病斑多为褐色，边缘绿色不整齐，又称绿缘褐斑病，病叶易早期脱落。

1. 症状

叶片上的病斑有3种类型。

(1)同心轮纹型　病斑圆形，直径1～2.5 cm，正面中心暗褐色，边缘黄色，病斑周围有绿色晕圈，病斑上有轮状排列的小黑点；背面暗褐色，边缘浅褐色，无明显边缘。

(2)针芒型　病斑小，略近圆形，边缘不整齐，明显呈针芒放射状，后期叶片变黄后，病斑周围及背面仍保持绿色。

(3)混合型　病斑暗褐色，较大，近圆形或不规则形，其上生有小黑点，但不呈同心轮纹；后期病斑中心灰白色，边缘仍保持绿色，有时边缘呈针芒状。

果实染病，病斑褐色，圆形或不规则形，直径0.6～1.2 cm，病部果肉褐色，呈海绵状干腐，坏死不深。

2. 病原

病原为苹果盘二孢[*Marssonina mali*(P. Henn)Ito.]，属半知菌类，盘二孢属菌物。

病斑上所见小黑点为病菌的分生孢子盘；分生孢子梗栅状排列，顶生分生孢子，分生孢子无色，双胞，中间缢缩，上大而圆，下小而尖，呈葫芦状，内有2～4个油球。

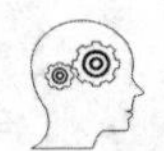

头脑风暴

苹果褐斑病和苹果斑点落叶病如何从症状上进行鉴别？

3. 发生规律

病菌以菌丝、分生孢子盘和子囊盘在落叶上越冬。翌年雨后产生分生孢子和子囊孢子，借风雨传播。

褐斑病的发生和流行与降雨量关系最为密切，不同年份发病早晚和轻重差异很大。降雨早而多的年份，发病早而重；春旱年份发病晚而轻；有些地区降雨虽少，但雾露重，发病也重。北方褐斑病多在5月下旬至6月上旬始见病叶，7～8月进入发病盛期，并引起果树落叶，严重时到9月初落叶可达一半。

另外，幼树较老树发病轻，结果树发病重；树冠内膛和下部比外围和上部发病重，这与树冠内部和下部通风透光不良、湿度大有关；果园地势低洼，排水不良，病虫害严重时，褐斑病发生都较重。

苹果品种间存在抗病性差异。富士、元帅、红星、国光易感病，祝光、青香蕉等抗病。

4. 防治方法

(1)农业防治　秋季、冬季彻底清扫果园内落叶，结合修剪清除病枝、病叶，集中烧毁；增施有机肥，提高树势；合理修剪，增加树冠通风透光性；做好果园排水工作，以降低湿度，减轻病害。

(2)化学防治　化学防治时间可根据发病情况确定。辽宁分别在7月上旬和8月上旬用药2次；河北在6月上中旬、7月中旬和8月中旬用药3～4次。可选用30%绿得保胶悬剂300～500倍液，或10%多抗毒素可湿性粉剂1 000～1 500倍液，或70%甲基硫菌灵超微可湿粉1 000倍液等防治。用药间隔为20 d。

(四)玉米叶斑病

玉米上常见的叶斑病有大斑病、小斑病和弯孢菌叶斑病等。玉米大斑病和小斑病从20世纪70年代，引进单杂交种和双杂交种及栽培制度改变后，一直是玉米产区的重要病害，在我国东北、西北春玉米栽培区和华北夏玉米区及南方高海拔山区较为严重；玉米弯孢菌叶斑病，原来是玉米的次要病害，发生很轻，从黄早4为亲本的玉米杂交种大面积推广后，病害日趋严重。以上3种叶斑病因发病时间早晚引起的损失，轻者为15%～20%，严重者为30%～80%不等，甚至毁种绝收。

玉米大、小斑病防治

1. 症状

玉米的3种叶斑病通常在苗期很少发病，通常都是在玉米生长到中后期，特别是抽穗之后，病害逐渐严重起来(表4.5.1)。

表4.5.1　玉米3种叶斑病症状区别

病害名称	发病时期	发病部位	症状
玉米大斑病	也称条斑病、煤纹病、枯叶病等。整个生育期均可感病，但苗期很少发病，通常抽穗后病害逐渐严重。	主要为害叶片，严重时为害苞叶和叶鞘。	发病初期，叶片上形成黄色或青灰色水浸状小斑点，后斑点沿叶脉迅速扩大，形成长(5～10) cm×1 cm的灰绿色至黄褐色梭形坏死大斑；感病品种病斑可达(15～20) cm×(2～3) cm。发病严重时，多个病斑汇合连片，造成叶片枯死。田间湿度大时，病斑表面长出灰黑色霉层。苞叶和叶鞘上病斑长形或不规则形。受害果穗松软，籽粒干瘪。
玉米小斑病	苗期到成株期均可发病。苗期发病轻，抽雄后病害发生逐渐加重。	主要为害叶片，严重时为害苞叶、叶鞘、果穗和籽粒。	叶片上初期产生水浸状小点，后期变黄褐色至红褐色椭圆形坏死斑，有些病斑边缘有黄褐色晕圈，病斑(5～16) mm×(2～4) mm。感病品种的病斑扩展通常不受叶脉限制，严重时多个病斑联合，引起叶片枯死。空气潮湿时，病斑表面长出灰黑色霉层。

续表4.5.1

病害名称	发病时期	发病部位	症状
玉米弯孢菌叶斑病	主要发生在玉米开花授粉后。	叶片发病为主，严重时为害叶鞘和苞叶。	叶片上初生褪绿小斑点，透明、圆形至椭圆形，后病斑中央灰白色至黄褐色，边缘暗褐色，常有黄色晕圈，病斑直径1～2 mm。湿度大时病斑正反两面均可见灰色霉层，以背面居多。

2. 病原

引起玉米3种叶斑病的病原无性阶段皆为半知菌类菌物(表4.5.2)

表4.5.2 玉米3种叶斑病病原形态特征

病害名称	病原物	形态特征
玉米大斑病	玉米大斑凸脐蠕孢菌 *Exserohilum turcicum*(Pass.)Leonard et Suggs，属半知菌类，凸脐蠕孢属菌物。	分生孢子梗单生或2～6根丛生，不分枝，2～6个隔膜，暗色，顶端曲膝状，有孢痕。分生孢子梭形，暗色，2～8个隔膜，直或略弯，中间最粗，两端渐细，顶端钝圆，基部尖锥形，脐点明显突出基细胞外。
玉米小斑病	玉蜀黍平脐蠕孢菌[Bipolaris *maydis* (Nishik. et Miyake)Shoemaker]，属半知菌类，平脐蠕孢属菌物。	分生孢子梗2～3根丛生，直或略弯，褐色，3～15个隔膜，不分枝，孢痕明显。分生孢子长椭圆形，褐色，向一侧弯曲，中间粗，两端细，两端钝圆，3～13个隔膜，脐点陷于基细胞内。
玉米弯孢菌叶斑病	棒状弯孢霉(*C. clavata*)，新月弯孢霉[*Curvularia lunata*(Walker Boed.)]等，皆属半知菌类，弯孢霉属菌物。	分生孢子梗褐色至深褐色，单生或簇生，直或弯曲。分生孢子花瓣状聚生在孢子梗顶端。孢子暗褐色，弯曲近新月形，具3个隔膜，多4胞，中间两个膨大，其中第3个细胞最大，两端细胞稍小。

此外，大斑病菌和小斑病菌都有明显的生理分化现象，大斑病菌根据其致病力的不同分为两个专化型，高粱专化型和玉米专化型，高粱专化型可侵染高粱、玉米和苏丹草等禾本科植物，而玉米专化型只能侵染玉米；小斑病菌根据其对不同型玉米细胞质的专化性分为T小种、O小种和C小种，自然条件下，除玉米外，还可侵染高粱。

玉米不同品种对弯孢菌叶斑病的抗病性也有明显差异。

3. 发生规律

玉米大斑病菌和小斑病菌可以菌丝体或分生孢子在田间的病残体、粪肥及种子上越冬。大斑病菌的分生孢子在越冬过程中，还可形成抗逆能力很强的厚垣孢子，因此大斑病菌的厚垣孢子也是重要的初侵染来源。

玉米弯孢菌叶斑病主要以菌丝体、分生孢子在地表病残体和秸秆垛中越冬。此外，玉米弯孢菌除玉米外，还可为害水稻、高粱、小麦和一些禾本科杂草，因此病害的初侵染源还包括水稻、高粱等禾本科作物及杂草。

翌年春季，病组织里的菌丝体在适宜温度、湿度条件下产生分生孢子，借风雨、气流传播到玉米的叶片上，萌发后从表皮细胞或者气孔侵入，引发病害。之后病部再产生分生孢子引发再侵染，在玉米生长期可以发生多次再侵染。条件适宜时，如玉米大斑病菌在23～25℃、1～12 h，小斑病菌24 h即可完成侵入，5～7 d即可形成典型的病斑。

不同玉米品种对叶斑病的抗性存在着明显的差异，尚未发现免疫品种。植株不同生育期或不同叶位对叶斑病的抗病能力存在差异性。

一般玉米抽穗前抗病能力强，抽穗后抗病能力下降。新叶抗病性强，老叶和苞叶抗病性差。因此玉米在拔节前，多表现为下部叶片发病，抽雄后抗病能力下降，病情迅速向上扩展，引发病害流行。

另外玉米叶斑病的发病程度与温度和湿度的关系十分密切。大斑病适宜发病的温度为20～25℃，超过28℃就不利于其发生，小斑病适于发病的日平均温度为25℃以上，两种病害均要求相对湿度在90%以上，相对湿度小于60%，持续几天，病害的发展就受到抑制；而弯孢菌叶斑病流行的温度比大斑病高出5～10℃，是典型的高温高湿病害。

在我国玉米产区7～8月的气温大多能满足病菌发育需求，因此降雨的早晚、降雨量及降雨日数便成为影响叶斑病发生早晚及轻重的决定因素。在春玉米区，从拔节到抽穗期间，气温适宜，又遇连续阴雨天，病害发展迅速，易大流行。

栽培因素与病害发生有密切关系。连作、密植及土地瘠薄的地块病害严重；适当早播发病轻；间作、套种的玉米发病轻，远离村庄和秸秆垛的地块病害较轻；拔节后适当增加追肥量，发病轻；平地和洼地发病重，坡地发病轻。

4. 防治方法

对玉米叶斑病的防治策略，应以种植抗病品种为主，在提高田间栽培管理水平的基础上，配合适当的化学防治，可以收到较好的防治效果。

(1)选用抗病品种　选用抗病品种是控制玉米叶斑病发生和流行最经济有效的措施。各地需要密切关注大、小斑病生理小种的分布和变化动态，并根据动态变化调整抗病品种的宏观布局，并与合理的栽培技术相结合，才能充分发挥抗病品种的抗病潜力。

(2)农业防治　玉米收获后彻底清除病残株，带出田外，并在翌年春播前处理完秸秆，可有效减轻来年发病；在发病严重地区适期早播；增施基肥，氮、磷、钾合理配比，拔节和抽穗期及时追肥，植株生长健壮；与小麦、大豆、花生、马铃薯和甘薯等矮秆作物间作，可减轻发病程度。

(3)化学防治　玉米从大喇叭口期到抽雄期，在病株率达10%时，对制种田玉米、高产试验田及特用玉米田药剂喷雾或灌心，都有较好的防治效果。

常用的药剂有：25%丙环唑乳油2 000倍液，或70%代森锰锌800倍液，或10%苯醚甲环唑2 500倍液，或50%异菌脲1 000～1 500倍液，或50%甲基托布津可湿性粉剂600倍液等，间隔7～10 d施药1次，共2～3次。

(五)花生叶斑病

花生叶斑病包括黑斑病、褐斑病和网斑病，是花生常见的3种病害。在全国各地花生产区普遍发生。网斑病又称云纹斑病、污斑病、网纹斑病等，是20世纪80年代后在山东和辽宁最先发生，现在全国花生产区呈上升趋势。田间3种病害常常混合发生，危害较为严重。花生发生叶斑病后，叶片叶绿素被破坏，光合效能下降，造成果荚发育受到影响，果仁不饱满。一般年份减产10%～20%，严重时减产30%～40%。

1. 症状

3种叶斑病症状的共同特点是：通常在植株生长的中后期发生，都是叶片发病为主，引起局部症状。一般从植株下部叶片开始发病，逐渐向上蔓延，叶柄、托叶、果针和茎秆也能受害。病害严重时造成叶片干枯，脱落（表4.5.3）。

表4.5.3 花生3种叶斑病症状特点

病害名称	发病时期	发病部位	症状
花生褐斑病	生长中后期	叶片、叶柄和茎等处	发病初期为褐色小点，扩大后在叶片上形成圆形病斑，直径4～10 mm，病斑黄褐至褐色，边缘有明显的黄色晕圈，病叶背面病斑色浅。多在叶片正面产生灰褐色点状子实层，散生。
花生黑斑病	生长中后期	叶片、叶柄和茎等处	发病初期为褐色小点，扩大后在叶片上形成圆形病斑，病叶正反两面的病斑皆为黑褐色，有时边缘有黄色晕圈，直径2～5 mm。后期叶片背面病斑上产生黑色点状子实层，排列成同心轮纹状。
花生网斑病	生长中后期	叶片、叶柄和茎秆等处	植株下部叶片先发病，初期在叶片正面产生褐色小点或星芒状网纹，扩大后形成近圆形或不规则褐色至黑褐色大斑，整个病斑或边缘呈网状，病斑色泽不均匀，病健交界不清晰，后期病叶背面也出现褐色斑纹；后期病斑表面有不明显的散生小黑点。

2. 病原

引起花生3种叶斑病的病原无性阶段皆为半知菌类菌物（表4.5.4）。

表4.5.4 花生3种叶斑病病原形态特征

病害名称	病原物	形态特征
花生褐斑病	花生尾孢菌（*Cercospora arachidicola* (Hori)），属半知菌类，尾孢属菌物。	分生孢子梗丛生或散生于子座上。分生孢子梗黄褐色，有或无隔膜，不分枝，直或略弯，末端屈曲，孢痕明显；分生孢子顶生，无色或淡褐色，倒棍棒形或鞭状，略弯曲，多数有5～7个隔膜，基部圆或平截。
花生黑斑病	球座尾孢菌［C. personata（Berk. et Curt）］，属半知菌类，尾孢属菌物。	分生孢子梗粗短，丛生或聚生于分生孢子座上，多数无隔膜，末端屈曲，褐色至暗褐色。分生孢子倒棍棒状，较粗短，橄榄色，多为3～5个隔膜。
花生网斑病	花生壳二孢（*Ascochyta arachidis* Woronichin）属半知菌类，壳二孢属菌物。	分生孢子器埋生于病组织中，黑色，近球形，具孔口。分生孢子无色，椭圆形或哑铃形，多数双胞，少数单胞。

3. 发生规律

黑斑病和褐斑病主要以菌丝体和分生孢子在病残体上越冬，成为主要的初侵染来源，也可以分生孢子附着在种子和种壳上越冬；网斑病还可以分生孢子器的形式越冬；翌年春季条件适宜时产生分生孢子，借风雨或昆虫进行传播，从气孔侵入或直接穿透表皮侵入植物组织细胞内进行初次侵染，黑斑病和褐斑病在22～23℃条件下，仅3～4 d就可发病，1周后产生分生孢子，进行再侵染。

气候条件对叶斑病害影响较大，在温度为15～29℃，相对湿度85%以上，病害发生严重，干旱少雨发病较轻。南方6～7月，北方7～8月，高温、多雨、多雾、多露、日照不足造成田间湿度大，或大雨后骤晴、闷热，病情发展迅速；植株的中下部叶片发病早、重。

此外，重茬连作、病残体多的地块易发病；土壤黏重、地势低洼的地块发病重；氮肥施用过多、植株生长幼嫩，褐斑病发生重；土壤肥力不足、耕作粗放的地块，黑斑病发生重；花生品种间抗性有差异，直生型品种较蔓生型品种抗病，早熟品种发病轻。花生生长前期抗性强，生长后期抗性弱、发病重；另外，感染褐斑病的植株不再感染网斑病。

4. 防治方法

防治花生叶斑病以农业防治为主，配合使用抗病品种，必要时施以药剂防治。

(1)农业防治　因地制宜选用抗(耐)病品种，如鲁花9号、鲁花13号等；重病田与甘薯、玉米、水稻、大豆等非寄主作物实行2年以上的轮作；深翻土壤，适时播种，合理密植，避免偏施氮肥，施足基肥，增施磷、钾肥；雨后及时排水，降低田间小气候和湿度；收获后及时清洁田园，清除田间病残体，集中烧毁或沤肥，减少越冬菌源。

(2)化学防治　开花初期，田间病叶率达到5%～10%时，及时进行药剂防治。可选用70%甲基硫菌灵可湿性粉剂800～1 000倍液，或30%己唑醇悬浮剂2 000倍液，或80%代森锰锌可湿性粉剂60～800倍液，或10%多抗霉素可湿性粉剂1 000～1 500倍液，或10%苯醚甲环唑水分散粒剂1 000～2 000倍液，或40%氟硅唑乳油5 000～7 000倍液进行均匀喷雾。间隔10～15 d 1次，连喷2～3次。

二、黑星病

(一)黄瓜黑星病

黄瓜黑星病是我国北方地区保护地及露地黄瓜的常发性病害。此外，多数黄瓜产区都有不同程度的发生。一般年份损失在10%～20%，严重时可达50%以上。该病不仅为害黄瓜，还可为害西葫芦、南瓜、甜瓜、冬瓜等葫芦科蔬菜。

1. 症状

黑星病从苗期至成株期皆可发生，植物的幼嫩组织容易感病，叶片、生长点、茎蔓、卷须、瓜条等皆可发病。

幼苗发病，子叶上出现黄白色近圆形斑，病部组织变薄，易破裂引起穿孔。严重时全叶干枯，幼苗停止生长；生长点发病，病部变褐坏死，形成秃桩。

成株期叶片被害，开始为暗绿色小斑点，后病部坏死、凹陷，健康组织继续生长导致病部边缘呈不整齐的星状开裂，常具较窄的黄色晕环，病部皱缩不平，病叶扭曲畸形；瓜条染病，病部初期暗绿色，后凹陷龟裂呈疮痂状，病部流出半透明胶状物，后胶状物变干呈黄褐色，受害瓜条多向一侧弯曲畸形；叶柄、茎蔓发病，初期出现黄褐色梭形斑，后表皮凹陷粗糙呈疮痂状、开裂,常有黄褐色胶状物流出;潮湿时病斑上长出灰黑色霉层。

2. 病原

病原为瓜枝孢霉[*Cladosporium cucumerinum*(Ell. et Arthur)],属半知菌类,枝孢属菌物。

病菌菌丝白色至灰色,有分隔。病部产生的黑色霉层即为病菌的分生孢子和分生孢子梗。分生孢子梗细长,丛生,淡褐色或褐色,单枝或中上部有分枝;分生孢子椭圆形、长椭圆形或圆柱形,串生呈有分枝的链状,多数是1~2个细胞,少数3胞,褐色或橄榄绿色,光滑或具微刺。

病菌发育温度为3~35℃,适宜温度20~22℃;相对湿度90%上孢子萌发率高,相对湿度80%萌发率明显降低。病菌对光照不敏感。

病菌存在明显的生理分化现象,生理小种致病力有强、中、弱的区分。

3. 发生规律

病菌以菌丝体和分生孢子在病残体、土壤和种子上越冬,是翌年病害的初侵染源。种子带菌率最高可达37%,为远距离传播的主要来源。

黑星病属于低温、高湿、弱光照病害。当棚内最低温度超过10℃,相对湿度连续16 h高于90%,结露,是该病发生和流行的重要条件。研究表明,当寄主处于15~25℃温度和高温交替的环境时,病害发生非常严重;北方保护地内,黑星病一般在3月中旬开始发病,3月下旬后瓜条开始陆续发病,4~5月为病害发生的高峰期。露地发病与雨量和降雨日数多少有关。降雨早、雨量大、次数多,田间湿度大及连续冷凉条件发病重。

另外,嫩叶、幼茎和幼果被害严重,而老叶和老瓜发病轻;黄瓜品种间抗性差异显著,耐低温和弱光照、早熟品种抗病性较强。

4. 防治方法

(1)选用抗病品种　选用中农13、中农56、津研7号、津优325、青杂2号、吉杂1号、吉杂2号等抗病品种。

(2)农业防治　与非瓜类作物进行2年以上轮作,减少菌源数量;无病株留种或用55~60℃温水浸种15 min;收获后彻底清除病残体,生长季及时摘除病瓜;施足基肥,适时追肥,增施磷、钾肥;保护地黄瓜可采用膜下滴灌,控制湿度,减少叶面结露,尤其定植后至结瓜期控制浇水十分重要,将高于90%湿度控制在8 h以内;保护地内选择晴天,47~48℃高温闷棚1~2 h,对病害有明显的控制作用,可同时兼防黄瓜霜霉病。

(3)化学防治　药剂处理种子,可用50%多菌灵可湿性粉剂500倍液浸种20 min,洗净催芽;或用种子重量0.3%的50%多菌灵可湿性粉剂拌种。

保护地在定植前10 d进行药物熏蒸,可用10%多百粉尘剂1 kg/667 m^2,或百菌清烟剂200~250 g/667 m^2,傍晚点燃熏一夜。

发病初期进行药剂喷雾防治,喷雾重点为嫩叶、嫩茎和幼瓜为主。可选用40%氟硅唑6 000~8 000倍液,或12.5%腈菌唑可湿性粉剂1500~2 000倍液,或10%苯醚甲环唑水分散颗粒剂1 000~1 500倍液,或25%嘧菌酯1500~2 000倍液,或50%异菌脲可湿性粉剂1 000倍液等,7~10 d 1次,连续3~4次。

(二)梨黑星病

梨黑星病又称疮痂病，是我国南方和北方梨树上普遍发生的重要病害，尤以辽宁、河北、山东、山西及陕西受害最为严重。梨黑星病发生后，常引起梨树提早落叶，果实畸形，完全失去食用和经济价值，并减少次年结果量，造成生产上较为严重的损失。

1. 症状

黑星病发病时期长，从落花到果实成熟期均可发病；为害部位多，可侵染果实、果梗、叶片、叶柄、芽、花序和新梢等所有绿色的幼嫩组织，其中以果实和叶片受害最为严重。

(1)果实　落花后幼果即可发病，果面或果柄产生墨绿色至黑色的圆形霉斑，多数病果早期即脱落；较大的幼果发病，初期在果面产生淡黄色圆形或不规则斑点，气候干燥时，形成圆形、凹陷、硬化的绿色斑块，称“青疔”，空气潮湿时，产生黑霉，之后病部凹陷，组织停长、龟裂，最后导致果实畸形；大果受害在果面产生大小不等的圆形黑色病疤，表面粗糙木栓化，但果实不畸形。

(2)叶片　叶肉、叶柄和叶脉均可发病。展叶1个月内的幼叶最易感病。病叶正面出现圆形或不规则形的淡黄色斑块，叶背密生黑霉，主脉和支脉上也可产生长条状黑色霉斑，危害严重时，整个叶背布满黑霉，并造成大量落叶。

(3)其他部位　叶柄和果梗上的病斑长条形，也生有大量黑霉，常引起落叶和落果；新梢受害，从基部开始向上发展，病部表面长出黑色霉层。之后，病叶变红、枯死。

2. 病原

梨黑星孢 *Fusicladium pyrinum*(Lib.)Fuck，属半知菌类真菌，黑星孢属。病部长出的黑色霉层即为病菌的分生孢子和孢子梗。分生孢子梗粗短，暗褐色，散生或丛生，曲膝状，顶端有明显的孢痕；分生孢子淡褐色或橄榄色，纺锤形、椭圆形或卵圆形，多数单胞，少数有一个隔膜。

病菌在20～23℃发育最为适宜；分生孢子萌发要求相对湿度在70%以上，低于50%则不萌发；干燥和较低的温度有利于分生孢子的存活，温暖湿润的条件则利于病菌产生子囊壳。

3. 发生规律

病菌主要以菌丝体或分生孢子在芽鳞片内或病枝、落叶上越冬，或以子囊壳在落叶上越冬。翌春病芽萌发产生病梢，病梢上的分生孢子成为主要的初侵染源，越冬的分生孢子和子囊孢子也可以侵染新梢，出现发病中心，所产生的分生孢子，又通过风雨和气流传播，孢子从植物组织表面直接侵入，潜育期一般为10～20 d，病害有多次再侵染。

病害发生的日均温度为8～10℃，流行的温度为11～20℃。降雨早晚，雨量大小和持续时间是影响病害发展的重要条件。5～7月阴雨连绵、雨量多、气温低、日照不足，容易引起病害流行。东北地区在一般5月中、下旬开始发病，7～8月为盛发期；河北省则在4月下旬至5月上旬开始发病，7～8月为盛发期。此外，树势衰弱、地势低洼、树冠茂密、通风不良的梨园也易发生黑星病。

叶片不同生育期抗病性差别较大。幼叶高度感病，展叶1个月后的叶片发病极轻。果实不同生育期的抗病性有差异，幼果和成熟果实皆感病，但随果实成熟度不断提高，抗性不断下降,近成熟期的果实高度感病。

不同品种抗病性有较大差异。一般以中国梨最易感病,日本梨次之,西洋梨较抗病。发病重的品种有鸭梨、秋白梨、京白梨、安梨、花盖梨等;雪花梨和酥梨较为抗病,蜜梨抗性最强。

4. 防治方法

(1)农业防治　秋末、冬初清扫落叶和落果,早春梨树发芽前结合修剪彻底清除病梢、病枝、病叶,集中烧毁或深埋,减少初侵染菌源,可有效延缓和减轻病害发生和流行;发病初期摘除病梢和病花丛,同时进行第一次化学防治;增施有机肥,增强树势,提高抗病力,疏除徒长枝和过密枝,增强树冠通风透光性,降低果园湿度。

(2)化学防治　梨树花前和花后各喷1次药,以保护花序、嫩梢和新叶。以后根据降雨情况,每隔15～20 d喷药1次,共喷4次。在北方梨区,用药时间分别为5月中旬(白梨萼片脱落后,病梢初现期)、6月中旬,6月末至7月上旬和8月上旬。

药剂一般用40%氟硅唑乳油8 000～10 000倍液,或12.5%烯唑醇可湿性粉剂1 000～1 500倍液,或12.5%腈菌唑1 500～2 500倍液,或12.5%特普唑可湿性粉剂2 000～2 500倍液、6%氯苯嘧啶醇可湿性粉剂4 000倍液。

三、炭疽病

炭疽病是对炭疽菌引起病害的统称。病害的寄主范围广,发病部位多,在生长季和贮藏期皆可发生,尤以贮藏期更为严重,损失很大。

(一)辣椒炭疽病

辣椒炭疽病是辣椒上的主要病害之一。可引起辣椒落叶、烂果,一般病果率5%左右,多雨年份,发病更加严重。我国各辣椒产区几乎都有发生。除辣椒外,茄科蔬菜中的茄子和番茄也可受害。

1. 症状

病害主要为害叶片和果实,特别是近成熟期的果实和老叶。

依据其症状特点,炭疽病分为黑色炭疽病、黑点炭疽病和红色炭疽病3种。黑色炭疽病最为常见,分布也最广泛,在全国各地都有发生;黑点炭疽病多见于江苏、浙江和贵州等地,红色炭疽病不常见。

果实发病初期病部水浸状,后略凹陷呈软腐状,褐色、圆形或近圆形,常有略隆起的同心轮纹,其上密生轮状排列的小黑点或者橙红色的黏状小点。干燥时病组织变薄纸状,易破裂;有时病部产生大且色深的黑色粒点。

叶片病斑圆形或不规则形,边缘褐色,中央灰白,病斑表面也有轮状排列的小黑点。茎和果梗上病斑褐色,形状不规则、略凹陷,干燥时表皮易破。

2. 病原

3种炭疽病的病原物皆属半知菌类,炭疽属菌物。

辣椒炭疽菌[*Colletotrichum capsici* (Syd.)Bulter et Bisby],病部所见小黑点为病菌的分子生孢子盘。分生孢子盘有3种形态。分生孢子盘周缘有或无刚毛,有刚毛的,刚毛暗褐色具隔膜，有时刚毛粗壮，数量较多；分生孢子梗短圆柱形，无色，单孢；分生孢子新月形、椭圆形或长椭圆形，无色，单孢。

病菌发育温度为12～33℃，最适温度27℃；适宜相对湿度为95%左右，相对湿度低于70%，不利于病菌发育；分生孢子在温度25～30℃，相对湿度高于95%时萌发率最高。

3. 发生规律

病菌以分生孢子附着在种表或以菌丝体潜伏在种内越冬，也可以分生孢子及孢子盘、菌丝体随病残体在土壤中越冬，成为翌年病害的初侵染来源。分生孢子可通过风雨、昆虫、农事操作等方式进行近距离传播，远距离传播则以种子为主。病菌可以从伤口和表皮细胞侵入寄主植物组织，田间再侵染频繁。

炭疽病的发生与温度、湿度关系密切。高温多雨利于病害的发生发展；此外，排水不良、种植过密、偏施氮肥或施肥不足、通风透光差、果实受日灼伤等，均易导致病害发生；成熟果和过熟果容易受害，幼果较少发病。

辣椒不同品种对炭疽病的抗病能力有差异，一般辣味强的品种较为抗病。

4. 防治方法

采用无病种或种子处理，结合栽培管理，配合药剂保护的综合防治措施，可以收到较好的防治效果。

(1)种植抗病品种　辣味强的品种多较抗病，可因地制宜加以选用。

(2)农业防治　发病严重地块与瓜类和豆类蔬菜实行2～3年轮作；无病株留种或种子用55℃温水浸10 min，或将种子在冷水中预浸10～12 h后，用1%硫酸铜液浸种5 min。

合理密植，使辣椒封垄后行间不郁蔽，果实不暴露；适当增施磷、钾肥，以提高植株抗病性；农事操作应在田间露水干后进行；及时采收果实，减少发病；生产结束后，及时清除病残体，降低翌年初侵染菌量。

(3)化学防治　发病初期可用75%百菌清可湿性粉剂800倍，或80%大生M～45 800倍液，或70%甲基托布津可湿性粉剂600～800倍液，或80%炭疽福美可湿性粉剂800倍液，或50%多菌灵可湿性粉剂500倍液，或25%阿米西达1 500～2 000倍液喷雾，每7～10 d用药1次，连续2～3次。

(二)菜豆炭疽病

炭疽病是豆类蔬菜上为害较重的一种病害，整个生育期皆可发生，对产量和品质影响都比较大。除菜豆外，蚕豆、扁豆、豇豆、豌豆的炭疽病发生也较普遍。

1. 症状

幼苗发病，子叶上病斑近圆形，红褐色，凹陷成溃疡状。幼茎上产生短条状锈斑，幼苗易折倒枯死。

成株发病，叶片上病斑多沿叶脉发生，成黑褐色多角形小斑点，扩大至全叶后，叶片萎蔫；豆荚染病，初为褐色小点，后扩大为大小不等的黑褐色、近圆形凹陷病斑，潮湿时，病斑中央产生浅红色黏状物，常引起整个豆荚腐烂；茎上病斑椭圆形，稍凹陷，红褐色，边缘色深。

2. 病原

病原主要为菜豆炭疽菌[*Colletotrichum lindemuthianum*(Sacc. et Magn.) Briosi. et

Cav.],属半知菌门,刺盘孢属菌物。

病部黑色小点为病菌的分生孢子盘和孢子。分生孢子盘黑色,埋生于寄主表皮下,成熟后突破表皮。孢子盘中有或无刚毛,刚毛黑色、刺状有隔;分生孢子梗无色,单胞,密生于孢子盘上;分生孢子卵圆形或椭圆形,无色,单胞,含1～2个油球,聚集时为浅红色黏状物。

病菌适宜生长温度为21～23℃,超过30℃或低于6℃不能生长。有生理分化现象。

3. 发生规律

病菌以菌丝体或分生孢子盘在种皮下或随病残体在土壤中越冬;播种带菌种子,可引起幼苗发病。孢子借雨水飞溅或昆虫传播,从表皮或伤口侵入,病害再侵染频繁。

病菌发育最适温度为17℃,空气相对湿度为100%。温度低于13℃,高于27℃,相对湿度在90%以下时,病菌生育受抑制,病势停止发展。因此,温室内有露、雾大,易发此病,此外栽植密度过大,地势低洼,排水不良的地块易发病。

4. 防治方法

(1)农业防治　与非豆科植物实行2～3年轮作,选用无病种子或种子处理;适量施用氮肥、增施有机肥料、磷、钾肥和微肥,提高植株抗病能力;覆盖地膜,调节温度、湿度,使温度白天维持在23～27℃,夜晚维持在14～18℃,空气相对湿度控制在70%以下,有利于减轻病害;收获后及时清理病残体,减少病菌来源。

(2)化学防治　播前用50%多菌灵可湿性粉剂按种子重量的0.2%拌种。

发病初期可用25%咪鲜胺乳油4 000倍液,或70%甲基托布津可湿性粉剂800倍液,或80%代森锰锌可湿性粉剂800倍液,或80%炭疽福美可湿性粉剂800倍液喷雾,7～10 d用药1次,连喷2～3次。

四、灰霉病

灰霉病在保护地内发生严重,被称为"徘徊于保护地的幽灵"。病菌寄主范围十分广泛,几乎包括所有栽培作物,以葫芦科的黄瓜、西瓜、甜瓜、西葫芦,茄科中的番茄、茄子、甜椒,设施栽培的桃、草莓、葡萄等果树灰霉病发生最为严重,其他如豆科、伞形科、百合科、十字花科蔬菜也有不同程度发生;除植株生长期间外,在贮藏、运输过程中也常引起蔬菜、水果产品大量腐烂,损失很大。

1. 症状

灰霉病在各种蔬菜上的症状表现都很相似,发病部位多;除果实外,病菌还可以为害叶片、茎、枝条等部位;感病期长:从苗期到成株期皆可发病。田间发病多从凋败的花瓣和近地面的老叶开始,然后再向其他部位扩展。另外,灰霉病的共同特征是在发病部位形成灰色霉状物,灰霉病也因而得名。

幼苗茎部缢缩,引起植株倒伏。叶片湿腐,灰霉较为稀疏。

成株期主要为害花器和未成熟果实。常见为开败的花瓣或花托先开始变为褐色腐烂,并向花梗及果实上蔓延,最后造成烂果,果实表面密生大量灰褐色霉层;叶片上发病多从叶尖或叶缘开始,向叶片内部呈"V"形扩展,有时扩展成褐色大型病斑,表面常有粗糙轮纹,有时叶片上的落花也可引发病害,病部表面生有稀疏灰褐色霉层;茎及枝条上多形成梭形或不规则形病斑，若病斑绕茎一周，其上枝叶迅速枯死，表面也有稀疏的灰褐色霉层。

2. 病原

病原为灰葡萄孢[*Botrytis cinerea*(Pers.)]属半知菌类，葡萄孢属菌物。

病部产生的灰褐色霉层即为病菌的分生孢子及孢子梗。分生孢子梗褐色，细长有分枝，常多根直立、丛生，分枝顶端头状，密生短柄；分生孢子簇生于顶端呈葡萄穗状，故称葡萄孢；分生孢子圆形或倒卵形，表面光滑，单胞无色，聚集时呈灰褐色；后期病部可产生菌核，菌核小、黑色，多个菌核联合成片状或不规则形。自然条件下不产生有性阶段。

3. 发生规律

病菌以分生孢子、菌丝体或菌核在病残体和土壤中越冬。保护地除土壤、病残体外，棚架等设施表面也可带菌。分生孢子的适应能力较强，在潮湿或干燥条件下都可存活较长时间，成为翌年的初侵染来源。翌春适宜条件下，菌丝及菌核上产生分生孢子，分生孢子借助气流、雨水和蘸花等农事操作进行传播，菌核还可通过带有病残体的粪肥进行传播。分生孢子从伤口或衰败组织侵入，花期为病害侵染的高峰期，引起组织发病后产生大量分生孢子，进行再侵染，病害的再侵染频繁。

灰霉病菌为寄生性较弱的病菌，只有植物生长衰弱、抗病性弱时，才会感病。

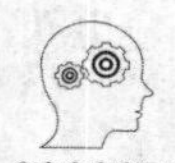

头脑风暴

灰霉病的发生和流行要同时满足哪几个方面的条件？

病菌发育的温度为 5～30℃，适宜温度为 20～23℃，31℃以上的高温对病菌有抑制作用；病菌生长发育对湿度要求很高，相对湿度持续在 90%以上时利于发病。因此，北方保护地在春季遇连续阴雪天、棚内温度持续低于 20℃、通风不良引起结露时间长、湿度大及光照弱的条件下，病害极易流行；此外，保护地连作重茬、种植密度大、浇水过多、管理粗放、土壤黏重等，均会加重病害流行。

4. 防治方法

加强栽培管理，以控制温度、湿度为主，结合药剂保护进行综合防治。

(1)生态防治　加强通风管理，提高棚室温度，降低湿度，创造不利于病害发生的条件，可以有效减轻病害发生。晴天上午适当晚放风，提高棚温到 31～33℃，可推迟和降低病菌产孢速度和产孢量，减少菌源量；下午棚温保持在 20～25℃，夜间棚温保持在 15～17℃，阴天中午适当通风换气，可以减轻病害发生。

(2)农业防治　收获后清除残体，发病初期及时清除病果、病叶，减轻后期病害发生；果实采收后，将病残体清出田间销毁，减少病菌越冬量；控制浇水，采用覆膜、滴灌技术；适当打底叶，增强植株间的通风透光性；增设加温设备，避免寒流侵袭。

(3)生物防治　哈茨木霉等木霉属真菌对灰霉病有很好的防治效果，可用 100～200 g/667 m^2，兑水 300 倍液于发病前喷雾预防。

(4)化学防治　蘸花时，可在生长调节剂中加入 0.1%的腐霉利、异菌脲、乙烯菌核利等，可有效预防灰霉病的发生。

保护地内可选用10%腐霉利烟剂或45%百菌清烟剂250～300 g/667 m^2；或10%氟吗啉粉尘剂、5%百菌清粉尘剂、6.5%甲霉灵粉尘剂等1 kg/667 m^2，7～10 d 1次熏蒸，连续2～3次。

另外可用45%噻菌灵悬浮剂3 000～4 000倍液，或50%腐霉利可湿性粉剂1 500～2 000倍液，或40%嘧霉胺悬浮剂800～1 000倍液，或50%异菌脲可湿性粉剂1 000～1 500倍液，或65%甲霉灵可湿性粉剂1 000～1 500倍液，或50%乙烯菌核利1 000倍液喷雾，7～10 d 1次，连续2～3次。注意药剂轮换。

五、叶霉病

番茄叶霉病诊断与防治

叶霉病以茄科蔬菜的番茄、茄子上发生较为常见，番茄叶霉病俗称"黑毛"，是番茄上常见的重要病害之一，在我国大部分番茄种植区均有发生，造成严重减产。特别在保护地番茄上发生严重。近年北方保护地茄子的叶霉病也常有发生，造成一定的经济损失。

1. 症状

叶霉病在两种蔬菜上引起的病害症状相似，主要为害叶片，严重时也可为害果实。

叶片发病，初期正面出现圆形或不规则形、边缘不清晰的褪绿斑点，之后随病害发展面积逐渐扩大，叶肉细胞多数时间不死亡，进入发病后期细胞变褐坏死；叶背初期出现白色霉层，易与白粉病混淆；后期霉层较为致密、绒毛状，番茄叶背霉层变为紫褐色，茄子叶背霉层变为橄榄绿色。发病严重时霉层布满叶背，叶片卷曲不平；果实发病，在果面上形成黑色不规则斑块，硬化凹陷，但不常见。

病部所见霉层为病菌的分生孢子梗及分生孢子。

2. 病原

病原为褐孢霉菌[*Fulvia fulva*(Cooke Cif.)]，属半知菌类，褐孢霉属菌物。病菌有生理分化现象。

番茄叶霉病菌分生孢子梗成束，有分枝，初无色，后呈褐色，有1～10个隔膜，大部分细胞的上半部一侧有齿状突起；分生孢子串生，孢子链有分枝，分生孢子圆柱形或椭圆形，初为无色单胞，后变为褐色双胞。

茄子叶霉病菌分生孢子梗多数丛生，暗橄榄色，顶端色淡，孢子梗多数细胞的上半部一侧也有齿状突起；分生孢子长卵形至椭圆形或长椭圆形，无色或暗橄榄色，多具2～3个隔膜。

3. 发生规律

病菌以菌丝体和分生孢子随病残体在土壤中越冬，也可以分生孢子黏附在种子上越冬，成为翌年的初侵染来源。翌年分生孢子借气流传播，由寄主气孔、萼片、花梗等处侵入，引起初侵染后，不断进行再侵染；种子带菌可引起幼苗发病。

温度、湿度是影响发病的主要因素。病菌发育温度为9～34℃，适宜温度为20～25℃；

相对湿度达90%以上,发病重;相对湿度在80%以下,则不利于病害发生;气温低于10℃或高于30℃,病情发展可受到抑制。

保护地遇阴雨天气,棚内通风不良,湿度过高,光照不足,利于病菌孢子萌发和侵染,植株长势弱,抗病力降低,病害扩展迅速;而晴天光照充足,棚室内短期增温至30~36℃,就会对病害有明显的抑制作用。此外,种植过密,生长过旺,管理粗放,发病严重。病害从发生到流行成灾,有时仅需半个月左右。

4. 防治方法

(1)选用抗病品种　番茄可选用双抗2号、佳粉3号和佳红等,但要根据病菌生理小种的变化,及时更换品种。

(2)农业防治　重病区与瓜类、豆类实行3年轮作;播种前用52℃温水浸种30 min,晾干后播种;合理密植、及时整枝打杈、摘除病叶、老叶,加强通风透光;施足有机肥、适当增施磷肥、钾肥,提高植株抗病力;雨季及时排水,保护地可采用双垄覆膜膜下灌水方式,降低空气湿度,抑制病害发生。

(3)化学防治　播种前用2%武夷霉素150倍液浸种;或2.5%咯菌腈悬浮种衣剂4~6 mL/kg种子拌种。

发病前保护地可用45%百菌清烟剂250 g/667 m^2熏烟,或用5%百菌清、7%叶霉净或6.5%甲霉灵粉尘剂1 kg/667 m^2,7~10 d 1次,交替轮换施用。

发病初期可用10%苯醚环唑水分散颗粒剂1 500~2 000倍液,或25%嘧菌酯1 500~2 000倍液,或50%异菌脲可湿性粉剂1 500倍液,或47%春雷·王铜可湿性粉剂800倍液喷雾,每隔7~10 d喷1次,连喷续3次。

六、瓜类枯萎病

枯萎病对瓜类植物危害最为严重,此外,茄科、豆科植物,草莓等的病情也有不同程度发生。瓜类枯萎病又称蔓割病、萎蔫病,是瓜类植物的重要病害,主要为害黄瓜、西瓜,亦可为害甜瓜、西葫芦、丝瓜、冬瓜等葫芦科作物,但南瓜和瓠瓜对枯萎病免疫。

黄瓜枯萎病防治

1. 症状

瓜类枯萎病的典型症状是萎蔫。田间发病一般在植株开花结果后。发病初期,病株表现为全株或植株一侧叶片中午萎蔫似缺水状,早晚可恢复;数日后整株叶片枯萎下垂,直至整株枯死。主蔓基部纵裂,裂口处流出少量黄褐色胶状物,潮湿条件下病部有少量白色绵霉,或者白色至粉红色霉层。纵剖病茎,可见维管束呈褐色。

幼苗发病,子叶变黄萎蔫或全株枯萎,茎基部变褐缢缩导致立枯。

2. 病原

引起瓜类枯萎病的病原物有明显的生理分化现象,主要有尖镰孢菌黄瓜专化型[*Fusarium oxysporum* (Schl.)f. sp. *cucmrium*.]和瓜萎镰孢菌[*F. bulbigenum* Cooke et Mass. Var. Niveum (Smith) Wollenw.]主要侵染黄瓜,还可侵染西瓜、冬瓜;[*F. oxysporium* f. sp. *niveum* (E. F. S.) Snyder et Hansen]为西瓜专化型,主要侵染西瓜,亦可侵染甜瓜,轻度侵染黄瓜;[*F. oxys-*

porum f. sp. *melonis* (Leach et Currence)Snyder et Hansen]为甜瓜专化型,主要侵染甜瓜,也侵染黄瓜。皆属半知菌类,镰刀菌属菌物。

病株根茎部产生的霉层为菌丝、分生孢子和分生孢子梗。黄瓜尖镰孢菌菌丝白色棉絮状,小型分生孢子无色,长椭圆形,单胞或偶尔双胞;大型分生孢子无色,纺锤形或镰刀形,1～5 个分隔,多为 3 个分隔,顶端细胞较长、渐尖;厚垣孢子圆形、淡黄色。

枯萎病菌除有专化型外,还有生理小种分化。

3. 发生规律

镰孢菌为土壤习居菌,可以厚垣孢子、菌核、菌丝和分生孢子在土壤、病残体、未腐熟粪肥中越冬。病菌在土壤中可存活 5～6 年,而且厚垣孢子和菌核通过牲畜消化道后仍有侵染力。病菌在田间主要靠农事操作、雨水、地下害虫和线虫等传播,通过根茎部伤口和裂口侵入,然后进入维管束。病害基本只有初侵染,无再侵染或再侵染作用不大。

枯萎病菌致病机制有两个方面:一是菌丝及寄主细胞受刺激后产生胶状物质堵塞导管,引起萎蔫;二是病菌分泌毒素,使细胞中毒而死,同时使寄主导管产生褐变。

黄瓜枯萎病菌是一种积年流行病害,具有潜伏侵染现象,幼苗期已经带菌,但多数到开花结果时才表现症状。

枯萎病发生程度取决于初侵染菌量,连作地块土壤中病菌积累多,病害往往比较严重;此外,地势低洼,耕作粗放,施用未腐熟粪肥,土壤中害虫和线虫多,造成较多伤口,有利病菌侵入,都会加重病害。

瓜类品种间对枯萎病菌抗性有较大差异。

4. 防治方法

(1)选用抗病品种　黄瓜晚熟品种较抗病,如长春密刺、山东密刺、中农 5 号,将瓠瓜的抗性基因导入西瓜培育出了系列抗病品种,目前开始在生产上应用。

(2)农业防治　与非瓜类植物轮作至少 3 年以上,有条件可实施 1 年的水旱轮作,效果也很好;育苗采用营养钵,避免定植时伤根,减轻病害;施用腐熟粪肥;结果后小水勤灌,适当中耕,使根系健壮,提高抗病力。

(3)嫁接防病　西瓜与瓠瓜、扁蒲、葫芦、印度南瓜,黄瓜与云南黑籽南瓜等嫁接,成活率都在 90%以上。对枯萎病有很好的预防效果,但果实的风味稍受影响。

(4)生物防治　用木霉菌等颉抗菌拌种或土壤处理也可抑制枯萎病的发生。播种前用 10 亿 CFU/g 多粘类芽孢杆菌 100 倍液浸种 30 min,余液泼浇苗床或育苗盘。

(5)化学防治　定植前 20～25 d 用 95%棉隆对土壤处理,10 kg 药剂拌细土 120 kg/667 m^2 撒于地表,耕翻 20 cm,用薄膜覆盖 12 d 进行土壤熏蒸;种子处理可用 10%咯菌腈悬浮种衣剂按 100～200 mL/100 kg 拌种。

发病初期可用 85%三氯异氰尿酸可溶性粉剂 1 500 倍液,或 70%恶霉灵 1 500 倍液,或 2.5%咯菌腈悬浮剂 800～1 500 倍液灌根,每株用药液 100 mL,隔 10 d 1 次,连续 3～4 次。并用上述药剂按 1∶10 的比例与面粉调成稀糊涂于病茎,效果较好。

七、茄子黄萎病

茄子黄萎病俗称半边疯、黑心病，是茄子的重要病害之一，目前我国大部分茄子产区都有发生，发病后产量损失严重，甚至绝收。

1. 症状

茄子苗期发病较少，成株期多在门茄座果后陆续出现症状。发病多从下部叶片开始，在叶缘和叶脉之间产生褪绿斑，有时可扩展到全叶。初期病叶中午表现萎蔫，早晚恢复。后期病部呈褐色焦枯状，叶片枯死脱落，甚至全株叶片脱落成光杆。有时仅半边植株发病。病果小、硬，无法食用。本病为全株性病害，纵剖病株根、茎等部位，可见维管束变褐。

2. 病原

病原为大丽轮枝菌[*Verticillium dahliae*(Kleb.)]，为半知菌类，轮枝菌属菌物。其分生孢子梗纤细，无色，有1～5层轮状的分枝，每轮梗数通常2～4根；分生孢子椭圆形，无色单胞。在PDA培养基形成的微菌核球形或长条形；厚垣孢子扁圆形。

该菌有明显的生理分化现象，按致病力强弱分为3个类型，即Ⅰ型，致病力最强，产量损失最大；Ⅱ型致病力中等，产量损失居中；Ⅲ型致病力最弱，产量损失最小。

对茄子黄萎病菌的致萎机理有两种学说，即堵塞学说和毒素学说，堵塞学说认为病菌侵入刺激细胞产生胶状物质堵塞了导管；而毒素学说认为病菌侵入后产生毒素引起凋萎。

3. 发生规律

病菌以微菌核、厚垣孢子和菌丝体在土壤和病残体中越冬。在土壤中可存活6～8年之久。种子能否带菌仍有争议。病菌通过未腐熟的粪肥、田间操作、农机具、灌水、雨水等途径传播，由伤口、根部表皮或根毛直接侵入，病害在当年无再侵染。

病害的发生与气候条件关系密切。气温在20～25℃，土温22～26℃及土壤湿度较高时发病重，气温在28℃以上、土壤干旱，病害受到抑制。在东北地区，从幼苗定植至开花结果初期日平均气温低于18℃持续时间长，发病率高。有时冷凉天气，灌大水使地温低于15℃，就会使病害发生。这主要是低温条件下，定植后幼苗根部伤口不易愈合，有利于病菌侵入为害。此外，地势低洼，大水漫灌，土质黏重，重茬连作，施用未腐熟粪肥均可诱发病害发生。

4. 防治方法

对茄子黄萎病应采取以农业防治为中心的综合防治措施。

(1)选用抗病品种和无病种苗　目前，抗黄萎病的茄子品种中，苏长茄1号、龙杂茄5号、辽茄3号、济南早小长茄，湘茄4号等较抗病，日本的米特和VF品种较抗病、耐病。选用无病种子播种育苗可有效防治病害发生。

(2)农业防治　与十字花科、百合科等蔬菜轮作5年以上，水旱轮作1年即有很好效果；施用腐熟有机肥，也可施用15%防萎蔫生态液，提高植株抗病力；适时定植，覆盖地膜，提高地温；茄子采收后要小水勤浇，保持地面湿润、不龟裂，防止大水漫灌，避免冷井水直接浇灌；及时清除病叶、病果、病株，深埋或烧毁。

(3)嫁接防病　国内外报导，栽培丰产茄与茄砧1号、野茄、赤茄嫁接，有较好的防病效果。

(4)化学防治　苗床土壤消毒可用40%棉隆10～15 g/m^{2}与15 kg细土混匀，翻入15 cm深；覆地膜熏蒸，土温15～20℃时10～15 d后揭膜排气，5～7 d药气排净方可定植。

种子消毒处理，用55℃温水浸种30 min，或50%多菌灵可湿性粉剂500倍液浸种2 h洗净后催芽。

带药定植，沟施或穴施。药剂有1%申嗪霉素悬浮剂500～1 000倍液；或2%辛菌胺盐酸盐水剂200～300倍液，或4%嘧啶核苷类抗菌素水剂400倍液灌根，或85%三氯异氰尿酸可溶性粉剂1 500倍液灌根，用药量为250 mL药液/株，隔10 d 1次，共2～3次。

八、茄子褐纹病

茄子褐纹病是世界性病害，也是茄子的重要病害之一。在我国北方其与茄绵疫病、茄黄萎病并称为茄子三大病害。主要引起果实腐烂，损失较大。该病仅为害茄子。

1. 症状

茄子褐纹病从苗期到成株期均可发生。叶、茎、果实皆可发病，但以果实发病最重。幼苗受害，茎基部产生椭圆形、褐色凹陷病斑，病茎缢缩，幼苗猝倒，稍大时造成立枯。果实受害，初为褐色圆形或近圆形病斑，后病部湿腐，多有明显的轮纹，表面密生同心轮纹状排列的小黑点，常多个病斑联合使整个果实腐烂，烂果脱落或干缩为僵果挂在枝上；叶片发病，多从底叶开始。病斑近圆形或不规则形，边缘暗褐色，中央灰白色至淡褐色，其上生有小黑点，病部易破裂；茎部受害，在茎基部产生病斑梭形，边缘暗褐色，中央灰白色，凹陷、干腐，表面散生小黑点，后期病皮易脱落。

2. 病原

病原为茄褐纹拟茎点霉[*Phomopsis vexans*(Sacc. et Syd.)Harter]，属半知菌类，拟茎点霉属菌物。

病部的小黑点为病菌的分生孢子器，分生孢子器球形或扁球形，具孔口。一般果实上的较大，而叶片上的较小；分生孢子单胞无色，有两种类型：一种为椭圆形或纺锤形；另一种为线状或钩状。叶片上的分生孢子器内以椭圆形分生孢子占多数，而茎和果实上的孢子器内，则以线状分生孢子为主。线状分生孢子不能萌发。

病菌发育温度为7～40℃，适宜温度为28～30℃。

3. 发生规律

病菌主要以菌丝、分生孢子器在种子或随病株残体在土表越冬，成为翌年初侵染源。种内和土表病菌可存活2年以上。翌年，种子带菌引起幼苗发病，而土壤中的病菌则侵染植株茎基部引起病害。分生孢子借风雨、昆虫及田间农事操作等传播，从寄主表皮和伤口侵入。病害的再侵染频繁。

病害的发生、流行与温度、湿度、栽培管理和品种抗病性等有密切关系。28℃以上的高温、相对湿度80%以上的高湿利于病害发生和流行。北方露地茄子褐纹病发生时间和轻重程度主要取决于当地雨季的早晚和降雨量的多少，6～8月高温多雨病害易流行；而保护地持续高温高湿、结露重，病害严重。此外，连作、幼苗瘦弱、地势低洼、排水不良、栽植密度过大、偏施氮肥，发病重。

茄子不同品种有明显抗性差异，一般长茄较圆茄抗病，白皮、绿皮茄较紫皮、黑皮茄抗病。

4. 防治方法

采用以农业防治为中心，选用无病种子为基础，化学防治为保证的综合防治措施。

(1)选用抗病品种　各地根据饮食习惯和气候条件选择适宜品种。长茄、白茄、绿茄较为抗病。

(2)农业防治　收获后清除病残体，生长季及时摘除病叶、病枝和病果，深埋或烧毁；实行和其他作物 2～3 年轮作；施足有机底肥，培育壮苗；55℃温汤浸种 15 min；结果后及时追肥，防早衰；雨季要及时排水，合理密植，增加通风透光条件，降低湿度。

(3)化学防治　播前用 2.5%适乐时 4～6 mL/kg 种子拌种；或苗床药剂消毒，可用 50%福美双或 50%多菌灵可湿性粉剂 6～8 g/m^2，拌细土 5 kg，1/3 药土铺底，2/3 覆种。

在发病初期用 65%代森锌可湿性粉剂 500 倍液，或 70%甲基托布津可湿性粉剂 800 倍液，或 75%百菌清可湿性粉剂 600～800 倍液等喷雾，每隔 7～10 d 1 次，连续用药 2～3 次。

九、苹果树腐烂病

苹果树腐烂病俗称烂皮病，各苹果产区均有发生。严重时可造成死树和毁园，是一种毁灭性的病害。近年来，随着老品种的更新淘汰，病情有所缓解。苹果树腐烂病除为害苹果及苹果属植物外，还可使梨、桃、樱桃、梅等多种落叶果树受害。

1. 症状

腐烂病主要为害枝干，也可为害果实，但较为少见。枝干受害，致使皮层腐烂坏死，可表现出溃疡型和枝枯型两种症状类型。

(1)溃疡型　多发生在主干和大枝上，以主枝与枝干分杈处最为多见。春季病斑近圆形，红褐色，水浸状，边缘不清晰，组织松软，常有黄褐色汁液流出，有酒糟味，手指按压病部可下陷；揭开表皮，可见病部深 1～1.5 cm，组织呈红褐色乱麻状；后期病部失水干缩下陷，病健交界处裂开，病皮上产生很多小黑点。天气潮湿时，小黑点上涌出黄色、有黏性的卷须状孢子角，孢子角遇雨消溶；发病严重时，病斑扩展环绕枝干一周，树体受害部位以上的枝条干枯死亡。

(2)枝枯型　多见于 2～4 年生的小枝条、果台、干桩、剪口等部位。病斑形状不规则，扩展较为迅速，很快环绕枝干一周，造成枝条枯死。后期病部也出现小黑点。

果实受害，果面上产生暗红褐色、圆形或不规则形病斑，有轮纹，边缘清晰。病部腐烂，略带酒糟味。病斑表面也可产生小黑点。潮湿条件下，也可涌出金黄色卷须状的孢子角。

2. 病原

病原为苹果黑腐皮壳菌(*Valsa mali* Miyabe et Yamada)，属子囊菌门，黑腐皮壳属菌物；无性阶段为壳囊孢(*Cytospora* sp.)，属半知菌类，壳囊孢属菌物。

病部产生的小黑点为病菌的分生孢子器和子囊壳。子囊壳多在秋季产生，黑色，子囊长椭圆形或纺锤形，无色，顶部钝圆，内含 8 个子囊孢子；子囊孢子无色，单胞，香蕉形。

分生孢子器黑色，其内分成多个腔室，各室相通，具一共同孔口。分生孢子梗不分枝、无色透明；分生孢子无色，单胞，香蕉形或腊肠形，略弯，内含油球，分生孢子器内含胶状物，遇高湿环境吸水膨胀，与分生孢子一同溢出孔口形成孢子角。

3. 发生规律

病菌主要以菌丝体、分生孢子器、子囊壳在病树组织枝干内越冬。病菌可在病组织内存活 4 年，修剪下的病枝也是重要的初侵染来源。

分生孢子器的产孢能力可持续 2 年，孢子角在每年 3～10 月皆可出现，以 5～7 月为多，每次雨后都可出现。分生孢子通过雨水飞溅或梨潜皮蛾、透翅蛾、吉丁虫等枝干害虫携带传播，经各种冻伤、修剪伤、机械伤、虫伤等伤口和皮孔、果柄痕等自然孔口侵入。子囊孢子也能侵染引起病害。

腐烂病菌有潜伏侵染现象。腐烂病菌是弱寄生菌，当其侵入寄主后，并不立即致病，而是处在潜伏状态，在树体或组织衰弱，或树体进入休眠期，生理活动减弱或抗病力较低时，病菌才迅速扩展，使寄主表现症状。另外外观无病的枝干皮层内普遍带有潜伏病菌，且带菌率随树龄增加而提高。

腐烂病的年发病周期始于夏季。病菌先在皮层上扩展，形成表层溃疡斑；夏季是树体的活跃生长期，病菌扩展缓慢；而秋末冬初，树体进入休眠期，生活力减弱，表皮层病菌向纵深扩展，侵入健康组织，形成坏死点；深冬季节，内部发病数量激增，但不表现明显症状；次年春季，树体开始大量发病。

腐烂病症状一年中表现有 2 个高峰。在环渤海地区，一般是早春 2 月开始发病，3～4 月达到高峰，此时病斑扩展最快，为害也最严重；另一个高峰在 9～10 月。一般早春病势重于秋季。各地发病高峰因气候条件不同而有所差异。冬、春季温暖地区发病期可提前至 1 月。

苹果树腐烂病能否发生和流行，树势强弱是决定因素。各种导致树势衰弱的因素，如土壤瘠薄，施肥不足，干旱缺水，各种病虫害严重，均会造成树体营养不良，树势衰弱，使树体抵抗力降低，因而诱发腐烂病发生；座果大小年现象严重的果园或植株，树体负载量过大，也会使树体营养不良，导致发病严重。

北方果区常发生树体冻伤，特别是周期性的冻伤是病害大规模流行的前提；其他如修剪造成的剪锯口伤、枝干害虫的虫伤等也都是病菌的侵入途径，均可诱发腐烂病；树体本身的愈伤能力对发病影响也很大，凡生长健壮、营养充足的果树，愈伤能力强，发病轻。

此外，病斑刮治不及时，病枯枝和修剪下的树枝处理不妥善，使果园内病菌大量积累，病害发生严重。

4. 防治方法

采取围绕增强树势、提高抗病力进行栽培管理，结合搞好果园卫生、铲除潜伏病菌和病斑治疗的综合防治措施。

(1)增强树势，培育壮树　合理修剪，调整树势；合理调节树体负载量，严格疏花疏果，杜绝大小年结果现象；采用配方施肥技术，重施有机基肥，保持果园土壤有机质含量在 1%以上；改善灌水条件，防止早春干旱和雨季积水；做好果树防寒措施，如幼树培土、大树树干涂白防冻害等，防寒措施可在每年 12 月初刮净树体老翘皮后进行。涂白剂配方为石灰：食盐：水：动物油(最好不用牛、羊油)＝10：1：(30～35)：1；加强对叶斑病、枝干害虫、叶部害虫的防治，保持树势。

(2)刮治病斑　病斑刮治法是处理病灶的主要方法。采取“春季突击刮、坚持常年刮”和“治早、治小、治了”的原则治疗病斑，效果明显。

刮治病斑前先在地面铺大块塑料布，在病斑周围随轮廓向外延 0.5 cm，用刀割开深达木质部 l～1.5 cm 的圈，将圈内的病皮和健皮全部彻底刮除，将刮掉的病组织集中收集后烧毁或深埋。

之后对暴露的木质部涂药处理。药剂有：5%菌毒清水剂 50 倍液、843 康复剂 200 g/m^2、腐必清油乳剂 2～5 倍液、10°Bé 石硫合剂、30%腐烂敌可湿性粉剂 20～40 倍液、灭腐灵原液等。20 d 后再涂 1 次。对直径 10 cm 以上的病疤在刮除病组织后还应采用脚接和桥接法以恢复树势和延长结果年限。

重刮皮法　可兼防干腐病、轮纹病等其他枝干病害，防病作用可持续 4 年以上。10 年生以上果树可用此法。在果树旺盛生长期(5～7 月)，天气晴朗无雨时进行，用刮挠将主干、中心干和主枝下部的树表皮刮去 1 mm 厚，至露出黄绿色新鲜组织为止。刮后不消毒。

(3)敷泥法　就地取土和泥，拍成泥饼敷于病疤及其外围 5～8 cm 范围，厚 3～4 cm，然后用塑料布或牛皮纸扎紧。此法宜在春季进行，次年春季解除包扎物，清除病残组织后涂药消毒保护。直径小于 10 cm 的病疤可用此法。

(4)药剂预防　在早春树体萌动前，喷布杀菌剂保护，可用 3～5° Bé 石硫合剂，或 5%菌毒清水剂 50 倍液全树喷雾一次，在 5～6 月用 5%菌毒清水剂 50 倍液对树体大枝干涂刷药剂(不可喷雾)，可有效减少病菌侵入。

十、苹果轮纹病

苹果轮纹病又称粗皮病、轮纹褐腐病等。此病在我国苹果、梨产区均普遍发生，为害严重，在山东、辽宁、河北等主要苹果产区常因该病造成重大损失，采收后贮藏的果实还可继续发病。

苹果轮纹病防治

轮纹病除为害苹果外，还可为害梨、山楂、桃、李、杏、栗、枣、海棠等果树。

1. 症状

轮纹病主要为害枝干和果实，叶片受害比较少见。

(1)枝干受害　以皮孔为中心产生直径 0.5～3 cm 不等的近圆形或不规则形褐色病斑。病斑中心疣状隆起，质地坚硬，边缘开裂，成一环状沟，有硬皮病之称。翌年病健部裂纹加深，病组织翘起如“马鞍”状，病斑表面产生小黑点，病斑往往连片，使表皮十分粗糙，故有粗皮病之称。多数病斑限于表层。

(2)果实受害　症状多在近成熟期或贮藏期出现。以皮孔为中心，先生成近圆形褐色病斑。病斑迅速扩展，使果实呈红褐色腐烂，常有明显同心轮纹。病部不凹陷，烂果不变形，常发出酸臭气味，并有茶褐色汁液流出。病部表面逐渐产生很多散生的小黑点。失水后形成黑褐色僵果。

(3)叶片受害　病斑圆形或不规则形，褐色，常具轮纹，直径 0.5～1.5 cm。后期病斑呈灰白色，也产生黑色小粒点。

2. 病原

病原为轮纹大茎点菌(*Macrophoma kawatsuki* Hara)，属半知菌类，大茎点属菌物。

病部的小黑点即为病菌的分生孢子器和子囊壳。分生孢子器扁圆形，具乳头状孔口；分生孢子梗棒状；分生孢子无色，单胞，纺锤形或长椭圆形。

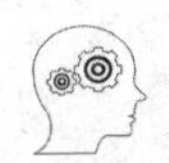

头脑风暴

苹果树腐烂病和苹果轮纹病的发病部位和症状表现有什么异同之处？

3. 发生规律

病菌主要以菌丝体、分生孢子器和子囊壳在病枝干上越冬，菌丝在枝干组织中可存活4～5年。在北方病斑于次年4～6月产生孢子，孢子借雨水飞溅传播，经皮孔侵入。因此当年的侵染均为初侵染，而无再侵染。病果发病期较晚，很少产生子实体，或虽产生子实体，但孢子不能成熟，故不能成为侵染来源。

轮纹病的发生和流行，气候条件是主要因素，气候条件中又以降雨最为关键。春季气温15℃，相对湿度80%以上或有10 mm以上的降雨时，有利于病菌孢子扩散和侵入。病菌首先侵染枝干，花后至采收，枝干、果实均可受害。因此，在果树生长前期，降雨早、次数多、雨量大，孢子散发早、数量多，侵染严重；若果实成熟期遇高温干旱则受害加重。

轮纹病菌具有潜伏侵染特点，果实受侵染的持续时间较长，落花后1周至果实成熟期皆可感染病害。但幼果受害后，潜伏期较长，80～150 d才能表现症状，而果实近成熟期侵染，最快18 d左右即可发病。

轮纹病发病期集中在果实接近成熟时，特别以采收期和贮藏期发病最严重。一般早熟品种在采收前30 d左右、晚熟品种采收前50～60 d开始发病；采收后10～20 d为发病高峰；2/3左右的病果在贮藏期显现症状，贮藏期发病果实均为田间侵染所致。

果园管理水平也是影响发病程度的关键因素之一。轮纹病菌为弱寄生菌，衰弱植株、老弱枝干及弱小幼树易感病。所以果园管理粗放，枝干害虫发生重，大小年现象严重，肥水不足，修剪不当造成树势衰弱时，病害极易发生。

苹果不同品种间抗病性差异明显。皮孔密度大、细胞结构疏松的品种相对易感病。苹果中富士、黄元帅、寒富、红星、印度、青香蕉等品种发病较重；国光、祝光、新红星、红魁等发病较轻；玫瑰红、金星、黄魁等居中。

4. 防治方法

采取加强果园管理、培育无病壮树，田间铲除越冬病菌，搞好药剂保护，加强贮运期间的管理等综合防治措施。

(1)加强果园管理　选择无病区培育苹果、梨无病壮苗，果园内严禁栽植病苗；合理修剪，调节树体负载量，控制大小年发生；增施有机肥或果树专用肥，增强树势，提高树体抗病力；早期剪除病枝、摘除病果，及时防治各种病害及蛀干害虫；在幼果期套袋，防止病菌侵染，可有效降低果实上的发病率。

(2)刮除病皮　坚持刮早、刮小、刮了的原则,冬季和早春刮除病皮,刮后消毒,可用5～10° Be石硫合剂,或50%甲基硫菌灵可湿性粉剂50倍液,或1%硫酸铜液,或5%菌毒清100倍液等。

(3)化学防治　果树萌芽前进行药剂保护,可用5%菌毒清水剂500倍液,50%混杀硫悬浮剂200倍液,腐必清100倍液,0.3%五氯酚钠与1～3° Bé石硫合剂混合液(现混现用)等喷雾。

落花后喷药保护,坚持雨后喷药,做到雨多多喷、无雨不喷,在药剂残效期外逢雨必喷。药剂可选用40%氟硅唑乳油7 000～10 000倍液,或6%氯苯嘧啶醇可湿性粉剂4 000倍液,或80%代森锰锌可湿性粉剂600～800倍液等。喷药时要求采取“淋浴式”喷雾,细致周到。

(4)贮藏期管理　果实采收时,严格淘汰病、伤果实,入库前再次精选果实。贮藏库使用前可用硫黄剂或仲丁胺等熏蒸剂进行消毒。果实入库后低温储藏,温度保持在1～2℃,可减轻病害的发生。

十一、苹果霉心病

苹果霉心病又称心腐病、红腐病、霉腐病、果腐病,在苹果各大产区均有发生。病果率严重时可达40%以上,是苹果果实生长前期、采收期、贮藏期的主要病害之一。

1. 症状

苹果霉心病主要为害果实,北斗、富士和元帅系品种受害较重。果实受害从心室开始,逐渐向外扩展霉烂。病果外观症状大多不明显,较难识别,偶尔发黄、着色早、略有畸形。病果明显变轻。剖开病果,可见病果果心充满灰绿色的霉状物,有时霉状物为粉红色,或者同时出现颜色各异的霉状物,病部果肉变褐,轮廓不清晰,呈湿腐或海绵状干腐;在贮藏过程中,当果心霉烂发展严重时,果实胴部可见水渍状、褐色、形状不规则的湿腐斑块,斑块可彼此相联成片,最后全果腐烂,果肉味苦。

2. 病原

霉心病为多种真菌混合侵染引起的病害。病原为以粉红单端孢[*Trichothecium roseum* (Pers.) Link],链格孢[*Alternaria alternata* (Fr.) Keissler],串珠镰孢霉(*Fusarium moniliforme* Sheldon)等3种为主的20多个属种的真菌。皆属半知菌类菌物,粉红单端孢为单端孢属,链格孢为链格孢属,串珠镰孢霉为镰孢霉属。以下为3个属病原真菌的形态。

(1)粉红单端孢　分生孢子梗直立,有少数隔膜或无隔,不分枝,梗端略膨大。分生孢子梗从顶端连续向基部产生单个串生孢子。聚集在孢子梗顶端,形成外观圆形至矩形的孢子头。分生孢子梨形或倒卵形,透明或浅粉红色,双胞,上胞比下胞大。是造成心腐症状的主要病菌。

(2)链格孢　分生孢子梗直立,分枝或不分枝,榄褐色至绿褐色,屈曲,分生孢子倒棍棒形、椭圆形、卵形或肾形,淡褐色至深榄褐色,具横隔膜1～9个,纵隔膜0～6个,有喙或无喙,表面平滑或有瘤。分生孢子常组成链状。出现频率在致病菌中最高。

(3)串珠镰孢霉　子座黄色、褐色或紫色,菌丝体为鲜黄色至浅粉红色。小分生孢子串珠状，单胞，棱形至卵形；大分生孢子生于分生孢子座或分生孢子团内，孢子聚集时呈淡红色或淡橙红色，干燥后呈橙红色或红褐色，孢子细长，披针形或微弯，具3～5个隔膜。无厚垣孢子。

霉心病除为害苹果外，也可为害梨、葡萄、桃、核桃等果树。

3. 发生规律

以菌丝体在病僵果内或以孢子潜藏在芽鳞间越冬，翌年分生孢子经风雨传播，落于花柱和花药上后，从萼筒侵入果心。在花芽鳞片间越冬的病菌可直接侵染。

苹果发芽前花的原始体内无菌，自花瓣张开后病菌侵入花柱和花药。至落花期100%的花柱和花药被多种真菌感染。病菌在果实的整个发育期逐渐进入心室，至采收期，60.7%的果实内带菌。

病菌有潜伏侵染的特点，于花期侵染，在果实生长中后期发病。

病害的发生与品种关系最密切，凡果实萼口开放程度高，萼筒长、萼筒与果心相通的品种发病重，反之则轻。红星、红冠等元帅系的品种萼心间组织疏松、有孔口和裂缝并呈开放状，因而发病重；萼心间组织紧密、无孔口和裂缝、呈封闭状的品种发病轻。

此外，降雨早、降雨频繁、雨量大，果园地势低洼、通风不良、空气潮湿等皆有利于发病。

4. 防治方法

病害应采用化学药剂保护为主，农业防治为辅的防治策略。

(1)选用抗病品种　可根据各地生产实际情况，选用抗病品种，如普通富士、金冠等品种。

(2)农业防治　地势低洼果园注意平整土地，合理灌溉，特别是雨后及时排涝；合理修剪，改善果园通风透光条件，降低园内小气候空气湿度；增施有机肥，提高树势；生长季及时摘除病果，收获后搜集落果，剪除树上僵果、枯枝等，减少翌年菌源；贮藏入库前淘汰病重的果实，采收后24 h内放入贮藏窖中，窖温保持在1～2℃发病明显减轻。

(3)化学防治　发芽前喷洒5°Bé石硫合剂+0.3%的80%五氯酚钠防除树体上的病菌。在花前、终花期、座果期及疏果后各使用1次杀菌剂进行保护，可使用的药剂有：10%多抗霉素1 500倍液，或40%氟硅唑8 000倍液，或70%甲基托布津1 000倍液，或50%异菌脲1 000倍液，或50%多菌灵1 000倍液，或80%代森锰锌600～800倍液等，可有效降低采收期的心腐病果率。

十二、葡萄白腐病

葡萄白腐病又称腐烂、水烂、穗烂病，是葡萄的重要病害之一。我国北方产区一般年份果实损失率在15%～20%，病害流行年份果实损失率可达60%以上。

1. 症状

白腐病主要为害果穗，也为害果粒、枝梢和叶片等部位。

(1)果穗感病　一般是近地面果穗的果梗或穗轴上产生浅褐色的水浸状病斑，进而皮层腐烂，有土腥味，后逐渐干枯，引发果粒失水干缩；果粒发病，表现为淡褐色软腐，果面密布白色小粒点，发病严重时全穗果粒腐烂，果穗及果梗干枯缢缩，受震动时病果及病穗极易脱落；

有时病果失水干缩成黑色的僵果，悬挂枝上，经冬不落。

(2)枝梢发病 多在近地面的摘心处或机械伤口处出现。病部最初呈淡红色水浸状软腐，边缘深褐色，后期暗褐色、凹陷，表面密生灰白色小粒点。病斑环绕枝条一周时，上部枝叶逐渐枯死。最后病皮纵裂如乱麻状。

(3)叶片发病 多在植株生长中后期发生，叶尖、叶缘处病斑褐色、近圆形，通常较大，有不明显的轮纹，后期叶背和叶脉两侧的叶表也产生灰白色小粒点，病斑易破碎。

2. 病原

病原为白腐盾壳霉菌[*Coniothyrium diplodiella* (Speg.)Sacc.]，属半知菌类，盾壳霉属菌物。病部的灰白色小粒点，即病菌的分生孢子器。

分生孢子器球形或扁球形，壁厚，灰褐色至暗褐色，底部凸起；分生孢子梗单胞不分枝；分生孢子单胞，卵圆形至梨形，初无色，成熟后淡褐色，内含1～2个油球。

3. 发生规律

病菌主要以分生孢子器和菌丝体在病残体和土壤中越冬，次年春季分生孢子靠雨水飞溅传播，通过伤口、蜜腺侵入，引发初侵染。病害再侵染频繁。

病菌在土壤中可存活2年以上，主要分布在表土5 cm以内。室内干燥条件下可存活7年。

分生孢子萌发的温度为13～40℃，适宜温度为28～30℃；相对湿度要求在95%以上，92%以下不能萌发。因此，高温高湿的气候条件是病害发生和流行的主要因素。此外，病害的发生与寄主的生育期关系密切，果实进入着色期和成熟期，其感病程度也逐渐增加。

座果后、果实着色期降雨早，雨量大，发病早且重；病害持续期的长短取决于雨季结束的早晚。华东地区一般于6月上、中旬开始发病，华北地区在6月中、下旬，东北地区则在7月上、中旬，发病盛期一般都在采收前的雨季(7～8月)。

另外，座果后至果实成熟期抗病能力逐渐下降，此时遇暴风雨或雹害造成伤口多，发病重；果穗距地面越近越易染病，据调查：80%的病穗发生在距地面40 cm以下的部位，60%的病穗又发生在距地面20 cm以下的部位；此外，杂草丛生、通风透光不良、土质黏重、排水不良的果园发病重；立架式比棚架式病重，双立架比单立架病重，东西架向比南北架向病重。

4. 防治方法

白腐病的防治应采用改善栽培措施，清除菌源及药剂保护的综合防治措施。

(1)农业防治 生长季节及时清除病果、病叶、病蔓；秋季采后剪除病枝蔓，清除地面病残组织，带出园外集中销毁；提高结果部位至40 cm以上，及时摘心、绑蔓、剪副梢，以利通风透光；清除杂草、搞好排水工作，以降低园内湿度。

(2)化学防治 重病园可在发病前地面撒药灭菌。常用药剂为50%福美双粉剂1份、硫黄粉1份、碳酸钙1份混合均匀，1～2 kg/667 m^2，或用灭菌丹200倍液喷洒地面。

病害始发期进行第一次化学防治，连喷3～5次，两次用药间隔10～15 d。药剂有：78%波尔·锰锌可湿性粉剂600倍液，或50%退菌特可湿性粉剂800～1 000倍液，或50%福美双可湿性粉剂500～800倍液，或50%福美双可湿性粉剂+65%福美锌可湿性粉剂按1∶1混均1 000倍液，或50%甲基托布津可湿性粉500倍液，或50%多菌灵可湿性粉剂1 000倍液，或 75%百菌清可湿性粉剂 500～800 倍液。如逢雨季，可在配制好的药液中加入 0.5%皮胶或其他展着剂，提高药液黏着性。

十三、稻瘟病

稻瘟病防治

稻瘟病是水稻重要病害之一，在我国发生严重。流行年份，一般发病地块减产 10%～30%，严重时可达 40%～50%，如不及时防治，特别严重的地块将颗粒无收。

1. *症状*

稻瘟病在整个水稻生育期都能发生，根据水稻受害时期和部位的不同，可分为苗瘟、叶瘟、叶枕瘟、节瘟、穗瘟、穗颈瘟、枝梗瘟和谷粒瘟。

(1)苗瘟　发生在 3 叶期以前。不形成明显的病斑，初在芽鞘上出现水渍状斑点，后病苗基部变黑褐色，上部淡红色或黄褐色，严重时病苗枯死。潮湿时，病部可长出灰绿色霉层。

(2)叶瘟　发生在 3 叶期以后，因水稻品种抗病性和气候条件不同，病斑又可分为白点型、急性型、慢性型和褐点型等 4 种症状类型。

急性型病斑。多在感病品种上发生，在温度、湿度适宜及存在大量感病品种的条件下，易引起病害流行。病斑暗绿色，多数近圆形或不规则形，针头至绿豆大小，后逐渐发展为纺锤形，在叶片正、反两面密生灰绿色霉层，遇干燥天气或经化学防治后，急性型病斑转化为慢性型病斑。

慢性型病斑。典型的稻瘟病病斑，病斑呈梭形或纺锤形，病斑两端有向外延伸的褐色坏死线，病斑中央灰白色称为崩溃部，边缘褐色称为坏死部，病斑外常有淡黄色晕圈称为中毒部，湿度大时，病斑背面产生灰绿色霉层。

褐点型病斑。在抗病品种或稻株下部老叶上发生，病斑为褐色小点，多局限于叶脉间，不产生孢子。

白点型病斑。在感病品种幼嫩叶片上发生，遇适宜湿度能迅速转变为急性型病斑，病斑白色或灰白，多为圆形，不产生分生孢子。

(3)叶枕瘟　初为污绿色病斑，不规则地向叶环、叶舌、叶鞘及叶片扩展，最后病斑呈灰白色。叶耳感病，潮湿时可以产生灰绿色霉层，病叶早期枯死，容易引起穗颈瘟。

(4)节瘟　稻节初生褐色小点，以后扩大至整个节部，病节缢缩凹陷，变黑褐色，潮湿时，节上产生灰绿色霉，易折断，常因水分和养料的输送受阻，造成白穗。

(5)穗颈瘟　发生在穗颈、穗轴和枝梗上，病斑初呈浅褐色小点，逐渐围绕穗颈、穗轴和枝梗并向上下扩展呈灰黑色病斑，穗颈瘟发病早的形成白穗，潮湿时产生灰绿色霉状物；穗颈瘟发病晚的谷粒不充实。

(6)谷粒瘟　发生在稻壳和护颖上，以乳熟期症状最明显，发病早的病斑大而呈椭圆形，中部灰白色，后可蔓延至整个谷粒，使稻谷呈暗灰色或灰白色的秕粒；发病晚的病斑为椭圆形或不规则形的褐色斑点，严重时，谷粒不饱满，米粒变黑。

2. *病原*

病原为稻梨孢（*Pyricularia oryzae* Cavara)，属半知菌类，梨孢霉属菌物。病原菌从病部的气孔中产生 3～5 根分生孢子梗。不分枝，有 2～8 个隔膜，基部膨大呈淡褐色，顶部渐尖，色淡呈屈曲状，屈曲处有孢痕，其顶端可产生 1～6 个分生孢子，多的可达 9～20 个不等。分生孢子梨形、无色透明，有两横隔，顶端细胞立锥形，基部细胞钝圆，有脚胞。

3. 发生规律

病菌以分生孢子、菌丝体在病籽粒、病稻草上越冬，病籽粒和病稻草是次年稻瘟病的初侵染源，散落在地上的病稻草和未腐熟的粪肥也可成为初侵染源。带病稻种播种后容易发生苗瘟，第二年气温回升，降雨后带病的稻草可产生大量的分生孢子，附着在秧苗上或随风雨传播到秧田或本田形成叶瘟的中心病株。病叶上的病斑再产生大量的分生孢子，由气流传播、进行多次再侵染。

4. 防治方法

(1)预测预报　采用空中捕捉孢子镜检，或者检查村边、路旁、水口、粪堆底、嫩绿地块及种植感病品种的地块有无中心病株。

叶瘟预测：一是看长势，在水稻四叶期至分蘖期，如果病株疯长、叶宽大披垂、浓绿，叶瘟可能流行；二是苗期如果有急性型病斑，气象条件有利，4～10 d 后叶瘟流行；急性型病斑如果成倍增长时，3～5 d 流行。

(2)农业防治　播种前清除稻田内外的病稻草，不用病稻草垫水口、捆秧等。不偏施和过量施用氮肥，注意氮、磷、钾合理配比，施足基肥，早追肥，中后期酌情施肥；以水调肥，促控结合，使水稻黄黑规律变化；插秧后酌情排水晒田，肥田、黏重田可重晒，沙性田、瘦田轻晒或不晒；水稻分蘖期合理浅灌，促进水稻健壮生长，提高抗病力，减少水稻植株体内可溶性氮化物，促进根系纵深生长。

(3)化学防治　种子处理可选用 80% 402 抗菌剂 5 000～8 000 倍液浸种，早稻、中籼稻浸 2～3 d，粳稻浸种 3～4 d。

防治叶瘟可用药液处理秧苗根部，将洗净的秧苗根部浸泡在药液中 10 min，取出沥干后再插秧，可预防本田早期叶瘟发生；在叶瘟初期或始穗期叶面喷雾，可选用 40%稻瘟灵乳油 70～90 mL/667 m^2，或 75%三环唑可湿性粉剂 75～100 g/667 m^2，或 2%春雷霉素水剂 60～75 mL/667 m^2 等。

十四、水稻纹枯病

水稻纹枯病是水稻重要病害之一，在全国各水稻产区发生普遍，随着矮秆品种和杂交稻的推广，病害发生日趋严重。发病后叶鞘和叶片枯死，结实率下降，千粒重减少，秕谷增多，一般减产 10%～20%，严重的减产 30%以上。

1. 症状

从苗期至穗期都可以发生，主要侵染叶鞘和叶片，抽穗前后发病最为严重。

叶鞘发病时，先在近水面处出现水渍状、暗绿色、边缘不清晰的小点，后逐渐扩大成椭圆形或云朵状病斑，病斑边缘暗绿色，中央灰绿色，天气干燥的条件下，病斑边缘褐色，中央黄色至灰白色，经常几个病斑相互愈合成为云朵状大斑块。重病叶鞘上的叶片常发黄或枯死。叶片发病的病斑与叶鞘相似，但形状不规则，病斑外围褪绿或变黄，病情发展迅速时，病部暗绿色似开水烫过，叶片很快呈青枯或腐烂状。病害常从植株下部叶片向上部叶片蔓延。

穗部发病轻者，穗呈灰褐色，结实不良；重者不能抽穗，造成“胎里死”或全穗枯死。

多雨潮湿的条件下，病部产生白色或灰白色蛛丝状菌丝，后形成白色绒球状菌丝团，最后变成褐色坚硬菌核，病部茎秆内部也有菌核产生。潮湿条件下，病组织表面有时产生一层白色粉末状物，为病菌的担子和担孢子。

2. 病原

病原无性态为茄丝核菌（*Rhizoctonia solani* Kühn），属半知菌类，丝核菌属菌物。

菌丝体初无色，老熟时淡褐色，分枝与主枝成直角，分枝处缢缩，距分枝不远处有分隔；菌核由菌丝体交织纠结而成，初为白色、后变为暗褐色，单个菌核呈扁球形似萝卜籽状，直径1.5～3.5 mm，有时多个连在一起呈不规则形，菌核表面粗糙，有少量菌丝与寄主相连，菌核上有圆形萌发孔，萌发时菌丝从萌发孔伸出。菌核可分为可浮于水面的浮核和可沉入水中的沉核；菌核萌发不需要休眠期或后熟期，当年新形成的菌核在温度、湿度适宜即可萌发并引发病害。

病菌菌丝生长发育温度为10～38℃，最适温度为30℃，菌核在温度12～15℃可以形成，最适温度为32℃；土壤表层的菌核越冬存活率可达96%以上。

3. 发生规律

病菌主要以菌核在土壤中越冬，也能以菌核和菌丝在稻草、田边杂草和其他寄主上越冬。水稻收割时大量菌核落入田间的土壤中，成为第二年或下季水稻的主要初侵染源。

稻田翻耙、灌水后，越冬菌核漂浮在水面上，栽秧后随水漂流附着在稻株基部叶鞘上。在高湿、适温条件下，菌核萌发长出菌丝，从叶鞘气孔或直接穿透表皮侵入，长出菌丝蔓延进行再侵染。一般在分蘖盛期至孕穗初期，菌丝主要在近距离的株间或丛间水平扩展，植株发病率增加，之后由下向上进行垂直扩展，引起病害加重。病部形成的菌核脱落到水中后，可随水流漂附在附近稻株基部，萌发侵入引起再侵染。

纹枯病为高温高湿型病害，在日均温度22℃以上，有降雨时，病害零星发生，在气温28～32℃、相对湿度97%以上时发展速度最快；一般在长江流域的双季稻区，早稻发病高峰期在5～6月，晚稻9～10月，北方单季稻区，7～8月的雨季发病最为严重，通常发病高峰期多为水稻的孕穗期至抽穗期，是水稻的易感病期，容易引起病害流行，损失较大。

纹枯病发病早晚与田间菌核的数量关系密切。田间菌核打捞不彻底，达到10万粒以上，其他条件适宜时，发病早而重；上年发病轻或菌核打捞得比较彻底的稻田，发病轻；灌溉水是菌核传播的动力，下风向的田角和低洼处的稻田，发病最早；密植的稻丛是菌丝体进行再侵染的必要条件，通常病情发展较快。

品种与病害发生轻重关系密切，一般的规律是：籼稻最抗病，粳稻次之，糯稻最易感病；窄叶高秆品种较阔叶矮秆品种抗病；晚熟品种比早熟品种抗病。另外，稻株细胞硅化程度高，抗病性强，反之则弱。

纹枯病病菌的寄主植物种类很多，除水稻外，玉米、花生、甘蔗、高粱、大豆等粮食作物及经济作物均是病菌的寄主，而且可以寄生在稗草、狗尾草、游草等杂草植物上。

4. 防治方法

(1)农业防治 在翻耕耙田时，打捞田角和田边的菌核，带出田外烧毁或深埋；不用病稻草还田，铲除田边稗草等杂草，可减少菌源，减轻前期发病；改变水稻生长中高湿的环境条件，水稻生长前期浅水灌溉，分蘖末期至拔节期适当晒田，后期干湿交替灌溉；注意氮、磷、钾肥合理施用，做到长效肥与速效肥相结合，农家肥与化肥相结合，以农家肥为主，氮肥应早施，切忌偏施氮肥和中后期大量施用氮肥。

(2)生物防治 在病害发生初期可选用10亿活芽孢/g枯草芽孢杆菌可湿性粉剂75～100 g/667 m^2，常规喷雾，可以取得明显的防治效果。

(3)化学防治 水稻分蘖末期发病率达到10%或拔节至孕穗期发病率达到20%的地块，针对稻株中、下部喷雾或泼浇施药1～3次，间隔10～15 d。

药剂可选用32.5%苯甲·嘧菌酯悬浮剂50 mL/667 m^2，也可选用75%肟菌·戊唑醇水分散颗粒剂15 g/667 m^2，或24%噻氟酰胺悬浮剂20 mL/667 m^2，或5%井冈霉素水剂100～150 g/667 m^2 等。

十五、稻曲病

稻曲病也称假黑粉病、丰产果等，在我国各稻区都有不同程度的发生。一般病穗率为4%～5%，严重的地块可达50%以上。使秕谷率、青米率增加，当稻谷中含有0.5%病粒时能引起人畜中毒。

1. 症状

病害只在水稻开花后到乳熟期的穗部发生，且主要发生在稻穗中下部。病菌侵入稻粒后，破坏稻粒组织，在颖壳内形成菌丝块，随着菌丝块不断增大，颖壳逐渐张开，露出淡黄色块状的孢子座。孢子座不断生长变大，最后包裹颖壳。通常病粒比健粒大3～4倍，表面变为黄绿或墨绿色，并发生龟裂。剖开病粒，可见病粒中心为白色的肉质组织，向外依次是黄色、橙黄色和墨绿色，最外层成熟度最高，为大量墨绿色粉状物。

2. 病原

病原菌为绿核菌[*Ustilaginoidea virens*(Cooke) Takahashi]，属半知菌类，绿核菌属菌物。

病粒为病菌菌核，菌核扁平、长椭圆形，初为白色，老熟后变黑色，通常一个病粒内产生2～4粒菌核，成熟时容易脱落。菌核表面墨绿色粉状物为厚垣孢子。孢子墨绿色，球形或椭圆形，表面有疣状突起，为菌丝细胞形成。厚垣孢子萌发形成分生孢子梗，孢子梗短小、单生或分枝，有分隔，顶端产生多个椭圆形或倒鸭梨形、单胞的分生孢子。

菌核可以产生肉质的子座数个，子囊壳球形，埋生于子座顶部表层，孔口外露使子座顶部表面呈疣状突起。子囊为长筒形、无色，内生8个无色丝状的子囊孢子。

厚垣孢子在温度为3～4℃干燥条件下存活8～14个月。孢子萌发温度为12～36℃，最适为28℃，此外，萌发要求有水滴。

3. 发生规律

病菌以菌核在地表越冬，翌年7～8月间菌核上产生子囊和子囊孢子；此外，厚垣孢子可在谷粒上越冬。分生孢子和子囊孢子可借气流传播，侵染花器和幼颖。北方水稻栽培区病害1年只发生1次；南方水稻栽培区以早稻上的厚垣孢子为晚稻的再侵染源，早抽穗水稻上的厚垣孢子可侵染晚抽穗的稻穗。

水稻抽穗、扬花期遇低温、多雨、寡照天气有利于稻曲病发生，水稻孕穗至抽穗期连续4 d以上降雨，田间相对湿度在88%以上有利发病。此外，种植密度大的地块发病重；施肥过多，特别是花期、穗期追肥过多的田块发病较重；不同水稻品种间的抗病性存在明显差异。一般早熟品种比晚熟品种抗病，糯稻最抗病，籼稻其次，粳稻最感病。

4. 防治方法

以选用抗病品种为主，化学防治为辅．注意适期用药，合理调整农业栽培措施。

(1)农业防治　因地制宜选用抗病良种；收获后要及时耕翻，清除病残体；选用无病种子；合理密植，浅灌勤灌；合理施用氮、磷、钾肥，施足基肥、巧施穗肥、适时适量施硅肥等。

(2)化学防治　播前种子处理，可选用50%多菌灵可湿性粉剂1 000倍液浸种24～48 h，还可选用50%苯菌灵可湿性粉剂500～800倍液浸种，早稻浸72 h，晚稻浸48 h，浸种后直接播种。上述处理可兼防稻绵腐病、稻瘟病。

田间喷雾防治，可选用14%络氨铜水剂300～400倍液，或5%井冈霉素水剂500倍液，或16%井·酮·三环唑400～500倍液等，在抽穗前5～7 d喷雾，注意在抽穗期用药的安全性。

综合实训4-6　植物半知菌类菌物病害的诊断

一、技能目标

掌握植物半知菌类菌物病害的症状特点，病原物特征和显微诊断技术。

二、用具与材料

(1)用具　显微镜、载玻片、盖玻片、贮水滴瓶、挑针、搪瓷盘等。

(2)材料　番茄叶霉病、番茄早疫病、茄子褐纹病、茄子黄萎病、辣椒炭疽病、黄瓜枯萎病、黄瓜黑星病、黄瓜灰霉病、黄瓜棒孢叶斑病、白菜黑斑病、菜豆炭疽病、苹果树腐烂病、苹果轮纹病、苹果斑点落叶病、苹果褐斑病、梨黑星病、葡萄白腐病、桃黑星病、稻瘟病、稻纹枯病、玉米大斑病、玉米小斑病、花生叶斑病等病害的新鲜或腊叶标本，病原菌永久玻片，病害挂图及幻灯片等

三、内容及方法

1. 选取植物枯萎病、黄萎病、叶斑病、灰霉病、炭疽病、黑星病标本或挂图等，观察发病部位及病部特征，比较、概括和总结植物的枯萎病、黄萎病、叶斑病、灰霉病、炭疽病、黑星病症状特点。

2. 挑取病部霉状物、点状物，制备临时玻片；观察不同半知菌病害分生孢子形态特征。

四、作业

1. 完成半知菌类病害诊断实训任务报告单。
2. 采集并制作当地常见半知菌类菌物病害标本。

综合实训 4-6
植物半知菌类
菌物病害的诊断

综合实训 4-7　植物叶部病害田间发生情况的调查与统计

一、技能目标

掌握植物叶部病害田间发生情况的调查与统计方法。

二、用具与材料

(1)用具　放大镜,标本夹,记录本,铅笔,计数器等。

(2)材料　番茄叶霉病、番茄早疫病、黄瓜棒孢叶斑病、白菜黑斑病、苹果斑点落叶病、苹果褐斑病、稻瘟病、玉米大斑病、玉米小斑病、花生叶斑病等病害发生地块,果园等。

三、内容及方法

以小组为单位,选择当地 1 种代表性植物叶部病害,采用 5 点取样法调查并统计发病率及发生轻重程度,分布特点等,并记录相关因子如品种、生育期、种植环境情况等。

综合实训 4-7
植物叶部病害田
间发生情况的调
查与统计

四、作业

1. 完成植物叶部病害发病情况调查与统计实训任务报告单。
2. 以当地 1 种代表性植物叶部病害为例,分析植物叶部病害的发生规律。

综合实训 4-8　植物果实病害田间发生情况的调查与统计

一、技能目标

掌握植物果实病害田间发生情况的调查与统计方法。

二、用具与材料

(1)用具　放大镜,标本夹,记录本,铅笔,计数器等。

(2)材料　茄子褐纹病、辣椒炭疽病、黄瓜黑星病、黄瓜灰霉病、菜豆炭疽病、梨黑星病、葡萄白腐病、桃黑星病等病害发生地块,果园等。

三、内容及方法

以小组为单位,选择当地 1 种代表性植物果实病害,调查病害发生轻重程度,分布特点等,并记录相关因子如品种、生育期、种植环境情况等。采用 5 点取样法调查并统计发病率。

综合实训 4-8 植物果实病害田间发生情况的调查与统计

四、作业

1. 完成植物果实病害发病情况调查与统计实训任务报告单。

2. 以当地 1 种代表性植物果实病害为例，分析植物果实病害的发生规律。

综合实训 4-9　植物枝干（维管束）病害田间发生情况的调查与统计

一、技能目标

掌握植物枝干（维管束）病害田间发生情况的调查与统计方法。

二、用具与材料

（1）用具　放大镜，标本夹，记录本，铅笔，计数器等。

（2）材料　苹果树腐烂病、苹果轮纹病、黄瓜枯萎病、茄子黄萎病等病害发生地块，果园等。

三、内容及方法

以小组为单位，选择当地 1 种代表性植物枝干（维管束）病害，调查病害发生率，分布特点等，并记录相关因子如品种、生育期、种植环境情况等。采用 5 点取样法调查并统计发病率。

综合实训 4-9 植物枝干（维管束）病害田间发生情况的调查与统计

四、作业

1. 完成植物枝干（维管束）病害发病情况调查与统计实训任务报告单。

2. 以当地 1 种代表性植物枝干（维管束）病害为例，分析病害的发生规律。

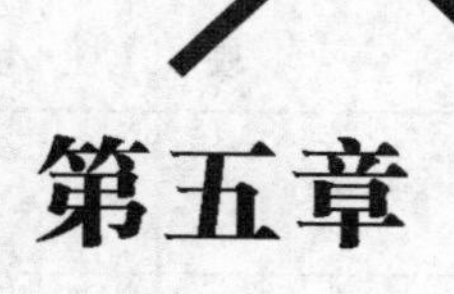

第五章 植物原核生物病害的诊断与防治

知识目标

- 了解植物原核生物主要类群。
- 了解主要植物原核生物病害的种类。
- 掌握主要植物原核生物病害的症状识别特点。
- 了解主要植物原核生物病害的一般发生规律。
- 掌握主要植物原核生物病害的防治策略和技术措施。

知识目标

- 能够通过症状特点识别主要植物原核生物病害。
- 能够运用显微技术诊断主要植物原核生物病害。
- 能够制定主要植物原核生物病害的综合防治措施。

第一节　植物病原原核生物的主要类群

根据2004年出版的《伯杰氏系统细菌学手册》第2版，将原核生物分为古细菌域和细菌域，并将细菌域分成24个门。与植物病害有关的原核生物分属于普罗特斯门、厚壁菌门和放线菌门（表5.1.1）。普罗特斯门和放线菌门的原核生物有细胞壁，厚壁菌门原核生物没有细胞壁，也称菌原体。

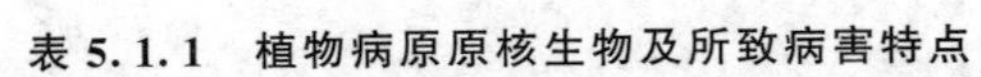

表 5.1.1 植物病原原核生物及所致病害特点

门	目	属及特征		代表病害	病害症状特点
普罗特斯门	根瘤菌目	土壤杆菌属(*Agrobacterium*)	革兰氏阴性菌;周生或侧生鞭毛,多为1～4根;无芽孢;菌落黏性,圆形、隆起、光滑,灰白色至白色	桃、苹果、葡萄根癌病	根茎部瘤肿、冠瘿
	伯克氏菌目	劳尔氏菌属(*Ralstonia*)	革兰氏阴性菌;单极鞭、周鞭或无鞭毛;好气性;菌落光滑、易流动、乳白色	茄科青枯病、花生青枯病	枯死、萎蔫
	黄单胞杆菌目	黄单胞杆菌属(*Xanthomonas*)	革兰氏阴性菌;单极鞭;严格好气性;菌落圆形、隆起、蜜黄色,产生非水溶性黄色素	辣椒细菌性疮痂病、十字花科蔬菜细菌性黑腐病、桃细菌性穿孔病、稻白叶枯病	斑点、枯死、萎蔫
	假单胞杆菌目	假单胞杆菌属(*Pseudomonas*)	革兰氏阴性菌;极生鞭毛3～7根;菌落圆形、隆起、灰白色,有些种类产生白色或褐色荧光性色素和褐色色素	黄瓜细菌性角斑病、番茄细菌性斑点病、甘薯瘟病、姜瘟病	斑点或萎蔫和腐烂
	肠杆菌目	果胶杆菌属(*Pectobacterium*)	革兰氏阴性菌;多根周生鞭毛;兼性好气性;菌落圆形、隆起、灰白色	十字花科蔬菜软腐病、马铃薯黑胫病	腐烂
放线菌门	放线菌目	棒形杆菌属(*Clavibacter*)	革兰氏阳性菌,好气性;无鞭毛;菌落圆形、光滑凸起、不透明、灰白色	马铃薯环腐病	萎蔫
		链霉菌属(*Streptomyces*)	革兰氏阳性菌;无鞭毛;菌体丝状,无隔膜;多以孢子繁殖,少数裂殖;菌落圆形、致密、多灰白色	马铃薯疮痂病	疮痂
厚壁菌门	无胆甾原体目	植原体属(*Phytoplasma*)	菌体球形、椭圆形,或为丝状、杆状或哑铃状等;菌落为荷包蛋状;可由叶蝉、飞虱、木虱和嫁接传播;对四环素族抗菌素如四环素、多霉素和土霉素敏感	枣疯病、板栗和泡桐丛枝病	丛枝、黄化、花变叶、小叶

第二节　植物原核生物病害

一、黄瓜细菌性角斑病

黄瓜细菌性角斑病在我国东北、华北及华东等地普遍发生，尤其是东北三省和内蒙古等的保护地和华北地区春大棚发病严重。为害严重时，病叶率可高达70%左右，是保护地栽培黄瓜的重要病害之一。因与黄瓜霜霉病症状相似，容易混淆而耽误防治造成损失。目前病害仅在黄瓜上发生。

霜霉病与角斑病区别

1. 症状

病害主要为害叶片，严重时也可为害果实和茎蔓。幼苗受害，子叶上初生水浸状圆斑，稍凹陷，后变褐干枯，可向幼茎蔓延，引起幼苗软腐死亡。

叶片受害，正面病斑受叶脉限制呈多角形、黄褐色褪绿斑，背面水浸状，湿度大时叶背溢出乳白色浑浊水珠状菌脓，干燥后形成一层白色粉末状物质，后期病斑易脱落穿孔；果实及茎上病斑初期呈水渍状，表面可见乳白色菌脓。果实上病斑可向内扩展至维管束，使果肉变色，并可蔓延到种子。

茎、叶柄、卷须发病，初为水浸状小斑点，后纵向扩展为短条状，严重时纵向开裂，变褐干枯，湿度大时也有菌脓出现，干后形成白色粉末状物。

2. 病原

病原菌为丁香假单胞菌黄瓜致病变种[*Pseudomonas syringae* pv. *lachrymans*（Smith et Bryan）Young，Dye & Wilkie]。属假单胞杆菌目，假单胞杆菌属细菌。菌体短杆状，具1～5根单极生鞭毛，革兰氏染色阴性。

发育适温为25～28℃，最高温度35℃。

3. 发生规律

病菌在种子内或随病残体在土壤中越冬，成为翌年初侵染源。病菌在种子内可存活1年，在土壤中的病残体可存活3～4个月。带菌种子可远距离传播，播种后直接侵染种子子叶，引起幼苗发病。田间病害可通过雨水、昆虫和农事操作等途径传播，从气孔、水孔及皮孔等自然孔口侵入。病害有再侵染性。

温度和湿度是角斑病发生的重要条件。保护地内温度24～28℃，相对湿度超过70%，昼夜温差大，黄瓜叶面易结露，或露地温暖、多雨的气候条件下发病重，低洼、连作的田块发病重。黄瓜开花座果后抗病力下降。

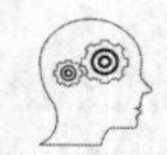

头脑风暴

如何诊断黄瓜发生了霜霉病还是细菌性角斑病？

4. 防治方法

(1)农业防治　用50℃温水浸种20 min,凉后催芽播种;选用无病土育苗;与非瓜类作物实行2年以上的轮作;田间生长期及收获后清除病叶、病蔓,并进行深翻;保护地栽培时覆盖地膜,膜下滴灌,降低田间湿度;上午叶片上的水膜消失后再进行各种农事操作;避免造成伤口。

(2)药剂防治　发病初期用3%中生菌素可湿性粉剂600~800倍液,或20%噻菌铜悬浮剂1 000~1 500倍液,或50%氯溴异氰尿酸可溶性粉剂1 500~2 000倍液,或86.2%氧化亚铜可湿性粉剂2 000~2 500倍液喷雾,隔5~7 d喷1次。

二、茄科蔬菜青枯病

青枯病是一种分布广泛的世界性病害,发病的农作物种类众多。因发病进展十分迅猛,常在短时间内使植株地上部全部枯萎,病死株呈青枯状而得名。青枯病可为害以茄科为主的44个科300多种植物。以番茄受害最重,马铃薯、茄子次之,辣椒受害较轻。

1. 症状

在茄科蔬菜上,番茄、马铃薯和茄子的症状表现稍有不同。

(1)番茄　植株30 cm高以后开始发病。首先是顶部叶片萎垂,以后下部叶片凋萎,中部叶片凋萎最迟。病株最初白天萎蔫,傍晚恢复正常,病叶变浅绿色;病茎中下部表皮粗糙,常增生不定根或不定芽。潮湿时病茎上可见1~2 cm、初为水浸状后变褐色的斑块。病茎维管束褐色,用手挤压有乳白色的菌脓溢出。病情发展迅速,严重时经2~3 d即死亡,病株死亡时仍保持绿色,故称青枯病。

(2)茄子　茄子染病,初期个别枝条的叶片或叶片的局部呈现萎垂,后扩展到整株,后期病叶变褐焦枯。病茎外观无明显变化,剖开病茎可见维管束变褐色。这种变色可从根茎部延伸到上面枝条。枝条髓部大多腐烂中空。挤压病茎的横切面,也有乳白色的菌脓溢出。

(3)马铃薯　马铃薯染病后,叶片自下向上逐渐萎蔫,4~5 d后全株茎、叶萎蔫死亡,死亡后植株仍保持绿色。切开病株上的薯块和近地面茎部,可见维管束变褐色,挤压后也有乳白色的菌脓溢出。

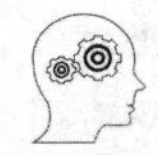

头脑风暴

植物病原菌物引起的枯萎病也会引起植株枯萎,如何区别菌物引起枯萎病和原核生物引起的青枯病?

2. 病原

病原为青枯劳尔氏菌[*Ralstonia solanacearum* (Smith) Yabuuchi et al.],属伯克氏菌目,劳尔氏菌属细菌。菌体短杆状,两端钝圆,极生鞭毛1~3根,在琼脂培养基上形成污白色、暗褐色乃至黑褐色的圆形或不整圆形菌落,菌落平滑,有光泽。革兰氏染色阴性反应。

病菌生长温度为10~41℃,适宜温度为30~37℃,致死温度为52℃、10 min。对pH适应范围为 6.0～8.0，以 pH6.6 为最适。病菌有明显的菌系差异。

青枯菌致病机理主要有两方面：一方面在植物导管中产生大量胞外多糖，影响和阻碍植物体内的水分运输，造成萎蔫；另一方面在植物细胞外分泌各种细胞壁降解酶，破坏导管组织，引起植株枯萎死亡。

3. 发生规律

青枯病为典型的土传维管束病害，病菌在土壤中可存活 14 个月以上。

病原细菌主要以病残体在土壤中或在马铃薯种薯上越冬，也可在带有病残体的粪肥上越冬，成为病害的主要初侵染来源。田间病害可通过雨水、灌水、未腐熟粪肥、种薯等传播，从寄主的根部或茎基部的伤口侵入，进入维管束后可向上蔓延，导致全株发病。青枯病是典型维管束病害，病菌侵入维管束后迅速繁殖并堵塞导管，妨碍水分运输导致萎蔫。

病害的发生和流行与环境条件关系密切。高温、高湿或雨水多的季节和年份利于病害发生，我国南方发病较重，而在北方则很少发病。土壤温度、含水量与发病的关系最为密切。一般土温在 20℃左右时开始发病，土温在 25℃左右时病害容易流行；土壤含水量达 25%以上时根部容易腐烂并产生伤口，利于病菌侵入。因此，在暴雨后突然转晴，气温急剧上升时会造成病害的严重发生。我国南方，气温一般容易满足病菌的要求，因此降雨的早晚和多少往往是发病轻重的决定性因素。

此外，低畦不利于排水，发病重，而高畦排水良好，发病轻；连作地发病重，合理轮作发病轻；微酸性土壤青枯病发生较重，微碱性土壤 pH 在 7.2～7.6，发病轻；增施钾肥也可以减轻病害发生。

4. 防治方法

应采用栽培管理为中心，选用无病种薯为基础，药剂防治为保证的综合防治措施。

(1)农业防治　与瓜类或禾本科作物(水稻效果最好)实行 3 年以上的轮作，重病地实行 4～5 年的轮作；结合整地撒施 50～100 kg/667 m^2 的石灰，使土壤呈微碱性(pH 7.2)，可减轻病害发生。

番茄、茄子提倡早育苗、早移栽；选用健壮幼苗，移栽时注意少伤根；增施腐熟的有机肥，配方施肥，适当增施氮肥与钾肥，提高抗病力。

严格挑选种薯是防止马铃薯青枯病传播的重要措施。在剖切块茎时，发现溢出黏液的块茎，必须剔除，切刀应用沸水消毒。

(2)化学防治　田间发现病株应立即拔除烧毁。病穴可灌注 20%石灰水消毒，也可于病穴内撒施石灰粉。

在发病初期用 25%络氨铜水剂 500 倍液，或 77%氢氧化铜可湿性微粉剂 400～500 倍液，或 50%琥胶肥酸铜可湿性粉剂 400 倍液灌根，0.3～0.5 L/株，每隔 10 d 1 次，连续灌 2～3 次。

三、番茄溃疡病

番茄溃疡病引起植株萎蔫、溃疡和果实斑点，危害大、损失重、难根除。在北方冷凉地区少数省份时有发生，严重发病的地块番茄减产达 25%～75%。目前已广泛分布世界各地，我国将其列为进出境植物检疫对象。

1. 症状

幼苗期至成株期均可发病。

幼苗期发病，最初叶片萎蔫，幼茎或叶柄出现溃疡条斑。

成株期受害，发病初期下部叶片萎蔫似缺水状，有时植株一侧叶片萎蔫，而另一侧叶片生长正常；后期在病株茎秆上出现暗褐色溃疡条斑，沿茎秆上下扩展，病茎略变粗，常产生大量的气生根；病茎髓部变褐，上部叶片呈粉状干腐或中空；多雨或湿度大时，病茎开裂处溢出污白色菌脓，最后植株失水枯死。果柄受害多为茎部病情扩展引起，一直可延伸到果实，髓部及维管束亦变为褐色；幼果发病后畸形皱缩、停止生长；青果发病，病斑圆形，单个病斑直径 3 mm 左右，外缘白色，中央为褐色、粗糙，似鸟眼状，又称"鸟眼病"；果实发病可引起种子带菌。

2. 病原

病原菌为密执安棒杆菌密执安亚种[*Clavibacter michiganense* subsp. *michiganense* (Smith)Davis]，属放线菌目，棒形杆菌属放线菌。菌体短杆状或棍棒状，无鞭毛，无芽孢，有荚膜，革兰氏染色阳性。在 523 培养基上形成圆形、黄色、表面光滑的菌落，直径 2～3 mm，7 d 后菌落稍微突起，呈黏稠状，边缘不透明。

病菌除侵染番茄外，还能侵染辣椒、龙葵等 47 种茄科植物。

3. 发生规律

病菌可随病残体在土壤或在种子内外越冬，为病害主要初侵染源。土壤中病菌可存活 2～3 年。病菌可从各种伤口和自然伤口侵入，如整枝、打杈、松土等农事操作造成的伤口，及植株茎部或花柄处自然伤口侵入，经维管束进入果实，侵染种子，使种子带菌。种子、秧苗及未加工果实的调运是病害远距离传播主要途径，近距离传播主要靠风雨、灌溉水和昆虫，并通过分苗、移栽、中耕及整枝、打杈等农事操作进行传播。

土温 28℃时发病重，16℃时发病明显推迟。温暖潮湿的条件适宜发病。昼夜温差大，叶面结露时间长，利于病害发生和流行。早春温室和大棚番茄第一穗果开花期病害严重；露地栽培番茄，在 6～7 月和 8～9 月雨量大，或连续暴雨，容易引起病害的流行。冬茬、春茬保护地番茄放风不及时，高温高湿，夜间结露时间长，病害发生严重。偏碱性的土壤利于病害发生。

4. 防治方法

(1)植物检疫　严格检疫，防止疫区种子、秧苗或果实从国内外疫区传入。

(2)农业防治　选用无病种子和种子消毒，从无病株采种或进行种子处理，用 52℃温水浸种 30 min，冲洗晾干后催芽播种；用无病土营养钵育苗；与非茄科作物实行 3 年以上轮作。

(3)药剂防治　发现病株及时拔除，并用 77%氢氧化铜可湿性粉剂 600 倍液，或 14%络氨铜水剂 350 倍液，或 20%噻菌铜悬浮剂 500 倍液，或 47%春雷王铜可湿性粉剂 600～800 倍液、或 3%中生菌素可湿性粉剂 600～800 倍液喷雾和灌根，每隔 7～10 d 1 次，连续防治 2～3 次。

四、辣椒疮痂病

辣椒疮痂病又称细菌性斑点病，是辣椒上普遍发生的一种病害。常引起早期落叶、落花、落果，对产量影响较大。特别是南方 6 月，北方 7～8 月高温多雨或暴雨后，发病尤为严重。

1. 症状

主要为害叶片、茎蔓、果实，尤以叶片上发生普遍。

苗期发病，子叶上产生银白色小斑点，水渍状，后变为暗色凹陷病斑。如防治不及时，常引起全部落叶，植株死亡。

成株期一般在开花盛期开始发病。叶片发病，初期形成水渍状、黄绿色的小斑点，扩大后变成暗褐色、圆形或多角形，边缘隆起、中央凹陷的病斑，表面粗糙呈疮痂状。病斑大小为 0.5～1.5 mm，发生严重时多个病斑联合在一起，造成叶片变黄、干枯、破裂，提早脱落；在夏季暴风雨多的时节，叶片上病斑有时不形成疮痂，而是迅速扩展至全叶，或在叶片上形成许多小斑点导致叶片脱落。

茎部和果梗发病，初期形成水渍状斑点，逐渐发展成褐色短条斑，病斑木栓化隆起，纵裂呈溃疡状疮痂斑。

果实发病，形成圆形或长圆形的黑色疮痂斑。潮湿时病斑上有菌脓溢出。

2. 病原

病原菌为野油菜黄单胞杆菌疮痂致病变种[*Xanthomonas campestris* pv. *vesicatoria* (Doidge.)Dowson]，属黄单胞杆菌目，黄单胞杆菌属细菌。菌体杆状，两端钝圆，单鞭毛，能游动，菌体排列成链状，有荚膜、无芽孢。革兰氏染色阴性，好气性。

病菌发育适宜温度 27～30℃。病菌可侵染番茄和辣椒。

3. 发生规律

病菌主要在种子表面或随病残体在土壤中越冬，为病害初侵染来源。病残组织中的病菌在消毒土壤中可存活 9 个月之久。种子带菌是病害远距离传播的重要途径。条件适宜时，病斑上溢出的菌脓借雨水、昆虫及农事操作传播，引起多次再侵染。病原细菌从气孔或水孔侵入，在叶片上潜育期为 3～6 d，果实上 5～6 d 即可发病。

在 7～8 月高温多雨季节，尤其在暴风雨过后，伤口增加，有利于病害传播和细菌的侵染，病害极易发生和流行。

氮肥过量，磷肥、钾肥不足加重发病。一般辣椒比甜椒抗病。

4. 防治方法

对辣椒疮痂病应采用加强栽培管理和药剂防治相结合的综合防治措施。

(1)选用抗病品种　一般辣椒较甜椒抗病，如甜椒的早丰 1 号、长奉；辣椒的湘研 3 号、5 号、6 号等，可因地制宜加以选用。

(2)农业防治　从无病株或无病果上选留生产用种；可在播前用 55℃ 温水浸种 10 min 后移入冷水中冷却，再催芽播种；发病重的地块，可与非茄科蔬菜实行 2～3 年轮作；收获后及时清除病残体，深耕土地，促使病残体分解；加强苗期管理，适期定植，促早发根，提高植株抗病力，并注意氮、磷、钾肥的合理搭配。

(3)药剂防治　发病初期喷洒1∶1∶200波尔多液，或90%新植霉素可溶性粉剂4 000倍液，或77%氢氧化铜可湿性粉剂500倍液，或65%代森锌可湿性粉剂500倍液，7～10 d喷洒1次，连喷2～3次。

五、十字花科蔬菜软腐病

细菌性软腐病是园艺植物上一种重要病害，尤其是十字花科蔬菜发病严重，十字花科蔬菜软腐病，也称烂葫芦、烂疙瘩或水烂等，全国各地都有发生。在田间、窖内和运输过程中皆可发生，引起白菜腐烂，损失极大。该病除为害白菜、甘蓝、萝卜、花椰菜等十字花科蔬菜外，还为害马铃薯、番茄、辣椒、大葱、洋葱、胡萝卜、芹菜、莴苣等多种蔬菜。

1. 症状

软腐病的症状因病组织和环境条件不同而略有差异。一类以白菜、甘蓝等薄嫩多汁的叶片组织发病为代表。一般从植株包心期开始发病。常见症状有3种：第1种是在植株外叶上，叶柄基部与根茎交界处先发病。初呈水渍状，后变灰褐色腐烂，病叶瘫倒露出叶球，并伴有恶臭；第2种是病菌先从菜心基部开始侵入引起发病，而植株外叶生长正常，由心叶逐渐向外腐烂，充满黄色黏液，病株用手一拔即起，湿度大时腐烂并散发出恶臭；第3种是从叶球顶部的叶片开始发病，叶片呈水渍状淡褐色腐烂，干燥时呈薄纸状紧贴于叶球上。

另一类以萝卜等比较坚实少汁的根茎组织发病为代表，发病多由根冠开始，初期污白色、水浸状，逐渐变褐软腐，病健分界明显，后病部水分逐渐蒸发，组织干缩；也有时病根外观正常，但髓部腐烂、中空，也有恶臭味。

2. 病原

病原菌为胡萝卜欧文氏杆菌胡萝卜致病变种(*Erwinia carotovora* pv. *carotovora* Dye)，属肠杆菌目，欧文氏杆菌属细菌。菌体短杆状，有2～8根周生鞭毛，大小(0.5～1.0) μm×(2.2～3.0) μm；无荚膜，不产生芽孢，革兰氏染色阴性反应；在琼脂培养基上菌落为灰白色，圆形或不规则形，稍带荧光性，边缘明晰。

病原细菌生长温度为9～40℃，适宜温度为25～30℃。缺氧条件下可生长；最适生长pH为7.0～7.2；不耐干燥和日光。

3. 发生规律

北方软腐病菌在采种株和窖藏白菜、土壤及堆肥内病残体组织上越冬。病菌主要通过昆虫、雨水和灌溉水传播，从叶柄上的自然纵裂口侵入。久旱后降雨，最易造成叶柄纵裂，病菌从裂口侵入后，发展迅速，造成的损失最大。

病菌还可从虫伤口侵入。一方面由于昆虫会造成伤口，有利于病菌侵入；另一方面有些昆虫可携带病菌，直接起到了接种的作用。在可携带病菌的各种昆虫中，以麻蝇、花蝇传带能力最强，可长距离传播；东北地区十字花科蔬菜软腐病的发生，主要与地蛆和甘蓝夜盗虫发生程度有关，凡是虫口密度大的地块，发病就重。其他地下害虫为害严重的地块，病害也较严重。病菌还可从其他伤口如病伤和机械伤处侵入。

从软腐病的发生时期来看，多发生在白菜包心期以后，这与白菜的愈伤能力强弱有关。

在白菜幼苗期,伤口愈合速度快,不易受温度影响;进入莲座期后,伤口愈合速度明显与温度呈负相关,即温度愈低,伤口愈合所需时间越长,病害越重。

气候条件中以降雨量与发病关系最为密切。多雨易使气温偏低,不利于伤口愈合。白菜包心后雨水多的年份,往往发病严重。

高畦栽培,土壤中氧气充足,发病轻;平畦地面易积水,土壤中缺乏氧气,发病重。此外,白菜与茄科和瓜类等蔬菜轮作发病重,与禾本科作物轮作发病轻;偏施氮肥,组织含水量大发病重;青帮品种、疏心直筒品种比白帮品种抗病,抗病毒病和霜霉病的品种,也抗软腐病。

4. 防治方法

以选育抗病品种和农业防治为主,结合药剂防治,可收到较好效果。

(1)选用抗病品种 抗病毒病和霜霉病品种也抗十字花科蔬菜软腐病,晚熟品种和直筒品种较为抗病,青帮品种比白帮品种抗病,各地可因地制宜选用。

(2)农业防治 重病地块与禾本科、豆类和葱、蒜等作物实行 3 年以上轮作;增施底肥,及时追肥,使苗期生长旺盛,后期植株耐水、耐肥,减少裂口;垄作或高畦栽培,利于排水防涝,减轻病害;适期晚播,使感病的包心期错过雨季,减轻发病;及时拔除重病株,减少菌源;从苗期开始,注意防治黄条跳甲、菜青虫、小菜蛾、地蛆和甘蓝夜盗虫等食叶和地下害虫。

(3)药剂防治 发病前或发病初期防治,以轻病株及其周围的植株为重点,又以叶柄及茎基部最重要。常用药剂有 72%新植霉素可溶性粉剂 4 000 倍液,或 20%噻菌酮可湿性粉剂 1 000～1 500 倍液,或 14%络氨铜水剂 350 倍液,或 50%代森铵 600～800 倍液等。

六、根癌病

根癌病又名冠瘿病,是多种果树上一种重要的根部病害,全国各地均有分布。病菌寄主极其广泛,据国外报道,可侵染 93 科 331 个属 643 种植物,其中以桃树、樱桃、葡萄、梨、苹果受害最重,给生产上造成巨大损失。

1. 症状

根癌病主要发生在根颈部、侧根和支根上,以嫁接处较为常见;有时也发生在茎部,故又称冠瘿病。

根癌病在发病部位形成球形、扁球形或不规则形,大小不一、数目不等的癌瘤,癌瘤小如豆粒,大如拳头,初期绿色幼嫩,后期逐渐变成褐色,坚硬、木质化,表面粗糙、凹凸不平。根系发育不良,细根极少,地上部生长缓慢,树势衰弱,结果少,果形小,严重时叶片黄化、早落,甚至全株枯死。

2. 病原

病原为根癌土壤杆菌 *Agrobacterium tumefaciens*(Smith et Townsend)Conn,属根瘤菌目,土壤杆菌属细菌。菌体短杆状,单生或链生,具 1～6 根周生鞭毛,有荚膜,无芽孢;革兰氏染色阴性反应;在琼脂培养基上菌落白色、圆形,光亮、透明;发育温度为 0～37℃,适宜温度为 25～28℃。适应的 pH 为 5.7～9.2,最适 pH 为 7.3。

3. 发生规律

细菌在癌瘤组织的皮层内或进入土壤中越冬,土壤中的病原细菌可存活一年以上。苗木带菌可使病害远距离传播。雨水和灌溉水是主要传播途径，此外，蛴螬、蝼蛄等地下害虫、线虫也可传播病害；病菌经嫁接口、机械伤、虫伤造成的伤口侵入。病害的潜伏期较长，从侵入到显现癌瘤需2～3个月。

病害的发生与温度、湿度关系密切。病菌侵染与发病随土壤湿度的增高而增加，反之减轻；癌瘤形成与温度关系密切，28℃时癌瘤生长最快；旬平均气温达20～23.5℃时，癌瘤大量发生；气温高于32℃，及旬平均气温低于17℃，癌瘤不发生。

土壤酸碱度和苗木的嫁接方式对病害发生的影响也较大。pH在6.2～8.0内的碱性土壤利于发病，pH5以下的酸性土壤对发病不利。切接法苗木伤口大，愈合慢，加之嫁接口与土壤接触时间长，发病率较高；而芽接法苗木伤口小、愈合较快，且接口远离地表，所以很少染病。

地下害虫、线虫等为害使根部受伤，会增加发病机会；土壤黏重、排水不良的果园发病多，土质疏松、排水良好的沙质壤土发病相对较轻。

放射土壤杆菌K84、HLB-2和MI-15是存在于土壤中的根际细菌，对桃、葡萄根癌病等细菌有很好的抑制作用。

4. 防治方法

根癌病为伤口侵入的土传病害，细菌一旦侵入、癌瘤形成，杀菌剂的作用不明显，在防治时以阻止根瘤菌侵入和生物防治为主。

(1)加强检疫　加强对调运苗木的检疫，禁止癌瘤苗木由苗圃进入果园，有肿瘤的苗木必须集中销毁。

(2)农业防治　选用抗性砧木，采用芽接法嫁接苗木，避免伤口接触土壤，减少染病机会。嫁接工具在使用前用75%酒精消毒，防止人为传播。

土壤偏碱性的果园，定植前适当施用酸性肥料或有机肥料，提高土壤酸度，改善土壤结构；及时防治地下害虫和线虫，减少发病概率。

在大树上发现癌瘤时，先彻底切除癌瘤，然后其周围的土壤用50～100 g/m^2 硫黄粉消毒，也可涂抹抗根癌菌剂，切下的癌瘤应随即烧毁。

(3)生物防治　使用放射土壤杆菌K84、HLB-2和MI-15防治，使用时按照1：5的比例加水稀释，制配处理40～50株/kg稀释液，在苗木假植或定植前浸种、浸根和浸插条，对多种果树根癌病防治效果显著。

七、桃细菌性穿孔病

桃细菌性穿孔病是桃树的主要叶部病害，在温暖多湿地区发生较重，能引起早期大量落叶和部分嫩枝发生流胶枯死，严重影响结果及树势。

1. 症状

主要为害叶片，枝梢和果实也能受害。

叶片受害，初生淡褐色、水渍状、圆形或多角形的小病斑，病斑逐渐扩大，变为红褐色，周围有淡黄色晕圈。以后病斑周围形成一圈裂纹，病斑脱落形成穿孔。空气潮湿时，病斑背面有蜡黄色胶状的菌脓溢出。病斑大多沿叶脉和叶缘发生，受害叶片极易脱落。

枝梢受害，初生淡褐色水渍状小斑点，后扩展延长，中部稍凹陷，龟裂呈溃疡状，能引起流胶。有时病斑扩展成环斑而造成枝枯。

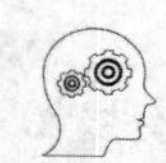

头脑风暴

菌物引起的穿孔病和细菌引起的穿孔病如何鉴别？

果实受害，初呈淡褐色水渍状小点，后形成深褐色凹陷病斑。有时病斑开裂，溢出黄色菌脓，易遭腐生菌滋生而引起腐烂。

2. 病原

病原菌为油菜黄单胞杆菌李致病型[*Xanthomonas compestris* pv. *pruni*（Smith）Dye]，属黄单胞杆菌目，黄单胞杆菌属细菌。菌体短杆状，单根极生鞭毛，革兰氏染色阴性，好气性。在肉汁琼脂培养基上菌落黄色，圆形，光滑，边缘整齐；液化明胶，胨化牛乳。

发育适温25℃。除为害桃以外，也能侵害李、杏、樱桃等果树。

3. 发生规律

病菌主要在病枝条组织内越冬。翌春气温回升后开始活动。桃树开花前后，病斑扩展成溃疡，溢出的菌脓借风雨、昆虫传播，从叶上气孔或枝条及果实的皮孔侵入，因此，春季溃疡斑成为病害的主要初侵染来源，引起多次再侵染。气温19～28℃，相对湿度70%～90%利于发病。

病害一般于5月出现，7～8月发病严重。在春、秋阴雨连绵或浓雾重露的天气条件下，果园排水不良或桃树过矮、过密，偏施氮肥容易造成病害流行。早熟品种比晚熟品种发病轻。

4. 防治方法

（1）农业防治　修剪病枝并烧毁，以减少病菌来源。加强果园管理，防止积水，降低果园湿度，提高植株抗病力。

（2）化学防治　早春树木发芽前喷1∶1∶120波尔多液，发病初期可用25%叶枯唑可湿性粉剂1 500倍液，或25%络氨铜水剂500倍液，或25%氯溴异氰尿酸可湿性粉剂1 500倍液，或77%可杀得可湿性粉剂800倍液等喷雾。

八、水稻白叶枯病

病害最早于1884年在日本福冈发现，目前已遍布世界各水稻产区。

1. 症状

由于品种、环境和病菌侵染方式的不同，病害症状有以下几种类型。

（1）普通型　为白叶枯病的典型症状。多在分蘖期后发生。多从叶尖或叶缘开始发病，初为暗绿色水渍状斑点，后沿叶脉或中脉迅速向下扩展，变长加宽成黄褐色至枯白色的条斑，条斑有时可扩展至叶片基部和整个叶片。病健交界明显，呈波纹状或直线状，有时病斑前端有黄绿色虚线状晕斑。湿度大时，病部易见蜜黄色珠状菌脓。

(2)急性型　环境条件适宜时或感病品种上易发生。病情发展迅速,病叶初为暗绿色,几天内全叶呈青灰色或灰绿色,随即迅速失水纵卷青枯,病部也有蜜黄色珠状菌脓。急性型症状的出现常预示病害正在急剧发展。

(3)凋萎型　一般不常见,多在秧田后期至拔节期发生。病株心叶或心叶下1～2叶先呈现失水青枯,随后其他叶片相继青枯,呈枯心状。病轻时仅1～2个分蘖青枯死亡;病重时常整株整丛枯死。折断病株茎基部并挤压,有大量黄色菌脓溢出;剥开刚出现青卷的枯心叶,叶面常见珠状黄色菌脓。

与螟虫引起的枯心的区别是:病株基部无虫孔,而枯心处或维管束内有菌脓。

(4)中脉型　在剑叶下1～3叶中脉表现为淡黄色,沿中脉逐渐向上下延伸,并向全株扩展。这类症状是系统侵染的结果,多在抽穗前枯死。

2. 病原

病原为稻黄单胞杆菌水稻白叶枯病致病变种[*Xanthomonas oryzae* pv. *oryzae* (Ishiyama) Swing],属黄单胞杆菌目,黄单胞杆菌属细菌。菌体呈短杆状,两端钝圆,鞭毛极生,外表有黏液膜包裹,不形成芽孢,无荚膜。革兰氏染色反应阴性。人工培养基上的菌落圆形隆起,蜜黄色或淡黄色,黏稠状,表面光滑发亮。病菌生长适温为25～30℃,在微酸或中性培养基中生长良好。

病害诊断方法:白叶枯病叶片症状易与水稻生理性黄枯混淆,可用以下2种方法进行鉴别:第1种是切取一小块病组织,放在载玻片上的水滴中,加盖玻片,在低倍显微镜下观察,如见混浊的烟雾状物从叶脉溢出,即为白叶枯病;第2种是取病叶剪去两端,将下端插于干净的湿沙中,保湿6～12 h,如果叶片上部剪断处面有蜜黄色菌脓溢出,则为白叶枯病。

3. 发生规律

带菌谷粒、病稻草和田间的病稻桩是主要的初侵染源。翌年播种期间,病菌遇雨水,随水流传播到秧田,或由昆虫或农事活动等方式近距离传播,远距离传播则依靠种苗调运。病菌由稻株基部芽鞘的气孔、叶片水孔或伤口侵入。病苗带菌移栽大田,发展成为中心病株。新病株上溢出的菌脓,可不断进行再侵染,扩大蔓延。

温度25～30℃、高湿、多露、光照不足时病害易发生;台风、暴雨、洪涝常引起病害严重发生,主要因为雨水有利病菌传播,风雨造成的伤口有利于病菌侵入,淹水降低水稻抗病性。

此外,氮肥使用过多、过迟,深水灌溉或稻株受淹,田间串灌、漫灌等均会使病害发生严重。一般糯稻抗性最强,粳稻其次,籼稻抗性较弱;苗龄越小越抗病,孕穗至抽穗期易感病;植株叶窄、挺直的品种抗性强。

4. 防治方法

稻白叶枯病的防治应在控制菌源的前提下,以种植抗病品种为基础,秧苗防治为关键,狠抓肥水管理,辅以药剂防治。

(1)选用抗病品种　常发病区应因地制宜地选用抗病良种,如沈农514等。

(2)农业防治　不用病草覆盖秧田;选择背风向阳、地势较高、排灌方便和远离上年病田的田块育秧;加强秧田管理,实行排灌分家,防止大水淹苗;合理施肥,水稻穗期慎用氮肥;科学管水,不串灌、漫灌和淹苗。

(3)药剂防治　播种前可用10%叶枯净可湿性粉剂200倍液浸种24～48 h;85%三氯异氰尿酸水剂300倍液浸种24 h,洗净后再浸种催芽。

秧田期,一般在3叶期和拔秧前5 d左右各喷药1次;大田期发现发病中心后立即用药。用20%噻菌铜悬浮剂100～125 g/667 m^2,或3%中生菌素可湿性粉剂100 g/667 m^2,或30%噻唑锌悬浮剂67～100 mL/667 m^2,兑水50～75 kg喷雾。

综合实训5-1　植物原核生物病害的诊断

一、技能目标

掌握植物原核生物病害的症状特点,病原物特征和显微诊断技术。

二、用具与材料

(1)用具　显微镜、载玻片、盖玻片、贮水滴瓶、挑针、搪瓷盘、多媒体设备等。

(2)材料　根癌病、番茄青枯病、马铃薯青枯病、花生青枯病、水稻白叶枯病、水稻细菌性条斑病、十字花科蔬菜黑腐病、辣椒细菌性疮痂病、桃细菌性穿孔病、柑橘溃疡病、黄瓜细菌性角斑病、十字花科蔬菜软腐病、马铃薯黑胫病、枣疯病、泡桐丛枝病、马铃薯环腐病、番茄溃疡病、马铃薯疮痂病、柑橘黄龙病等病害的新鲜或腊叶标本,病原菌永久玻片,病害挂图及幻灯片等。

三、内容及方法

1. 取各种植物原核生物病害标本或挂图等,观察发病部位及病部特征,比较、概括和总结不同植物原核生物病害的症状特点。

2. 挑取各种植物原核生物病害的病部组织,制备临时玻片;观察细菌溢脓现象。

3. 观察植物病原细菌的喷菌现象。

综合实训5-1
植物原核生物
病害的诊断

四、作业

1. 完成植物原核生物病害的识别诊断实训任务报告单。

2. 采集并制作当地常见原核生物病害标本。

综合实训5-2　植物病原细菌的一般染色观察

一、技能目标

掌握植物病原细菌一般染色技术及观察方法。

二、用具与材料

(1)用具　显微镜、多媒体教学设备、酒精灯、无菌水、烧杯、接种环、挑针、吸水纸、载玻片、盖玻片、洗瓶、擦镜纸、苯酚品红染色液或草酸铵结晶紫染色液、液体石蜡等。

(2)材料　十字花科蔬菜软腐病、芹菜软腐病病组织、马铃薯环腐病病薯或细菌纯培养等。

三、内容及方法

(1)制备菌悬液　将病组织切成 3 cm×3 cm 小块放入烧杯后,加 50 mL 无菌水后略加搅拌,或直接将无菌水注入细菌纯培养中,静置 2 h,让细菌菌体充分游动到水中,制成菌悬液。

(2)涂片　取洁净的载玻片,加一滴无菌水,用接种环蘸取 2～3 环菌悬液放置于载玻片上,将挑针平放,将菌悬液均匀涂布成薄层后,自然晾干。

(3)固定　将完全干燥后的涂片在酒精灯火焰上缓慢通过 2～3 次,使细菌菌体固定在载玻片上。

(4)染色　滴加苯酚品红或草酸铵结晶紫染色液覆盖涂片部位,染色 1 min。

(5)水洗　斜置载玻片,用洗瓶自其上方轻轻冲水,用水流带走染液,注意不可直接冲洗染色部分。

(6)晾干　用滤纸吸去多余水分,后晾干或用微火烘干。

(7)观察　在染色部位滴加 1 滴液体石蜡,加盖玻片后,在盖玻片上再滴加 1 滴液体石蜡,依次用低倍镜、高倍镜找到观察部位,再用油镜头观察细菌形态,调节微螺旋,直至物像清晰为止。

(8)清洁　观察完毕后,使用擦镜纸彻底清洁高倍镜头和油镜头,以免镜头污染,影响后续观察使用。

综合实训 5-2
植物病原细菌的一般染色观察

四、作业

完成细菌一般染色观察,并完成实训任务报告单。

综合实训 5-3　植物原核生物病害的田间调查与统计

一、技能目标

掌握植物原核生物病害发生情况的调查和统计方法。

二、用具与材料

放大镜、标本夹等采集用具、记录本、铅笔等。

三、内容及方法

以小组为单位,选择当地 1 种代表性植物原核生物病害,调查病害发生轻重程度,分布特点等,并记录相关因子如品种、生育期、种植环境情况等。采用 5 点取样法调查并统计发病率。

综合实训 5-3
植物原核生物病害的田间调查与统计

四、作业

完成植物原核生物病害发病情况调查实训任务报告单。

综合实训 5-4　植物原核生物病害的综合防治

一、技能目标

制定当地主要植物原核生物病害防治综合方案并实施化学防治。

二、用具与材料

(1)用具　喷壶、玻棒、胶皮手套、插地杆、记号牌、标签等。

(2)材料　防治原核生物病害常用药剂 2～3 种,如噻菌酮、新植霉素、中生菌素等。

三、内容及方法

以小组为单位,选择当地 1 种代表性植物的原核生物病害,及 2～3 种化学药剂,实施病害综合防治。

综合实训 5-4
植物原核生物
病害的综合防治

四、作业

完成植物原核生物病害药剂防治及效果调查实训任务报告单。

第六章 植物病毒病害的诊断与防治

知识目标

- 了解植物病毒病的种类。
- 掌握植物病毒病的症状识别特点。
- 了解植物病毒病的一般发生规律。
- 掌握植物病毒病的防治策略和技术措施。

能力目标

- 能够通过症状特点识别植物病毒病。
- 能够制定植物病毒病的综合防治措施。

第一节 植物病原病毒的主要类群

植物病毒分类主要依据以下几项原则进行:①病毒基因组的核酸类型;②核酸是否单链;③病毒粒体有无脂蛋白包膜;④病毒粒体形态;⑤基因组核酸分段状况等。2012 年,国际病毒分类委员会(ICTV)出版了病毒分类第九次报告,将植物病毒归属于 6 个目、87 个科、19 个亚科、349 个属、2 284 种。

植物病毒的核酸类型可分为单链 DNA(ssDNA)病毒、双链 DNA(dsDNA)病毒反转录(ssRNA)病毒、双链 RNA(dsRNA)病毒、负链 RNA(－ssRNA)病毒和正链 RNA(＋ssRNA)病毒 6 大类群。常见植物病原病毒多属于双链 RNA 和正链 RNA,引起病害多表现为变色、矮化、萎蔫、坏死等特点(表 6.1.1)。

表 6.1.1　重要园艺植物病毒及所致病害特点

核酸类型	科名	属名	典型种英文缩写	症状特点	寄主范围
ssDNA	双生病毒科	菜豆金色黄花叶病毒属 *Begomovirus*	菜豆金色黄花叶病毒 BGMV	黄化、曲叶、花叶、明脉、矮化	锦葵科和豆科的蝶形亚科植物
dsDNA	花椰菜花叶病毒科	花椰菜花叶病毒属 *Caulimovirus*	花椰菜花叶病毒 CaMV	花叶、斑驳	寄主范围较窄，仅限于少数双子叶植物
—ssRNA	布尼亚病毒科	番茄斑萎病毒属 *Tospovirus*	番茄斑萎病毒 TSWV	矮化、萎蔫、坏死、环斑	160 种双子叶植物与 10 种单子叶植物
+ssRNA	伴生豇豆病毒科	线虫传多面体病毒属 *Nepovirus*	烟草环斑病毒 TRSV	环斑和斑驳，有复原隐症现象	葫芦科、藜科、苋科、豆科、菊科等植物
	甲型线状病毒科	马铃薯 X 病毒属 *Potxvirus*	马铃薯 X 病毒 PVX	轻型花叶和潜隐症状	茄科植物
	芜菁花叶病毒科	芜菁黄花叶病毒属 *Tymovirus*	芜菁花叶病毒 TuMV	花叶、皱缩、明脉等	十字花科、藜科、菊科和豆科的多种蔬菜和杂草
	雀麦花叶病毒科	黄瓜花叶病毒属 *Cucumovirus*	黄瓜花叶病毒 CMV	花叶、斑驳、矮化和畸形	寄主范围广，约 1000 种单子叶和双子叶植物
	马铃薯 Y 病毒科	马铃薯 Y 病毒属 *Potyvirus*	马铃薯 Y 病毒 PVY	常与 PVX 复合侵染，引起皱缩花叶、坏死症状	茄科及其他多种植物
	植物杆状病毒科	烟草花叶病毒属 *Tobamovirus*	烟草花叶病毒 TMV	花叶、皱缩、畸形、坏死等	葫芦科、十字花科、豆科、菊科等 30 多科 300 多种植物

第二节 植物病毒病害

一、瓜类植物病毒病

瓜类病毒病又称花叶病，在我国各地分布普遍，其中以西葫芦发病最严重，甜瓜、南瓜、丝瓜、黄瓜次之。

1. 症状

各种瓜类病毒病的症状大同小异。

(1)西葫芦病毒病　自苗期至成株期均可发病，叶片黄化或形成系统花叶，系统明脉，叶片畸形呈鸡爪状，有时可见深绿色疱斑。植株矮化，不结果或果实畸形，果实上有时也可见深绿色或白色疱斑。

(2)南瓜病毒病　叶片呈花叶状，皱缩、变小、畸形，并出现深绿色疱斑，尤以嫩叶病状表现明显。果实也表现畸形，果面凹凸不平，有深、浅绿色斑驳。植株明显矮化。

(3)丝瓜病毒病　幼嫩叶片呈深、浅绿色斑驳或褪绿小环斑，老叶上则为花叶或黄色环斑；叶片畸形，叶裂加深，果实细小呈螺旋状扭曲畸形，上有褪绿斑。

(4)黄瓜病毒病　从苗期至成株期均可发生。病叶表现为深、浅绿色相间的斑驳或花叶，病叶小而皱缩，质硬变脆，植株矮小。轻病株一般结瓜正常，但果面呈现褪绿斑驳，重病株不结瓜或瓜畸形，后期下部叶片逐渐变黄枯死。温室栽培的黄瓜，病株老叶上常出现角形坏死斑。

(5)甜瓜病毒病　幼嫩叶片呈深、浅绿色相间的花叶斑驳，叶片变小卷缩，茎扭曲萎缩，植株矮化。瓜果变小，上有深、浅绿色斑驳。

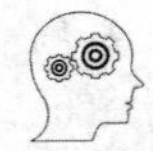

头脑风暴

与菌物和原核生物相比，植物病毒病的症状类型有什么不同？

2. 病原

瓜类病毒病由多种病毒侵染引起，主要有黄瓜花叶病毒(CMV)、小西葫芦黄花叶病毒(ZYMV)、南瓜花叶病毒(SqMV)等。

黄瓜花叶病毒(*Cucumber mosaic virus*，CMV)为雀麦花叶病毒科，黄瓜花叶病毒属病毒。病毒的寄主范围很广，可为害瓜类、十字花科、豆科植物等，但病毒株系间有差别。在葫芦、笋瓜、黄瓜上引起黄化皱缩，甜瓜上引起黄化，不侵染西瓜。病毒粒体为球状，直径28～30 nm，钝化温度60～70℃，稀释终点10^{-3}～10^{-4}，体外存活期3～4 d。传毒介体为多种蚜虫，也可以汁液接触传染。黄瓜种子不带毒，而甜瓜种子带毒率高达16%～18%。

小西葫芦黄花叶病毒(*Zucchini yellowmosaic virus*，ZYMV)，为马铃薯Y病毒科，马铃

薯Y病毒属病毒。病毒粒体为线状，长约750 nm，它是热带及温带葫芦科植物上危害最严重的病毒之一。

南瓜花叶病毒(*Squash mosaic virus*，SqMV)为伴生豇豆病毒科，豇豆花叶病毒属病毒。病毒粒体为球形，直径约30 nm。主要通过种子传播，一些叶甲科甲虫也可有效地传播。在自然界，其寄主范围限于葫芦科；受侵染的植物可表现出花叶、环斑、绿色镶脉、边缘叶脉突出等症状。可侵染黄瓜，但症状较轻，不会导致果实的畸形；也可侵染甜瓜和西瓜。南瓜和西葫芦受侵染后导致鸡爪叶、叶畸形，有深绿疱斑等。

此外，西瓜花叶病毒(WMV)，番木瓜环斑病毒西瓜株系(PRSV-W)，烟草环斑病毒(TRSV)，黄瓜绿斑驳花叶病毒(CGMMV)，甜瓜花叶病毒(MMV)等也可引起瓜类植物的病毒病。

3. 发生规律

黄瓜花叶病毒可以在多年生杂草根上越冬，如反枝苋、荠菜、刺儿菜、酸浆等杂草。同时这些杂草又是桃蚜、棉蚜的越冬场所。另外菠菜、芹菜等也可带毒，也是初侵染的毒源。病毒可由蚜虫、田间农事操作和汁液接触传播。

西瓜花叶病毒传播介体基本上与黄瓜花叶病毒相同，但甜瓜种子可以带毒，带毒种子是初侵染的重要毒源。

以上两种病毒病的潜育期在不同温度下有所差别，在日均温度为22.5℃时发病较快，低于18℃，病害发展缓慢。

气候条件对发病影响很大。高温、强日照、干旱情况下利于蚜虫的繁殖和迁飞，同时病毒增殖快、潜育期缩短、再侵染增加，因此病害往往于夏季盛发。

另外，缺水、缺肥、管理粗放的田块发病严重。瓜田杂草丛生，或与番茄、辣椒等茄科作物和甘蓝、芥菜、萝卜、菠菜、芹菜等作物邻作，由于毒源多，发病也重。西葫芦花叶病的发生还与播种期有密切关系。适期早播、早定植的发病轻，迟播、晚定植的发病重。

4. 防治方法

选育和利用抗病品种、采用无毒种子、加强栽培管理如铲除杂草、及时防治蚜虫等措施，是防治瓜类病毒病的主要途径。

(1)选育和利用抗病品种　瓜形长而细，刺多而皮硬，色泽青黑的品种较耐病。黄瓜原始型品种及亚洲长型黄瓜都具有不同程度的耐病性，如山东宁阳刺瓜和北京大刺瓜等。

(2)农业防治　甜瓜种子用55℃温水浸种40 min，或60～62℃温水浸种10 min，冷却晾干后播种；合理施肥用水，使瓜秧健壮，增强抗病能力；为避免传毒，在打顶、打杈、摘心等农事操作时，病株与健株应分开进行，或在病株上操作后用肥皂水洗手后，再操作健株。

(3)化学防治　及时防治蚜虫，可用10%吡虫啉1 000～1 500倍液喷雾；彻底铲除田边杂草，防止传毒。发病初期可用20%病毒A可湿性粉剂500倍液、或1.5%植病灵乳剂1 000倍液，或83增抗剂100倍液，或抗毒剂1号300倍液喷雾，10 d 1次，共3～4次。

二、番茄病毒病

番茄病毒在病全国各地都有发生，常见的有花叶病、条斑病和蕨叶病3种，以花叶病发生最为普遍。但近几年条纹病的危害日趋严重,植株发病后几乎绝产。蕨叶病的发病率和危害介于两者之间。

1. 症状

(1)花叶型　田间常见的症状有两种,一种是轻花叶,植株不矮化,叶片不变小、不变形,对产量影响不大;另一种为重花叶,新叶变小,叶脉变紫,叶细长狭窄,扭曲畸形,顶叶生长停滞,植株矮小,下部多卷叶,大量落花落蕾,果小质劣,呈花脸状,对产量影响较大。

(2)条斑型　植株茎秆上中部初生暗绿色下陷的短条纹,后油浸状深褐色坏死,严重时导致病株萎黄枯死;果面散布不规则形褐色下陷的油浸状坏死斑,病果品质恶劣,不堪食用。叶背叶脉症状与茎上相似。

(3)蕨叶型　多发生在植株细嫩部分。叶片十分狭小,叶肉组织退化、甚至不长叶肉,仅存主脉,似蕨类植物叶片,故称蕨叶病;叶背叶脉呈淡紫色,叶肉薄而色淡,有轻微花叶;节间短缩,呈丛枝状。植株下部叶片上卷,病株有不同程度矮缩。

2. 病原

烟草花叶病毒(*Tobacco mosaic virus* ,TMV)属植物杆状病毒科,烟草花叶病毒属。主要引起花叶型症状。病毒寄主范围广,主要为茄科、豆科等 36 科 300 多种植物。病毒钝化温度为 90～97℃,稀释终点 10^{-7},体外存活期很长,在无菌条件下,致病力达数年,在干燥病组织内存活力达 30 年以上。病毒颗粒呈杆状,300 nm×18 nm。在寄主细胞内可形成不定形内含体。

条斑型主要由番茄花叶病毒(*Tomato mosaic virus*,ToMV)侵染所致。该病毒同属于烟草花叶病毒属,其物理性状与烟草花叶病毒相似,主要特点为在番茄、辣椒上表现系统条斑症状。

蕨叶型主要由黄瓜花叶病毒(CMV)侵染引起。病毒的物理性状可参考瓜类病毒病。

此外,马铃薯 Y 病毒(PVY)、烟草蚀纹病毒(TEV)也可引起番茄病毒病。烟草花叶病毒和马铃薯轻型花叶病毒混合侵染番茄时,也可造成条斑症状,但果斑较小,且不凹陷。烟草花叶病毒和黄瓜花叶病毒的不同株系,也常混合侵染番茄,其病状变异复杂,鉴别较为困难。

3. 发生规律

烟草花叶病毒可在多种杂草和栽培作物体内、种子和土壤中越冬,此外,病毒可在烤晒后的烟叶及病残体中存活相当长的时期。经接触传染,分苗、定植、整枝、打杈等农事操作也可传播病毒,但蚜虫不传毒。

黄瓜花叶病毒主要在多年生杂草上越冬,由桃蚜、棉蚜等多种蚜虫传播,但以桃蚜为主。目前未发现种子和土壤传毒。

番茄病毒病的发生与气象条件关系密切。番茄花叶病适宜发生的温度为 20℃,旬平均气温 25℃病害流行,温度增高趋向隐症;菜地邻近建筑物或低洼地块,通风散热不良利于发病;番茄条斑病与降雨量有关,雨水多造成土壤湿度大,地面板结,土温降低,番茄发根不好、长势弱,抗病力降低,再遇到雨后高温,就会导致病害的流行。

蕨叶病在高温干旱的气候条件下,有利于蚜虫的大量繁殖和有翅蚜的迁飞传毒,病害发生严重。

栽培管理不当也会加重病害发生。春番茄定植过晚，幼苗徒长发病重；田间操作时造成病健株的过多摩擦，会增加病毒传染机会；蚜虫特别是桃蚜发生严重，番茄与瓜类作物邻作时，病毒病的发生常较重；土壤排水不良、土层瘠薄、追肥不及时，也会加重番茄花叶病的发生。

番茄不同品种对病毒病有抗性差异，其抗性也有一定的针对性，或对烟草花叶病毒有抗性，或对黄瓜花叶病毒有抗性。

4. 防治方法

采用以农业为主的综合防病措施，提高植株抗病力。另外，番茄病毒病的毒源种类在一年中会出现周期性的变化，春季、夏季以烟草花叶病毒为主，秋季则以黄瓜花叶病毒为主，生产上防治时应针对毒源采取相应的措施，才能收到较好的防治效果。

(1)选用抗病品种　可选用中蔬 4 号，中蔬 5 号，中蔬 6 号，中杂 4 号，佳红，佳粉 10 号等抗耐病品种。

(2)农业防治　种子在播前先用 10%磷酸三钠溶液处理 20～30 min；收获后彻底清除残根落叶；实行 2 年轮作；适度蹲苗，促进根系发育，提高幼苗抗病力；移苗、整枝、醮花等农事操作时应遵循先处理健株，后处理病株的原则。操作前和接触病株后用 10%磷酸三钠溶液消毒刀剪等工具，以防接触传染；增施磷肥、钾肥，使植株健壮生长提高抗病力；座果期避免缺水、缺肥；晚打杈促进根系发育，果实挂红时即可采收，减缓营养供需矛盾，增强植株耐病能力。

(3)生物防治　在番茄苗期使用 TMV 的弱毒疫苗 N14 以及 CMV 的卫星病毒 S52 人工接种，可有效减轻病毒病的发病程度。单独使用或者两者混合使用均可。方法是：将 N14 或 S52 的 50～100 倍液，在移苗时浸根 30 min；或于 2 叶 1 心时涂抹叶面，或加入少量金刚砂后，用 2～3 kg/m^2 的压力喷枪喷雾接种。混合接种后 10 d 左右会表现轻微花叶，之后逐渐恢复正常。

苗期、移栽前 2～3 d 及定植后两周，施用 3 次 10% 83 增抗剂 50～100 倍液，诱导植株产生对烟草花叶病毒的抗性。

(4)化学防治　苗期至定植后及第一层果实膨大期防治蚜虫，可减轻蕨叶病的发生。

发病初期可用 6%寡糖·链蛋白可湿性粉剂 1 000 倍液，或 20%病毒 A 可湿性粉剂 500 倍液，或抗毒剂 1 号 200～300 倍液喷雾。

三、辣椒病毒病

辣椒病毒病是辣椒的重要病害，严重时常引起落花、落叶、落果，俗称三落，对产量和品质影响很大。

1. 症状

辣椒病毒病症状有花叶、坏死两种类型。

(1)花叶型　花叶型分为轻花叶和重花叶两种类型。轻花叶多在叶片上出现明脉、轻微花叶和斑驳，病株不畸形和矮化，不造成落叶；重花叶除表现花叶斑驳外，叶片皱缩畸形，或形成线叶，枝叶丛生，植株严重矮化，果实变小。

(2)黄化型　通常新叶发病，叶片明显变黄，严重时植株上部叶片变为黄色，整个植株上黄下绿，植株整体矮化并引起落叶。

(3)坏死型　病株部分组织变褐坏死，可发生在叶片、茎上，引起顶枯、条斑、环斑、坏死斑驳等。

(4)畸形型　初期新叶叶脉变黄，叶片逐渐形成黄绿相间的斑驳、皱缩，叶缘上卷；幼叶狭窄甚至呈线状，植株上部节间短缩，叶片呈丛簇状；病叶明显增厚，后期病叶上产生黄褐色坏死斑；病果果面呈深浅不均的花脸，有时有疣状突起。

以上症状有时可同时出现在一株植物上，引起落叶、落花、落果。

2. 病原

辣椒病毒病可由多种病毒引起，主要有黄瓜花叶病毒(CMV)、烟草花叶病毒(TMV)、马铃薯Y病毒(PVY)等。

黄瓜花叶病毒是辣椒上最主要的毒源，可引起系统花叶、畸形、簇生、蕨叶、矮化等，有时产生叶片枯斑或茎部条斑；烟草花叶病毒主要在植株生长前期为害，引起急性坏死斑或落叶、叶脉坏死或顶枯；马铃薯Y病毒在辣椒上引起系统轻花叶和斑驳，矮化和果少等症。有时两种病毒可复合侵染，使症状更加复杂。

马铃薯Y病毒(*Potato virus Y*，PVY)属马铃薯Y病毒科，马铃薯Y病毒属。病毒粒体呈弯曲长线状，(730～790) nm×(12～15) nm，钝化温度50～70℃，稀释终点为10^{-3}，体外存活期1～1.5 d。症状为花叶斑驳。在感病细胞内可形成风轮状、环状或束状内含体。可汁液传染，也可由蚜虫传染。该病毒寄主范围广，可侵染茄科和其他多种植物。PVY常与PVX复合侵染，引起皱缩花叶、坏死症状。

马铃薯X病毒(*Potato virus X*，PVX)属甲型线状病毒科，马铃薯X病毒属。病毒粒体呈线状，(480～580) nm×(10～12) nm，钝化温度68～75℃，稀释终点为10^{-5}～10^{-6}，体外存活期1年以上。引起轻花叶或斑驳，叶片皱缩，植株矮化等。汁液、摩擦传染，昆虫不传染。

另外，烟草蚀纹病毒(TEV)、苜蓿花叶病毒(AMV)、蚕豆萎蔫病毒(BBMV)等也可引起辣椒病毒病。

3. 发生规律

辣椒病毒病的发生规律因其毒源种类不同而异。

烟草花叶病毒随病残体在土中或在种子上越冬，靠接触及伤口传播，通过分苗、定植、整枝打杈等农事操作传播，辣椒定植早期，田间所见病株皆为TMV引起；而黄瓜花叶病毒(CMV)、马铃薯Y病毒(PVY)、苜蓿花叶病毒(AMV)等可在多年生杂草上越冬，主要由蚜虫传播，病害发生程度与蚜虫的发生情况密切相关，在高温干旱天气，不仅利于蚜虫繁殖和传毒，且寄主抗性降低，病害发生重。

辣椒是浅根系作物，须根少、根系发育慢是其特点，因此，病毒病发生程度还和辣椒根系发育好坏关系密切，根系发育良好，植株健壮，发病轻；而定植过晚，缺肥、缺水，植株生长发育不良，抗性降低，发病重。

辣椒品种之间有抗病差异，一般早熟品种比中晚熟品种抗病，辣椒比甜椒抗病。

4. 防治方法

(1)选用抗病品种　沈椒2号、中椒2号、辽椒4号、农大40号、三道筋等抗病性强。

(2)农业防治　用10%磷酸三钠浸种20～30 min后洗净催芽；或70℃干热处理72 h。培育株型矮壮的健苗，早定植，可采用地膜覆盖等方法提高地温，促进根系发育；后期遮阳，降低地温，及时追肥浇水，防早衰。

陆地栽培应在高温来临前封垄，可采用宽垄密植、一穴双株的方法，或辣椒与玉米套种进行遮阳，待辣椒封垄后将玉米砍去，可减轻病毒病发生。

(3)物理防治　早春播种后，在拱架上覆盖一层40～45筛目的白色纱网，外罩塑料薄膜，利用物理隔离可起到驱避蚜虫、防止病毒侵染作用。

(4)生物防治　苗期用N14或S52单独或混合接种，在苗期移栽前2～3 d和定植后2周共3次施用10%83增抗剂50～100倍液，在定植后、初果和盛果期早晚喷雾，可诱导植株产生对烟草花叶病毒的抗性。

(5)化学防治　在育苗期间和定植初期及时防治蚜虫，可用5%吡虫啉乳油2 000～3 000倍液喷雾。

发病初期可用20%病毒A可湿性粉剂500倍液，或1.5%植病灵1 000倍液，或2%宁南霉素水剂200～250倍液等喷雾，10 d 1次，连续3～4次。

四、十字花科蔬菜病毒病

十字花科植物病毒病在全国各地普遍发生，危害较重，是生产上的主要问题之一。北方地区大白菜受害最重，统称为“孤丁病”或“抽风”。其他十字花科植物如芥菜、小白菜、萝卜等也普遍发生，称为花叶病。

1. 症状

由于毒原不同，蔬菜品种差别以及环境条件差异，症状表现多样。

(1)大白菜　苗期至成株期皆可发生。苗期发病，心叶花叶皱缩，明脉或叶脉失绿。成株期发病早则症状较重，叶片严重皱缩，质地硬、脆，生有许多褐色斑点，叶背叶脉上亦有褐色坏死条斑，病株严重矮化、畸形，生长停滞，不结球或结球松散；发病晚则症状轻，病株轻度畸形、矮化，有时只呈现半边皱缩，能结球，但内叶上有许多灰褐色小点，品质与耐贮性都较差。

带病种株植株矮小，不抽薹或者抽薹缓慢，抽出的花薹常扭曲、畸形，新叶明脉或花叶；花蕾发育不良或畸形，不结实或者果荚瘦小，籽粒不饱满，发芽率低；老叶上生坏死斑。

东北地区大白菜还有一种僵叶病(病毒病)，与上述“孤丁”症状不同，叶片细长增厚，不皱缩，外叶向外直伸、僵硬，叶缘呈波浪状，植株较矮，多不结球。

(2)甘蓝　病苗叶片上生褪绿圆斑，直径2～3 mm。生长中后期叶片呈斑驳或花叶症状。老叶背面有黑色的坏死斑。病株发育缓慢，结球迟且疏松。

(3)萝卜、小白菜、油菜等植物的症状与大白菜上的基本相同。

2. 病原

我国十字花科蔬菜病毒病主要由3种病毒单独或复合侵染所致。

芜菁花叶病毒(*Tunip mosaic virus*,TuMV)属芜菁花叶病毒科,芜菁花叶病毒属。病毒粒体线状,(150～300) nm×15 nm,钝化温度为56～65℃,稀释终点为(1.67～2)×10^{-3},体外存活期为1～2 d。侵染十字花科蔬菜主要引起花叶症状。病毒由蚜虫和汁液接触传染。除为害十字花科蔬菜外,还能侵染藜科、菊科和豆科的菠菜、茼蒿、花生等栽培作物,及酸浆、繁缕、荠菜、苍耳、苣荬菜、焊菜等野生杂草。是我国十字花科蔬菜的主要病毒种类。在北方单独侵染率为65%～90%。

黄瓜花叶病毒(CMV)和烟草花叶病毒(TMV)也是十字花科蔬菜病毒病的重要病毒种类,病毒的物理特性参看瓜类病毒病和番茄病毒病,其单独侵染率分别在20%和20%～30%。3种病毒的复合侵染率也很高。

此外,东北地区毒原还有萝卜花叶病毒(RMV)。

3. 发生规律

北方地区,病毒在窖藏白菜、甘蓝、萝卜及越冬菠菜、多年生杂草上越冬。病毒由蚜虫和汁液摩擦传染,但田间病毒传播以蚜虫为主,桃蚜、菜缢管蚜(萝卜蚜)、甘蓝蚜及棉蚜等都可传毒,病株种子不传毒。

病毒病的发生与气候条件、寄主生育期、品种都有一定关系。

病害发生程度与白菜受侵染的生育期关系很大。幼苗7叶期前最易感病,染病后病状表现也最严重,多数不能结球;生长后期受侵染发病轻。侵染越早,发病越重,危害越大。

苗期高温干旱,地温高或持续时间长,利于蚜虫繁殖和活动,而不利于寄主生长,植株抗病性弱,病毒病发生常较严重;而气候凉爽,雨水充足则发病轻。因此,春夏两季气温15～20℃,相对湿度在75%以下,白菜的感病期若与蚜虫的发生高峰期相吻合,病毒病发生严重。

此外,十字花科蔬菜互为邻作,发病重;与非十字花科蔬菜邻作,发病轻;秋季早播,发病重;适当晚播,发病轻;青帮品种比白帮品种抗病。

4. 防治方法

应采用选育和应用抗病品种、加强栽培管理、消灭蚜虫相结合的综合防治措施。

(1)选用抗病品种　可选用叶色深绿,花青素含量多,叶片组织肥厚,叶肉组织细密,生长势强的品种,如北京大青口、包头青、青杂5号等;秋季严格挑选,春天在采种田及早剔除病株,减少毒源。

(2)农业防治　调整蔬菜布局,避免与十字花科蔬菜间、套、轮作和邻作,及早发现并拔除病株;秋白菜适期早播,使幼苗期避开高温及蚜虫猖獗季节,防止发病;加强苗期管理,早间苗、早定苗,在播后、齐苗至7～8片真叶时勤浇水,可降低土温,减轻发病。

(3)化学防治　苗期防蚜。在大白菜出苗后至7叶期前,防治幼苗上的蚜虫。可用10%吡虫啉可湿性粉剂1 000～1 500倍液,或2.5%天王星乳油3 000倍液等喷雾。

发病初期选用20%吗啉胍铜可湿性粉剂500倍液,或2%宁南霉素水剂200～250倍液,或2%氨基寡糖素1 000倍液等喷雾,10 d 1次,连续2～3次。

五、玉米矮花叶病毒病

玉米矮花叶病毒病也称花叶条纹病、花叶病毒病等,在我国分布极为普遍,几乎所有的玉米产区都有发生，各地不同年份发生轻重有所差异。

1. 症状

玉米整个生育期均可感染，若苗期感染病毒，病害发生最重，抽穗后发病则较轻。症状表现也因病毒株系和玉米品种有很大差异。

幼苗染病，心叶基部叶脉间出现椭圆形褪绿小点，断续排列成条点花叶状，而叶脉仍然保持绿色，病叶逐渐发展成黄绿相间的条纹，病株的叶鞘和苞叶也表现花叶状，此为花叶病得名由来；后期发病重的叶片因叶绿素减少而发黄、变脆，病叶易折，后期病叶叶尖和叶缘变紫红，而后干枯。病株多数不能抽穗，少数抽出的果穗小，结籽少。病株通常比健康植株矮，通常只有健株高度的1/2，矮花叶病也因此得名。

生长后期感染病毒的植株也表现花叶症状，但通常仅上部少数叶表发病，对生长的影响不大。

2. 病原

病原为玉米矮花叶病毒(*Maize dwarf mosaic virus*，MDMV)，属马铃薯Y病毒科，马铃薯Y病毒属。病毒粒体线状，钝化温度55～60℃，稀释终点$(1\sim2)\times10^{-3}$，体外存活期为1～2 d，病组织内可形成风轮状内含体。病株组织里的病毒在超低温冰箱保存5年后仍具侵染能力。病毒可由汁液摩擦传染，自然条件下主要由蚜虫传播，玉米蚜、高粱缢管蚜、麦二叉蚜、棉蚜、桃蚜、苜蓿蚜等23种蚜虫可以传播病毒，玉米蚜是主要传毒蚜虫。病毒寄主范围广，除玉米、高粱、谷子、甜芦粟等栽培作物外，雀麦、牛鞭草、蟋蟀草、狗尾草、芒草、稗草、马唐等杂草也是常见寄主；种子带毒率低，土壤不能传毒。

3. 发生规律

病毒主要在雀麦、牛鞭草等寄主上越冬，是该病重要初侵染源，带毒种子发芽出苗后也可成为发病中心。传毒主要靠蚜虫的扩散而传播。蚜虫在毒株上吸食带毒汁液后即可传毒，但丧失传毒能力也较快。

病害发生程度与蚜量关系密切。5～7月凉爽、降雨不多，为有利于蚜虫活动的气候条件，蚜虫迁飞到玉米田吸食传毒，大量繁殖后辗转为害，若与大面积种植的感病玉米品种叠加，极易造成病害流行。病毒通过蚜虫侵入玉米植株后，潜育期随气温升高而缩短。

近年我国玉米矮花叶病逐渐有北移及大面积发生的趋势。一是主推玉米品种不抗病毒病，二是种子带毒率高，初侵染源基数大；三是自然界毒源量大，而北方气候又适于多种介体蚜虫繁殖和迁飞。经检测，种子带毒率最高达12.6%，致田间初侵染源基数增大，在抗病品种缺乏时，遇玉米苗期气候适宜，介体蚜虫大量繁殖，病毒病即迅速传播并流行。

4. 防治方法

玉米花叶病毒病应以农业防治为主，结合选用抗病品种进行综合防治。

(1)选用抗病品种　各地因地制宜选用抗病品种如中单2号，农大3138，农单5号，郑单1号，黄早4号，丹玉6号，陕单9号，陇单1号，天单1号等。

(2)农业防治　尽早拔除病株；适期播种、及时中耕锄草，减少传毒寄主基数，减轻发病。

(3)化学防治　在传毒蚜虫迁入玉米田的始期和盛期，或在玉米苗期防治蚜虫，用50%抗蚜威可湿性粉剂3 000倍液，或10%吡虫啉可湿性粉剂2 000倍液喷雾。

六、大豆花叶病毒病

大豆花叶病毒病在我国各大豆产区都有发生，引起种子产生褐斑粒，导致产量降低、含油量下降、品质变差。

1. 症状

大豆花叶病毒病症状因大豆品种、病毒株系和染病时间表现差异很大，可分为轻花叶型、皱缩花叶型、皱缩矮化型、芽枯型和褐斑粒。

(1)花叶型　在抗病品种或后期发病的植株上多表现为轻花叶症状。病叶呈黄绿相间的轻微淡黄色斑驳，植株不矮化，可正常结荚；

(2)皱缩花叶型　病叶呈明显的黄绿相间的斑驳，叶片皱缩严重，叶脉褐色弯曲，叶肉呈疱状突起，暗绿色，整个叶缘向后卷，后期叶脉坏死，植株矮化。

(3)皱缩矮化型　植株叶片皱缩，输导组织变褐色，叶缘向下卷曲，叶片歪扭，植株节间缩短，明显矮化，结荚少或不结荚。

(4)芽枯型　病株顶芽先卷曲萎缩、质脆易断，后变为黑褐色枯死，花芽亦萎缩不结荚，或结荚但豆荚畸形，豆荚上生有褐色斑块。

(5)褐斑粒　病粒种皮上产生与脐色一致或稍深的褐色或黑色的斑纹，斑纹呈放射状或带状，有时可布满整个籽粒表面。

2. 病原

大豆花叶病毒(*Soybean mosaic virus*，SMV)属马铃薯Y病毒科，马铃薯Y病毒属。病毒粒体线状，感病2～3周时病叶细胞内可产生风轮状内含体，钝化温度60～70℃，稀释终点10^{-2}～10^{-3}，体外存活期为1～14 d。寄主范围主要为豆科植物，如大豆、菜豆、绿豆、蚕豆、豌豆、花生、扁豆，及紫云荚、黄耆、昆诺菊、硬毛木蓝、千日红等牧草和观赏植物。

3. 发生规律

病毒可在种子的种皮、胚乳、胚芽中存活，干燥贮藏至播种时，仅胚芽带毒的种子在播种后可在田间形成病苗，其他部位的病毒失活。带毒种子是东北等一季作地区病毒病的最重要初侵染来源。南方的大豆栽培区，如长江流域病毒可在蚕豆、豌豆、紫云荚等冬季作物上越冬，也是重要初侵染源。病毒通过汁液、种子及蚜虫传毒。传毒蚜虫有桃蚜、豆蚜、大豆蚜等30多种蚜虫。传播距离通常在2 m左右，通常不超过100 m。

大豆营养生长期被侵染，花器各部位、种荚及种子均能带毒；感染期越早，带毒率越高；不同大豆品种的抗性有所差异，如大豆田内的蚜虫迁飞与着落率和传毒能力较强，其他作物上的蚜虫经大豆田时，着落率和传毒率都较低；气温超过30℃时会出现症状潜隐现象，一般高温隐症品种的产量损失比显症品种低。长期种植单一抗病品种，易引起病毒株系发生变化导致品种抗性降低。

因此，豆种带毒率高、大豆田内介体蚜虫发生早、数量大，植株被侵染早，品种抗病性不高且播种晚时，病毒病易流行。

4. 防治方法

大豆花叶病毒病应以农业防治为主，辅以化学防治蚜虫两者相结合的综合防治措施。

(1)农业防治　建立无病留种田,播种无毒或低毒(带毒率0.2%以下)的种子,可明显推迟发病盛期。

选用免疫或抗病品种。免疫品种有鲁黑豆2号、齐都84、凤91-801、凤91-709、丹807、新金黄豆等。注意调整播种期,使苗期避开蚜虫高峰。早期病苗,一季作地区适当晚播;制种田与生产田相隔100 m以上,采取综合措施严格防治病毒病的发生。

(2)化学防治　在蚜虫发生初期,用50%抗蚜威可湿性粉剂3 000倍液,或3%啶虫脒乳油1 000～1 500倍液植株喷雾,防止介体传毒。

发病初期喷0.5%菇类蛋白多糖300倍液,或2%宁南霉素水剂200倍液。

综合实训6　植物病毒病害的识别诊断

一、技能目标

掌握常见植物病毒病症状特点及内含体显微观察技术。

二、用具与材料

(1)用具　显微镜、碘液、锥虫蓝染液、载玻片、盖玻片、贮水滴瓶、挑针、搪瓷盘、多媒体设备等。

(2)材料　黄瓜病毒病、南瓜病毒病、番茄病毒病、辣椒病毒病、马铃薯病毒病、大白菜病毒病、油菜病毒病、萝卜病毒病、菜豆病毒病、葡萄病毒病、玉米矮花叶病毒病、玉米矮缩病毒病、大豆花叶病毒病新鲜或腊叶标本,植物病毒内含体永久玻片,染色液,病害挂图及幻灯片等。

三、内容及步骤

1. 观察植物病毒病害新鲜或腊叶标本,总结病毒病害的症状特点。

2. 观察植物病毒内含体

(1)直接观察　内含体可直接检查,方法是撕下叶脉处表皮组织或毛状体直接放入水滴中观察。

(2)染色观察　表皮组织或毛状体直接浸入碘液中染色,细胞核染成鲜黄色,无定形内含体可染成黄褐色;使用锥虫蓝染液染色,细胞核30 s内可染成蓝色,无定形内含体可部分染色,与细胞核区别明显,需注意结晶状内含体有些染成深色,有些不着色。

碘液配方:碘1 g,碘化钾2 g,水300 mL

锥虫蓝染液配方及使用方法:将锥虫蓝溶解在加热的0.9%氯化钠溶液中,配成0.5%原液,使用时用0.9%氯化钠溶液稀释2 000～50 000倍。

综合实训6-1
植物病毒病害
的识别诊断

四、作业

1. 采集制作植物病毒病害腊叶标本。

2. 完成植物病毒病识别诊断实训任务报告单。

第七章 植物线虫病害的诊断与防治

知识目标

- 了解植物病原线虫的主要类群。
- 了解主要植物线虫病害的种类。
- 掌握主要植物线虫病害的症状识别特点。
- 了解主要植物线虫病害的一般发生规律。
- 掌握主要植物线虫病害的防治策略和技术措施。

能力目标

- 能够识别主要植物线虫病害症状。
- 能够运用显微技术诊断主要植物线虫病害。
- 能够依据主要植物线虫病害的发生规律制定综合防治措施。

第一节 植物病原线虫的主要类群

线虫为动物界、线虫门的低等动物。目前,世界上有记载的植物线虫有 260 多属,5 700 多种。线虫门下设侧尾腺纲和无侧尾腺纲。植物寄生线虫分属于侧尾腺纲垫刃目、滑刃目和无侧尾腺纲矛线目(表 7.1.1)。

值得注意的是有些腐生性线虫在一定条件下可转变为寄生性线虫,如经常生活在多种植物腐烂根部的小杆线虫属(*Rhabditis*)、马铃薯块茎上的双胃虫属(*Diplogaster*)的一些种等都是由腐生性转变为寄生性的。

表 7.1.1　常见植物病原线虫及所致病害特点

所属纲	目	属	形态特征	代表病害	病害症状特点
侧尾腺纲	垫刃目	茎线虫属(*Ditylenchus*)	雌、雄虫皆线形,雌虫单卵囊,雌、雄虫尾端狭小圆锥状	甘薯、马铃薯茎线虫病	病薯小或畸形,薯块表皮龟裂、内部糠心、空洞
		根结线虫属(*Meloidogyne*)	雌、雄虫异形、异皮,口针短而细,中食道球发达;雌虫梨形,可孤雌生殖,雄虫细长,尾短,无交合伞,交合刺粗壮	多种植物根结线虫病	病株根部形成根结
		胞囊线虫属(*Heterodera*)	雌成虫梨形或柠檬形,初为白色,后变为黄白色,雄虫长线型。卵藏于胞囊或卵囊中	大豆胞囊线虫病	病株根部有雌虫体形成的孢囊
	滑刃目	滑刃线虫属(*Aphelenchoides*)	雌、雄虫体均为线型;滑刃型食管,卵巢短,前伸或回折1次或多次;侧区通常具2～4条侧线;阴门位于虫体后部1/3处	水稻干尖线虫病	为害植物的叶、芽、花、茎和鳞茎,引起叶片皱缩、枯斑,花畸形、死芽、茎枯、茎腐和全株畸形等

第二节　植物线虫病害

中国比较突出的线虫病害有蔬菜、柑橘、花生、烟草、粮食和花卉等多种作物的根结线虫病、大豆胞囊线虫病和甘薯茎线虫病等。其中花生根结线虫病(地黄病)已成为个别地区花生生产上的主要威胁,严重地区造成减产和欠收、甚至毁种;大豆胞囊线虫病被害率达10%左右,严重时达50%～100%,不仅造成减产,而且病区4～5年不能栽培大豆;甘薯茎线虫病和水稻干尖线虫病目前引起的产量损失在10%以上;蔬菜的根结线虫病近年来在全国各地都有逐渐加重的趋势,局部地区经济损失较大。

一、蔬菜根结线虫病

根结线虫病是由根结线虫引起的一类世界性的重要植物线虫病害。根结线虫种类繁多,全世界已报道的种类达70余种,我国报道的有16种。是多种蔬菜的一类主要线虫病害。近些年来,随着设施蔬菜生产的发展,大量蔬菜幼苗随种苗调运被从病区带至无病区,很多地方长期单一种植,连作情况普遍,更加重了线虫的为害程度,部分老棚区,根结线虫尤为严重。除直接影响寄主的生长发育,还可加剧枯萎病等病害的发生,使损失更加严重。

1. 症状

根结线虫仅为害植株的根部,以侧根及支根最易受害。

(1)地上部分　轻病株地上部分症状表现不明显;随着线虫为害加重,地上部分表现出生长势弱、抗病能力降低、其他病害防治效果降低、有防治无效果的现象;发病严重时植株明显矮化,结果少而小,叶片褪绿发黄,晴天中午植株地上部分出现萎蔫或逐渐枯黄,甚至枯死。

(2)地下部分　须根或侧根染病,产生大小不一的瘤状根结,瘤状根结初期呈白色且光滑,后转为黄褐色至黑褐色,表面粗糙甚至龟裂,严重时腐烂。

根结大小因寄主种类和线虫种类而异,豆科和瓜类蔬菜的根结较大,不规则串珠状;而茄科和十字花科蔬菜根结较小,多在新根的根尖处产生。病株根系比健株短,侧根和根毛少,有时还形成丛根或锉短根,根结之上一般可以长出细弱的新根。

根结外面无病征,解剖根结,发现组织内有针尖大小的乳白色半透明梨形线虫。

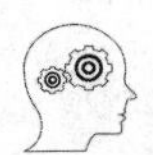

头脑风暴

植物线虫病害的症状表现有什么特点?在病害诊断时要注意哪些细节?

2. 病原

病原皆为根结线虫属(*Meloidogyne*)线虫。南方根结线虫[*M. incognita*(Kofoid et White)Chitwood]、花生根结线虫[*M. arenaria*(Neal)Chitwood]和北方根结线虫(*M. hapla* Chitwood)。其中南方根结线虫分布最广,几乎遍布所有蔬菜种植区,华北以花生根结线虫和北方根结线虫两种为主,东北的温室中以北方根结线虫为主。

根结线虫属成虫雌雄异型,雌成虫固定在根内寄生,梨形,前端尖,乳白色,尾部退化。食道的类型为垫刃型,食道前体部狭窄,中食道球发达,占1/2体宽。肛阴周围的会阴花纹是该属分种的重要依据之一。雌虫将卵产在体外的胶质卵囊中;雄虫线形、圆筒形,无色透明,无交合伞,无尾乳突,尾部短而钝圆,呈指状,后体部常向腹部扭曲,体表环纹清晰。2龄幼虫线形,大小(0.4～0.5) mm×(0.013～0.015) mm。营两性和孤雌生殖。

4种根结线虫的区别,主要依据雌虫会阴花纹的特征、2龄幼虫的平均长度、雄虫背食道腺口的位置,以及对一套鉴别寄主的侵染能力等进行鉴别。种内存在着明显的生理分化现象,有不同生理型或生理小种。

4种根结线虫生长发育要求的温度有所差别。南方根结线虫发育最适温度为27℃,花生根结线虫适宜温度为25～28℃,北方根结线虫适宜温度为20～25℃,爪哇根结线虫最适温度为25℃。

根结线虫寄主植物多达2 500余种。可为害瓜类、茄果类、豆类、十字花科、伞形科和生姜、山药等多种蔬菜。

3. 发生规律

根结线虫以卵、少数以2龄幼虫或随病残体在土中越冬,在土中可存活1～3年。第2年卵孵化为幼虫,2龄幼虫由根冠侵入寄主后在根内发育,刺激寄主形成明显的根结。雄虫成熟后从根部钻出进入土壤,雌虫产卵于胶质卵囊中,卵可产于根组织内外。卵可立即孵化,2 龄后离开卵壳,可在同 1 根或同株其他根进行再侵染或直接越冬。

根结线虫主要通过雨水、灌水或黏附在农机具上的土壤等途径进行近距离传播;种子、幼苗和块茎的调运是远距离传播的主要途径。

在土壤温度 25～30℃、土壤持水量在 40%左右最适宜线虫发育;土温高于 40℃线虫很少活动,55℃经 10 min 致死。地势高燥、结构疏松、含盐量低、偏施氮肥的中性沙土地,适宜线虫的活动,发病重;而土壤潮湿、黏重板结,发病较轻,若土壤连续淹水 4 个月,可使线虫全部死亡;线虫主要在表土 3～15 cm 活动,一般不超过 20 cm;连作地发病重,且危害程度随连作年限加长而加重,因此,北方保护地根结线虫病的发病程度重于露地。

4. 防治方法

(1)农业防治　实行轮作制度,可水旱轮作、蔬菜和粮食作物轮作、不同科间作物轮作、与葱、蒜类轮作;选用未发生过根结线虫病的土壤育苗;收获后彻底挖除病残体,并将其集中烧毁,病土壤用石灰进行消毒处理,消除虫源;有条件的还可通过种植诱杀植物、生草休闲或漫灌等措施,降低线虫密度,减少损失;选用南瓜作为砧木可以增强抗寒、抗病、抗线虫及根系吸收能力,促进早熟、增产。

(2)生物防治　淡紫拟青霉菌、厚壁轮枝菌等颉颃菌可寄生卵或捕食低龄幼虫,可使用活菌数 100 亿/g 淡紫拟青霉 200～400 g/667 m^2 随水滴灌,或厚壁轮枝菌 2.5 kg/667 m^2 土壤撒施或穴施,对根结线虫有较好的控制效果。

(3)物理防治　在 6～8 月对棚室进行高温闷棚。方法是定植前 20 d,先将棚土深翻,后在土上覆盖碎稻草 3～5 cm,并在稻草上泼洒生石灰水,洒匀之后翻耕 30 cm 深,浇 1 次透水后覆塑料膜并封严,密闭 15～20 d 使地温升高至 55℃以上,可以杀死线虫。

(4)土壤药剂处理　应用棉隆、氯化苦等土壤熏蒸剂可有效降低土壤中的线虫密度。一般在播种前 2～3 周,土壤温度在 6℃以上时,将种植畦垄做好,将药剂均匀地撒施在土壤表面,然后将药混入土壤中,深度 15～25 cm,保持土壤湿润,覆盖塑料膜密封土壤。可达到杀灭线虫的效果。注意棉隆、氯化苦为灭生性药剂,容易引起人体中毒,处理地块不可有绿色植物,使用时要特别注意安全。

(5)化学防治　可用 41.7%氟吡菌酰胺悬浮剂 100 mL/667 m^2 稀释后灌根,或 1.8%阿维菌素微乳剂 1 500 倍液,或 20%噻唑磷水乳剂 1 500 倍液等灌根;或 0.5%阿维菌素颗粒剂 3.5 kg/667 m^2 土壤撒施。

二、稻干尖线虫病

中国是世界上最大的稻米生产国,局部水稻产区较重。引起产量损失为 10%～20%,严重达 30%以上。

1. 症状

主要是稻种传带线虫引起叶片干尖、白尖。水稻整个生育期皆可受害,发病部位主要是叶片和穗部。

少数幼苗长至 4～5 片叶时,叶尖 2～4 cm 部分变为灰白色,病部常扭曲、卷缩,病健交界明显,病部后期脱落。

多数植株在成株后的孕穗期表现症状。一般在剑叶或其下1、2片叶的尖端1～8 cm处呈黄褐色、半透明干枯状，后扭曲而成灰白色干尖，病健交界明显，有锯齿状纹，病部后期不易脱落。病部干燥时卷曲成捻状，雨后或有露水时可展开呈半透明、水浸状。

病株剑叶比健株明显短小，多数可正常抽穗，但病穗短小，谷粒减少，秕谷增多。线虫一般不侵入到稻粒内。种壳内黑褐色小点，即为休眠线虫。

2. 病原

病原为稻干尖线虫（*Aphelenchoides* besseyi Christie），属滑刃目，滑刃线虫属。雌雄虫体皆为细长蠕虫形，体长620～880 μm，头尾钝尖、半透明。体表环纹细，侧区有4条侧线。雌虫比雄虫稍大。唇区扩张，缢缩明显，口针较细弱，约10μm；中食道球长卵圆形；食道腺覆盖肠，覆盖长为体宽5～6倍；排泄孔距虫体前端58～83 μm处。阴门位于虫体后部；卵巢1个，卵母细胞2～4行排列。雄虫尾向腹部弯曲呈镰刀状。交合刺强大，呈玫瑰刺状。尾末端有星状尾尖突。授精囊长圆形，精子圆形。

稻干尖线虫在干燥条件下存活力较强。在干燥稻种内可存活3年左右。耐寒冷，不耐高温。线虫活动温度为13～42℃，适温为20～26℃，致死温度为54℃，5 min；线虫正常发育需要70%相对湿度，在水中可存活30 d左右。在土壤中不能营腐生生活。

3. 发生规律

稻干尖线虫每年发生1～2代。以成虫和幼虫潜伏在谷粒的颖壳和米粒间以及胚乳中越冬，可存活2～3年，病种子是本病主要初侵染源，其次为稻壳填充物。线虫在水中和土壤中不能长期生存，灌溉水和土壤传播较少。

水稻浸种催芽时，种子内线虫开始活动。播种带病种子后，线虫游离于水中及土壤中，从芽鞘、叶鞘缝隙处侵入，潜存于叶鞘内，以口针刺吸组织汁液，营外寄生生活。线虫可通过雨水向附近稻株传播，因此，外表健康的稻株也可能潜有线虫。线虫随着水稻的生长，逐渐向上部移动。在孕穗初期前，线虫大多集中在植株上部几节叶鞘内，到幼穗形成时，则侵入穗部，大量集中于幼穗颖壳内、外部。病稻谷内83%～88%的线虫，集中于饱满的稻谷粒内。雌虫可在水稻生育期间繁殖1～2代。

使用病稻壳做厩肥，未腐熟后用做基肥，会加重发病；在水稻播种后15 d内低温多雨，有利于病害发生，发病较重；从品种来看，通常粳稻发病最重，籼稻其次，糯稻最重，杂交稻最轻；晚稻重于早稻，中稻发病最轻。

4. 防治方法

(1)种子检疫　稻干尖线虫仅在局部地区零星为害，实施检疫是防治该病的主要环节。为防止病区扩大，在调种时必须严格检疫。

(2)种子处理　无病区选留、播种无病种子，或病种采用温汤浸种杀死种子内线虫。

温汤浸种。先将种子在冷水中预浸24 h，然后在45～47℃的温水中浸种5 min，再移入54℃温水中浸10 min，取出后用冷水冷却后，摊开晾干，即可催芽播种；或者干燥种子在56～57℃热水中浸10～15 min，不需预浸。

化学药剂浸种。用线菌清550倍液浸种48 h，或用50%杀螟松乳油1 000倍液浸种24～48 h，或用18%杀虫双水剂500倍液浸种20 h，捞出洗净催芽；也可用浸种灵乳油5 000

倍液浸种 120 h，催芽露白后直接播种，可兼防恶苗病。

三、大豆胞囊线虫病

大豆胞囊线虫病又称黄萎病，有的地方俗称“火龙秧子”。该病属于世界性大豆病害，世界主要大豆生产国都有大面积的发生。我国主要发生在东北和华北地区，以及山东与河南等地。其中尤以东北三省西部较为干旱地区发病最重。一般可使大豆减产 10%～15%，严重时可减产 70%～80%，个别甚至绝产。可以说，大豆胞囊线虫病是大豆生产中为害最大、发生最普遍的病害之一。其特点是分布广、危害大、寄主范围广、传播途径多、休眠体存活时间长，是一种很难防治的土传病害。

1. 症状

在大豆整个生育期均可为害。地上和地下部分都有病态表现。主要为害根部。

(1)地上部分　被害植株生长发育不良，生长迟缓，植株矮小，茎和叶变淡黄色，花芽簇生，节间慢慢缩短，开花期延后，荚和种子萎缩瘪小，基至不结荚。严重的地块植株大面积枯黄，似火烧状，因而又被称作“火龙秧子”。

(2)地下部分　拔出病株，可见根系发育不良，根瘤和侧根减少，须根增多，根上附有米粒状、半透明的黄白色雌虫的胞囊，大小约 0.5 mm，是鉴别胞囊线虫病的重要特征。被害根常龟裂，易受其他微生物感染而导致腐烂。

2. 病原

病原为大豆胞囊线虫(*Heterodera glycines* Ichinoche)，属垫刃目，异皮科胞囊线虫属。雌成虫梨形或柠檬形，有短颈，大小为 0.85 mm×0.51 mm，初为白色，后变为黄白色或浅褐色，表面有斑纹，雌虫可产生 200～500 粒卵；雄虫长线形，体长 1.3 mm 左右；卵长椭圆形或圆筒形，直或稍弯，藏于胞囊或卵囊中。

幼虫分 4 龄，脱皮 3 次后发育为成虫。1 龄幼虫卷曲于卵内发育；2 龄幼虫破卵而出，先进入土中，在根附近活动，后侵入寄主，经皮层进入中柱，1、2 龄幼虫皆圆筒形，雌雄形态相似，难以分辨性别；3 龄后幼虫雌雄可辨，雄虫仍为线形，雌虫腹部开始膨大，体壁变厚；4 龄幼虫形态与成虫相似，雌虫柠檬形，雄虫线形。

1 龄幼虫在卵壳内发育；2 龄幼虫侵入作物根毛，寄生于皮层内；3、4 龄幼虫雌虫腹部膨大。土温 7℃以上卵即孵化，10℃以上 2 龄幼虫即能侵入，35℃以上则暂停活动；成虫产卵适宜温度为 23～25℃，发育适温为 17～28℃；适宜土壤湿度为 60%～80%，过湿土中氧气不足，易死亡，土壤完全干燥也会影响线虫的存活时间。胞囊抗逆性强，对卵有保护作用，一般在土壤里卵可存活 10 年之久。

大豆胞囊线虫寄主范围广，约有 1 100 种，多为杂草等植物。除大豆外，还可侵染小豆、豇豆、绿豆、豌豆和赤豆等豆科植物以及繁缕、苜蓿和野豌豆等。大豆胞囊线虫有生理分化现象。

3. 发生规律

大豆胞囊线虫在东北 1 年发生 3～4 代。主要以胞囊在土壤中越冬，带胞囊的土块也可混杂在种子中，成为远距离传播的初侵染来源。胞囊对不良环境抵抗能力很强，其土壤中胞囊的生活力可保持 3～4 年，种子中携带的胞囊也可存活 2 年时间。有研究发现，胞囊和卵粒通过鸟的消化道仍然可以存活。线虫的活动能力不强，在田间 1 年仅能移动 30～65 cm，主要依靠农事活动中的农机具携带在土壤进行传播，其次，灌水和未腐熟的肥料也可传播。

春季温度达到 15℃以上，卵发育孵化成初龄幼虫，蜕皮后变为 2 龄幼虫，并能用口针刺入寄主细胞内寄生活动。再次蜕皮后变为 3 龄幼虫，虫体开始膨大呈豆荚形。第 3 次蜕皮后变为 4 龄幼虫，再次蜕皮后成为成虫。雄成虫钻出根皮进入土壤后与雌成虫交尾。胞囊线虫的卵成为当年再侵染源和翌年年初的侵染源。

线虫发生程度与土壤温度、湿度有关，土壤湿度的影响大于温度的影响。土壤湿度 60%～80%较为适宜，土壤过湿，氧气不足线虫容易死亡。通气性良好的砂土、沙壤土有利于线虫的发育和侵害，一般发病较重；通气性差的黏重土壤不利于线虫的发育和侵害，一般发病轻。线虫在碱性土壤中比在酸性土壤中发生严重。

禾谷类作物根的分泌物有刺激线虫卵孵化的作用，可使幼虫孵化后因找不到寄主而死亡；菜豆、豌豆和三叶草等豆科植物虽可使大豆胞囊线虫卵孵化，但不能使胞囊数量增加，称为诱捕植物，轮作效果比休耕或其他非寄主植物更有效。一般与非寄主作物轮作后，每年线虫数量平均下降 20%～25%，而大豆则增产 1.5～2.0 倍。

4. *防治方法*

防治大豆胞囊线虫采用植物检疫；病区注重合理轮作与种植抗病、耐病品种相结合，辅以药剂防治的综合策略。

(1)植物检疫　做好种子的检验工作，彻底杜绝带有线虫的种子进入无病区。

(2)种植抗病品种　种植抗病品种如抗线 1 号、抗线 2 号、庆丰 1 号、嫩丰 14、嫩丰 15 等，在一定程度上可避免线虫为害所造成的大豆减产，同时也能减少土壤内线虫的密度。不过，连续或经常使用抗病品种，会使生理小种发生改变，造成毒力强的生理小种增多。因而，抗病育种应选择多种抗性基因品种轮换种植，或抗病与耐病品种、普通品种轮换种植，才可有效避免强毒力生理小种的出现。

(3)农业防治　采用大豆与禾本科作物如玉米、小麦、谷子等轮作，或与菜豆、豌豆等诱捕植物轮作 2～3 年，可以有效减轻线虫数量；另外，施足底肥，提高土壤的肥力，能有效增强植株的抗病力；在田间作业中，应当先在无病田作业而后再到病田区作业，作业后一定要注意将残草和泥土彻底清除干净。

(4)生物防治　播种前用 1.8%阿维菌素乳油 3 000 倍液灌穴，播种后覆土；或 1%阿维菌素缓释颗粒 2.25～2.5 kg/667 m^2 沟施、穴施；或用 2 亿活菌/g 的淡紫拟青霉粉剂 1～2 kg/667 m^2 与有机肥或细土混合均匀后，在定植时沟施或穴施，注意不可同时使用其他化学杀菌剂，以免影响药效。

(5)药剂防治　大豆在播种前 15～20 d，用氯化苦 25～35 kg/667 m^2 或 98%棉隆微粒剂 20～30 kg/667 m^2 土壤处理。

播种时药剂土壤处理。可用 15%噻唑膦颗粒剂 1～1.5 kg/667 m^2 土壤撒施。

四、甘薯茎线虫病

甘薯茎线虫病又叫糠心病、空心病、空梆、糠裂皮，在北方少数省(市)如山东、河北、河南、北京和天津等地发生。在田间主要为害薯块，引起薯块糠心、裂皮，减产 30%～50%，贮藏期烂窖，育苗期烂炕等，严重制约甘薯生产，为国内植物检疫性病害之一。

1. 症状

甘薯茎线虫病主要为害甘薯块根、茎蔓及幼苗。

苗期受害，幼苗发育不良、矮小发黄，根茎部表皮变褐色，外观无明显病斑，剪断茎部，可见组织内褐色干腐、有空隙，剪断处无汁液流出。

大田期发病，主蔓茎部表皮褐色龟裂，内部褐色糠心，病株叶黄，长势弱，严重可枯死；病薯块症状有 3 种类型：糠皮型、糠心型和混合型。①糠皮型：由线虫自土中直接侵入薯块造成，薯块表皮暗紫色或青褐色，表皮粗糙。病部略凹陷，表皮可见数量不等、短条状或星状龟裂。②糠心型：由染病茎蔓中的线虫向下侵入薯块引起，病薯外表与健康甘薯无异，但重量明显变轻，薯心部分或全部变成褐白相间的干腐或轻微湿润腐烂。③混合型：发病严重时，两种症状可以混合发生，病薯腐烂发黑并散发臭味，完全失去食用价值。薯块生长的最后一个月为病害的发病盛期。

2. 病原

病原为腐烂茎线虫(*Ditylenchus destructor* Thorne)，属线虫纲动物，垫刃目，茎线虫属。

茎线虫为迁移性植物内寄生线虫，生活史中包括卵、幼虫、成虫 3 个虫态。发病甘薯的薯块内，可同时检出病原线虫的 3 种虫态。雌、雄虫均呈线形，无色半透明，虫体细长，两端略尖，雌虫较雄虫粗大，表面角质膜上有细的环纹，侧带区刻线 6 条。唇区低平，稍缢缩。口针粗大，食道属垫刃型。尾圆锥状，稍向腹面弯，尾端钝尖。雄虫具交合伞 1 对，交合伞不包到尾端，约达尾长的 3/4；卵椭圆形或矩圆形，中部略缢缩，无色，两端透明。雌虫一生可产卵 100～200 粒，20～30 d 完成一代。单个病薯内的线虫最高可达 30 万～50 万条。

茎线虫耐低温而不耐高温。在 −2℃下 1 个月仍可存活，43℃干热条件下 1 h 或 49℃热水浸泡 10 min 全部死亡。2℃线虫开始活动，超过 7℃即可产卵和孵化，生长最适温度为 25℃左右；耐干、耐湿能力强，病薯含水量 1.2%时，成虫死亡率第一年仅 24%，第二年 48%。适应能力强，遇干旱进入休眠状态，遇雨即可恢复活动。田间线虫多聚集在 10～15 cm 土层的干湿交界处。

腐烂茎线虫的寄主较为广泛，寄主植物多达 70 种。除甘薯受害较重外，还可为害小麦、蚕豆、荞麦、马铃薯、山药、胡萝卜、萝卜、薄荷、蒜和当归等。

3. 发生规律

腐烂茎线虫可以卵、幼虫和成虫随薯块在窖内越冬，也可在土壤和粪肥中越冬，成为翌年的初侵染来源；线虫耐干旱能力很强，在薯干中也有一定量的活线虫，因此薯干也是病害的主要越冬场所和侵染来源。病害主要以种薯、种苗的形式进行近、远距离传播。轻病薯外观无症状，易混入种薯外调或者用于育苗。

病薯育苗时，线虫可从薯苗茎部侵入，进入皮层和髓部营寄生生活；病苗定植进入大田后，一部分线虫进入土壤，另一部分线虫则在结薯期由病蔓进入新薯块，不断向纵深发展，形成典型的糖心症状；土壤和粪肥内的线虫由根部伤口侵入，或从表皮通过伤口直接侵入，在薯块表面形成糠皮症状。田间线虫也可借水流、农具和牲畜短距离传播。

连作地块土壤线虫数量积累多，发病重；湿润、疏松、透气的沙质土利于其活动为害，极端潮湿或干燥的土壤不宜其活动。品种间抗性差异明显。

4. 防治方法

(1)植物检疫 严禁从病区调运种薯、薯苗及薯干,保护无病区。

(2)选用抗病品种 建立无病留种制度,选用抗病品种。选 5 年未种过甘薯的地块做为留种地,无病种薯单收单藏;各地可根据实际情况选用抗病品种,如农青 2 号、鲁薯 5 号、鲁薯 7 号、济薯 10 号、烟薯 3 号等。

(3)农业防治 重病区或重病地,应将甘薯与玉米、高粱、谷子、芝麻等作物轮作 3 年以上,或与水稻轮作 3~4 年,可基本控制甘薯茎线虫病的发生和为害,但不能与马铃薯、豆类作物轮作;种薯用 51~54℃温汤浸种;无病土培育壮苗;在育苗、移栽和收获期严格清除病苗、病薯及残屑,集中烧毁或深埋,清除病害侵染来源。

(4)生物防治 可用淡紫拟青霉、阿维菌素等,防治方法参考大豆胞囊线虫病。

(5)化学防治 可用 50%辛硫磷乳油 100 倍液浸薯苗 10 min;或用 20%噻唑膦水剂 750~1 000 mL/667 m^2,拌适量土撒施或穴施。

综合实训 7-1 植物线虫病害的识别诊断

一、技能目标

掌握植物线虫病害的症状特点,病原物特征和显微诊断技术。

二、用具与材料

(1)用具 体式显微镜、光学显微镜、载玻片、盖玻片、贮水滴瓶、挑针、搪瓷盘、放大镜、镊子、酒精灯、多媒体设备等。

(2)材料 番茄根结线虫病、黄瓜根结线虫病、大豆胞囊线虫病、小麦粒线虫病、甘薯茎线虫病原菌永久玻片,病害挂图及幻灯片等。

三、内容及步骤

1. 取各种植物线虫病害标本或挂图等,观察发病部位及病部特征,比较、概括和总结不同植物线虫病的症状特点。

2. 切开番茄根结线虫病、黄瓜根结线虫病病根的根结,观察根结线虫属雌虫虫体形态。

3. 挑取大豆胞囊线虫病、甘薯茎线虫病、菊花叶线虫病病部线虫制备临时玻片或观察永久片;观察胞囊线虫属、茎线虫属线虫形态。

4. 将小麦粒线虫病虫瘿放入培养皿,切开后加水静置 10 min,后用滴管吸取线虫制备临时玻片或观察永久片;观察粒线虫属线虫形态。

综合实训 7-1 植物线虫病害的识别诊断

四、作业

完成植物线虫病害的识别诊断实训任务报告单。

综合实训 7-2　植物线虫病害的田间调查与统计

一、技能目标

掌握植物线虫病发生情况的调查和统计方法。

二、用具与材料

放大镜，标本夹等采集用具，记录本，铅笔等。

三、内容及步骤

以小组为单位，选择当地 1 种代表性植物线虫病，调查病害发生轻重程度，分布特点等，并记录相关因子如品种、生育期、种植环境情况等。采用 5 点取样法调查并统计发病率。

综合实训 7-2 植物线虫病害的田间调查与统计

四、作业

完成植物线虫病发病情况调查实训任务报告单。

综合实训 7-3　植物线虫病害的综合防治

一、技能目标

制定当地主要植物线虫病防治综合方案并实施化学防治。

二、用具与材料

(1)仪器用具　喷壶、玻棒、胶皮手套、插地杆、记号牌、标签等。

(2)实验材料　防治植物线虫常用药剂 3～5 种如氰氨化钙颗粒剂、阿维·噻唑膦颗粒剂、10 亿 CFU/mL 蜡质芽孢杆菌悬浮液、5 亿活孢子/g 淡紫拟青霉颗粒剂等。

三、内容及步骤

以小组为单位，选择当地 1 种代表性植物线虫病，用 1～2 种药剂，实施病害综合防治，调查药剂防治效果。

综合实训 7-3 植物线虫病害的综合防治

四、作业

完成植物线虫病药剂防治及效果调查实训任务报告单。

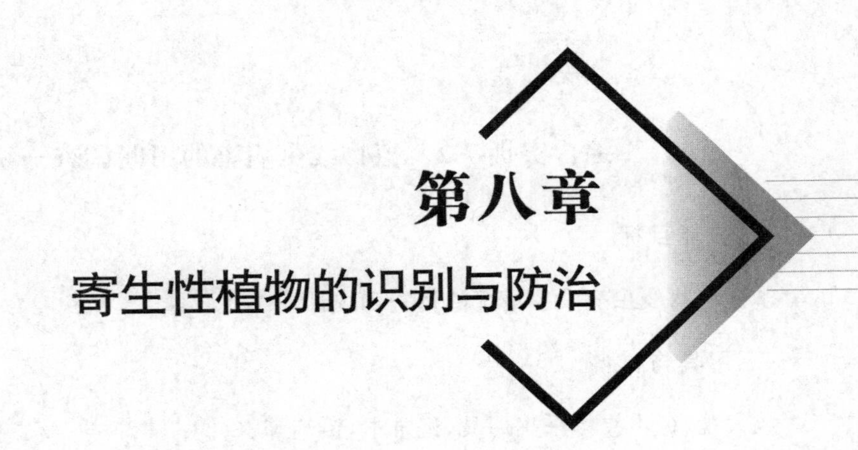

第八章 寄生性植物的识别与防治

知识目标

- 了解寄生性植物的主要种类。
- 掌握寄生性植物的为害特点。
- 了解寄生性植物的发生规律。
- 掌握寄生性植物的防治策略和技术措施。

能力目标

- 能够识别寄生性植物的种类。
- 能够正确认识寄生性植物的危害性。
- 能够采用合理方法防除寄生性植物。

第一节　寄生性植物的主要类群

寄生性种子植物在分类上主要是属于被子植物门的12个科，重要的有菟丝子科、列当科、桑寄生科、樟科、玄参科和檀香科(表8.1.1)。其中以桑寄生科为最多，占1/2左右。

表8.1.1　寄生性植物主要类群

科	属及形态特征		寄主范围
菟丝子科	菟丝子属 (*Cuscuta*)	全寄生一年生攀藤寄生的草本种子植物，无根；叶片退化为鳞片状，无叶绿素；茎藤多为黄色丝状。菟丝子花较小，白色、黄色或淡红色，头状花序。蒴果扁球形，内有2～4粒种子；种子卵圆形，稍扁，黄褐色至深褐色	豆科、菊科、茄科、百合科、伞形科、蔷薇科等草本和木本植物

续表8.1.1

科	属及形态特征		寄主范围
列当科	列当属（*Orobanche*）	全寄生一年生草本植物，茎肉质，单生或有分枝；仅在茎基部有退化为鳞片状的叶片，无叶绿素；根退化成吸根伸入寄主根内吸取养料和水分。花两性，穗状花序，花冠筒状，多为蓝紫色；果为球状蒴果，内有几百甚至数千粒种子；种子极小，卵圆形，深褐色，表面有网状花纹	瓜类植物/向日葵
桑寄生科	桑寄生属（*Loranthus*）	半寄生常绿小灌木，少数落叶性。叶卵形、椭圆形或退化成鳞片；茎圆柱形，有匍匐茎；花两性，多为总状花序；浆果，果皮木质化，果皮内种胚和胚乳裸生	樟树、油茶
	槲寄生属（*Viscum*）	半寄生绿色小灌木。叶肉肥厚无柄对生，倒披针形或退化成鳞片；茎圆柱形，二歧或三歧分枝，节间明显，无匍匐茎；花极小，单性，雌雄同株或异株；果实为浆果，黄色	桑、杨、板栗、梨、桃、李、枣等多种林木和果树

第二节　寄生性植物的识别与防治

一、菟丝子

菟丝子在全世界广泛分布，中国各地均有发生。俗称金线草、无根草。是一类缠绕在木本和草本植物茎叶部营全寄生生活的草本植物。

1．症状

菟丝子的叶片退化，茎为黄褐色丝状，无叶绿素，全部营养都需从寄主植物体内获得。菟丝子以茎缠绕在寄主植物的茎和叶部，吸器与寄主的维管束系统相连接，不仅吸收寄主的养分和水分，还造成寄主输导组织的机械性障碍，受害作物生长严重受阻，发生严重时全田一片黄色丝状物。一般减产10%～20%，重者达40%～50%，严重的甚至颗粒无收。有些菟丝子还可传播病毒病。

2．病原

菟丝子皆属菟丝子科，菟丝子属（*Cuscuta*）植物。常见有中国菟丝子（*C. chinensis*）、日本菟丝子（*C. japonica*）、南方菟丝子（*C. australis*）和田野菟丝子（*C. campestris*）4种，菟丝子是菟丝子科植物的通称。4种菟丝子形态特征相近（图8.2.1）。

菟丝子为一年生全寄生草本植物，叶片退化为鳞片状，茎黄色或带红色，丝状，旋卷缠绕在寄主植物叶和茎上；花小，白色或淡红色，簇生为头状花序；蒴果开裂，种子卵圆形，黄褐色至深褐色，2～4粒；胚乳肉质，种胚弯曲成线状。

主要寄生于豆科、菊科、蓼科、杨柳科、蔷薇科、茄科、百合科、伞形科等木本和草本植物上，禾本科植物的水稻、芦苇等偶可受害。

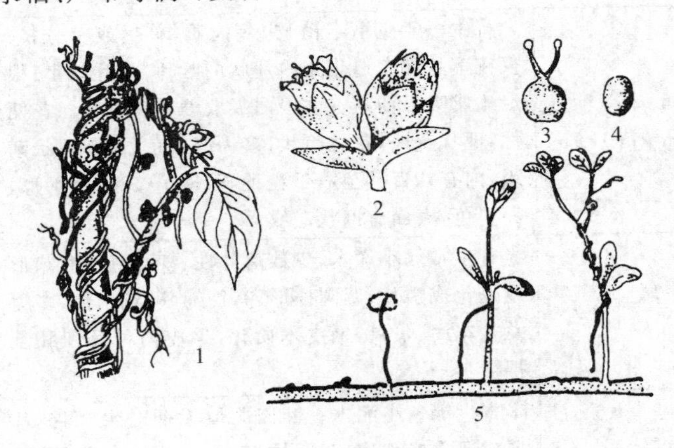

图 8.2.1 菟丝子

1. 大豆上的菟丝子 2. 花 3. 子房 4. 种子

5. 菟丝子种子萌发及侵染寄主过程

3. 发生规律

菟丝子在不同植物上的发生规律相似。以种子在土壤中或混于种子中越冬，翌年萌发，寻找寄主植物。随作物种子调运而远距离传播。

中国菟丝子种子成熟后落在土中，翌年在寄主生长以后才萌发。种子萌发时，种胚一端形成无色或黄白色的细丝状幼芽固着在土粒上，另一端也脱离种壳形成丝状茎。丝状茎在空中来回旋转，遇到合适的寄主就缠绕其上，在接触处形成吸盘深入寄主。当寄生关系建立以后，吸根下边的茎就逐渐萎缩死亡。

菟丝子的吸根是从维管束鞘突出形成的，和侧根产生方式相同。吸根进入寄主组织后，部分组织分化为导管和筛管，分别和寄主的导管和筛管相连，从寄主吸取养分和水分。菟丝子花期与大豆相同，但种子比大豆种子先成熟，落在土中成为下一年的为害来源。

菟丝子以种子繁殖和传播。种子小而多，一株菟丝子可产生近万粒种子。种子寿命长，随作物种子调运而远距离传播。

鲁保 1 号为寄生在菟丝子上的炭疽病菌，对菟丝子有较高的控制作用。

4. 防治方法

(1)农业防治　深翻土地将种子深埋使其不能萌发；采用净种播种，严禁从外地调运带有菟丝子种子的种苗；植物受害早期手工剪除，由于其断茎有发育成新株的能力，故剪除必须彻底，剪下的茎段不可随意丢弃，应晒干并烧毁，以免再传播。

(2)生物防治　发生初期在田间喷洒鲁保 1 号 1.5～2.5 kg/667 m^2，兑水喷雾，防治效果一般在 85%以上。

(3)化学防治　施药宜掌握在菟丝子开花结籽前进行。可用 45%敌草腈可湿性粉剂 0.25 kg/667 m^2 喷雾，隔 10 d 1 次，共用药 2 次。

二、列当

列当是列当科植物的总称。我国列当主要分布在西北、华北、东北地区，少数在西南的高海拔地区。列当可在70多种草本双子叶植物的根部营寄生生活，不为害单子叶植物。不同种类的列当，其寄主种类不同。对农作物的损害很大，严重时可使作物绝产。

1. 症状

列当叶片退化，无叶绿素，在草本或木本植物根部营全寄生生活，以吸盘与寄主植物根部维管束相连，从寄主植物内吸取水分和营养物质，对寄主植物破坏较大。被害植株细弱、矮小，不能开花或花朵小、数量少，瘪粒增加，严重时甚至整株枯死。轻则减产10%～30%，受害严重的可造成绝收。

2. 病原

列当皆属列当科，列当属（*Orobanche*）植物。常见有向日葵列当（*O. cumane*）和埃及列当（*O. aegyptica*）2种。为1年生全寄生草本植物。

向日葵列当又称二色列当。茎直立，单生，肉质，密被细毛，浅黄色至紫褐色，高30～40 cm；穗状花序，筒状花，紫色，较小，长10～20 cm；每株茎上有20～40朵花；花冠筒部膨大，上部狭窄，成屈膝状。从嫩茎出土至种子成熟历时30 d，种子深褐色，极小。

主要寄主植物有向日葵、烟草、番茄、红花等，但在蚕豆、豌豆、胡萝卜、芹菜、瓜类、亚麻、苦艾的根上也能寄生生长，诱发植物是辣椒。

埃及列当又称瓜列当，俗称草苁蓉、独根草、兔子拐棒等。茎直立，中部以上有分枝3～5个，茎高15～30 cm；茎上密被腺毛，黄褐色。穗状花序圆柱形；花淡紫色；种子较小，倒卵圆形，一端较窄而尖，黄褐色。在我国以新疆、甘肃最多，为害也最重。

埃及列当的寄主范围广，有17科50多种植物，主要寄主是哈密瓜、西瓜、甜瓜和黄瓜，其次是番茄、烟草、向日葵、胡萝卜、白菜、茄子和一些杂草。在瓜田的发生期为6～7月，寄生率可达100%。种子在碱性土壤中的萌发率高。诱发植物有玉米、三叶草、苜蓿、芝麻等。

3. 发生规律

列当主要以种子在土壤中或混在种子中越冬，成为翌年为害来源。可借气流、水流、农事操作活动等传播。

列当种子一般在寄主植物生长后萌发。种子受到寄主植物根部分泌物的刺激，在水分充足时萌发长出细丝，接触到寄主植物时侵入，在寄主的侧根上逐渐形成吸盘，内部维管束与寄主植物维管束相连，吸收寄主的营养物质和水分。受害植物长势差，细胞膨压降低，经常处在萎蔫状态，从而降低寄主对其他病虫害等不良条件的抵抗能力。

每株列当可产生种子5万～10万粒，最多达45万粒。向日葵列当种子极小，10万粒种子仅重1 g。种子成熟后散落在土中，也可随风飞散而黏附在寄主的种子上。在土中，向日葵列当种子可存活5～10年，埃及列当种子可存活10～15年。

4. 防治方法

（1）植物检疫　严格执行检疫制度，防止种子的繁殖和传播。

（2）农业防治　因地制宜选用抗病品种，如向日葵的食葵3号、辽葵杂4号等；在列当出土盛期和结实前及时中耕锄草 2～3 次，开花前连根拔除或人工铲除并将其烧毁或深埋，收获后及时深翻整地。

(3)化学防治　在播种后出苗前，列当萌发前用 48%氟乐灵 0.15 kg/667 m^2 与土混拌后进行土壤封闭处理；向日葵可在花盘 10 cm 时用药剂对地面和列当植株喷洒化学药剂，药剂可用 48%甲草胺乳油 0.27～0.47 L/667 m^2，或 48%地乐胺乳油 0.15～0.37 L/667 m^2。不可提早使用，以免产生药害。

综合实训 8　寄生性植物识别

一、技能目标

能够正确识别寄生性植物的种类和掌握主要防治方法。

二、用具与材料

(1)作物生产实训基地；菟丝子、列当、槲寄生等新鲜或干燥标本。

(2)剪刀、镊子、挑针等工具。

三、内容及步骤

(1)观察菟丝子、列当、槲寄生等寄生性植物的叶片和茎的颜色、形状，花的大小、颜色、着生方式，果实形状，种子数量等特征。

(2)调查并统计寄生性植物的发生量和危害程度。

综合实训 8
寄生性植物识别

四、作业

1. 完成寄生性植物识别与防除实训任务报告单。

2. 采集寄生性植物并制作标本。

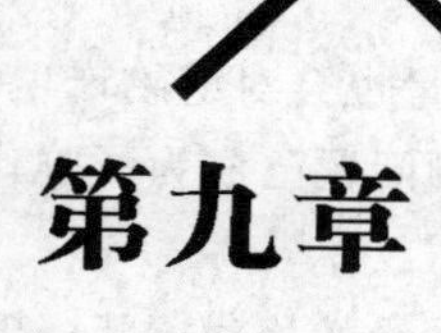

第九章 植物非侵染性病害的诊断与防治

知识目标

- 了解植物非侵染性病害的主要病原。
- 了解主要植物非侵染性病害的种类。
- 掌握主要植物非侵染性病害的症状识别特点。
- 了解主要植物非侵染性病害的一般发生规律。
- 掌握主要植物非侵染性病害的防治策略和技术措施。

能力目标

- 能够识别主要植物非侵染性病害症状。
- 能够依据主要植物非侵染性病害的发生规律制定综合防治措施。

第一节　植物非侵染性病害的病原

几乎所有的不适宜环境因素都可以引致植物发生非侵染性病害，植物发病后，轻则生理代谢失常，重则表现明显的症状，病害没有传染性，也称生理性病害或非传染性病害。引发非侵染性病害的常见因素有营养失调所致的缺素症和过量毒害、水分不足或过量引起的旱害和涝害、低温所致的寒害与冻害、高温所致的日灼、化学药剂和肥料使用不当及有毒污染造成的药害、肥害和毒害等。

一、营养失调

植物在生长发育过程中需要大量的营养元素，其中碳(C)、氢(H)、氧(O)、氮(N)、磷(P)、硫(S)、钾(K)、镁(Mg)、钙(Ca)、硅(Si)等属于大量元素，铁(Fe)、锰(Mn)、锌(Zn)、铜(Cu)、硼(B)、钼(Mo)、氯(Cl)、钠(Na)等元素虽然需求量少，却是必需元素。一旦植物营养元素缺乏或者比例失调，或者由于土壤的理化性质不适宜而影响了这些元素的吸收，表现出各种缺素症，但过量也会对植物产生相应毒害，产生生理病害。

植物营养失调问题已成为影响作物健康生长的常见重要因素，对作物的外观、产量、品质等影响较大。

植物需求与供给的相对不足。氮、磷、钾等元素植物普遍需求量大，常易出现短缺问题。

1. 氮元素

氮是一个流动性很强的元素，其缺乏症状首先出现在老叶上，逐渐向上表现症状。氮元素缺乏导致营养生长减少，植株瘦小，根系色白细长，根量少，叶片细小直立，叶色淡绿，茎细弱，分枝、花和果实稀少；氮元素过量则导致叶片变宽，叶色深绿，植株易受昆虫为害和病原物侵染。过量的氮会抑制磷等元素的摄取，延迟果实成熟。

2. 磷元素

缺磷会影响细胞分裂，磷缺乏症状会先在老叶上出现。植株矮小，分蘖分枝减少，叶色暗绿呈青铜色，下部叶脉间黄化，常带紫色，幼芽、幼叶生长停滞，茎、根纤细，花小而少，花色不好，果实发育不良；磷过量会抑制锌的吸收，并导致铜、锰和铁等的缺乏症，严重时叶片坏死。

3. 钾元素

钾在植物中移动性强，缺乏症状首先在成熟的叶片上出现。缺钾导致叶片失水，蛋白质、叶绿素破坏，表现为脉间失绿，叶尖及叶缘变黄枯焦呈火烧状，因叶片中部生长仍较快，所以整个叶片会形成杯状弯曲，植物发育迟缓、矮化，产量和甜度下降；过量钾会影响植株对钙、镁等元素的吸收，引起相应缺素病害。

4. 钙元素

缺钙植物的枝、叶、根等生长点分生组织容易腐烂死亡，植株矮化。根系生长受限，幼叶卷曲畸形，边缘呈缺刻状，新叶难抽出；果实开裂、畸形，大小不均，局部坏死。

5. 镁元素

镁对形成碳水化合物、脂肪和维生素至关重要，可促进磷的吸收和运输。植物缺镁时，植物矮小，生长缓慢，表现为下部叶片的脉间黄化，黄化区域呈V形，这是与缺氮黄化症的主要区别。叶缘向上或向下反曲而形成皱缩。

植物严重缺镁可导致植株早衰，叶片完全脱落，柑橘等果树作物如果少或无果；黄瓜缺镁，表现为生育期提早，脉间黄化，重则引起叶片枯死；过量的镁则可以影响植物对钾、钙等的吸收。

6. 铁元素

铁缺乏时会导致植物叶片难以形成叶绿素，引起缺铁性黄化病，表现为新叶黄化或白化，新叶叶脉仍保持绿色，脉间失绿黄化，老叶则表现正常。严重时黄化逐步扩大到下层老叶，叶片枯焦、脱落，枝条枯死。

除土壤自身营养元素的缺乏或过剩会引发营养失调外，土壤的理化性质不适宜，如低温、含水量低、土壤偏酸或偏碱等都会影响营养元素的正常吸收和利用。如低温会降低植株根的呼吸作用，直接影响根系对氮、磷、钾的吸收；温度高、土壤水分蒸发快，酸性土壤中易发生钙的缺乏；沙性土壤则易流失钾；土壤碱性影响铁的供给。

对于植物营养缺乏问题：一是根据土壤供给和植物需求情况，选择恰当的肥料种类和施用时间、方法，合理施肥；二是注意各种元素肥料的比例适当，不过度施用单一肥料；三是注意有机肥与化学肥料的比例，保证土壤中一定的有机质含量，平衡肥料供给能力；四是调节土壤理化状态，提高土壤自我供给营养的能力；五是通过休耕、种植绿肥、秸秆还田等手段合理养地，不过度用地。

二、水分失调

植物的新陈代谢过程和各种生理活动，都必须有水分的参与才能进行，它直接参与植物体内各种物质的转化和合成，维持细胞渗透压、溶解并吸收土壤中各种营养元素并可调节植物体温。水分在植物体内的含量可达80%～90%及以上，水分的缺乏或过多及供给都会对植物产生不良影响。

天气干旱，土壤水分供给不足，或空气湿度过低，或与大风高温结合的干热风现象，会使植物的营养生长受到抑制，营养物质的积累减少会降低品质。旱害发生严重时，植物生长矮小，主要症状为枯萎，叶片变色，叶缘枯焦，造成落叶、落花和落果，甚至整株枯死。

土壤水分过多，俗称涝害，会阻碍土温的升高和降低土壤的透气性，土壤中氧气含量降低，植物根系长时间进行无氧呼吸，引起根系腐烂，进而引起地上部分叶片变色、生长停滞，甚至植株死亡。

水分供给失调、变化剧烈时，对植株会造成更大的伤害。如先干旱后涝害，会使根菜类的根茎、果树的果实开裂，前期水分充足后期干旱则使番茄果实发生脐腐病，严重影响蔬果产品的产量和品质。

水分失调的解决对策：一是在干旱发生，高温天气蒸腾作用加剧时，及时做好补水处理；二是合理施肥，提高植物生长势和抗逆性；三是雨季在低洼排水不好地段容易积水，引起植物涝害，应及时做好监测和排水处理。

三、温度不适

植物的生长发育都有它适宜的温度范围，温度过高或过低，超过了它的适应能力，植物代谢过程将受到阻碍，就可能发生病理变化而发病。温度不适包括高温与低温伤害，低温伤害更为普遍多见。高温容易造成新生枝叶灼伤、花果破坏或异形，多见于因温度管理不到位的保护地。

（一）低温伤害

低温对植物为害很大，是栽培植物常见的自然灾害，多发生在秋末初冬、隆冬和早春。低温伤害分为两种类型：冷害和冻害。

冰点以上的持续低温，称冷害或霜害，表现为植株生长减慢，组织变色、坏死，造成落花、落果和畸形果。0℃以下的低温称冻害，可使植物细胞内含物结冰，细胞间隙脱水，原生质破坏，导致细胞及组织死亡。

当地温低于12℃且持续时间较长，土壤浇水过量，会引发蔬菜幼苗的“沤根”，表现为幼苗根部表皮呈铁锈色，不发新根、生长停止，重则枯死。芽的低温伤害多发生在早春，表现为芽苞内部变黑、失水干缩死亡；叶片的低温伤害多发生在晚秋，表现为叶片水渍状，后期干枯死亡，有时导致植物形成偏冠；主干冻害多发生在秋末冬初和早春，由于昼夜温差大，反复的冻融交替导致表皮组织破坏死亡，进而诱发烂皮病、溃疡病等生物性为害。

（二）高温伤害

高温可使光合作用下降，呼吸作用上升，碳水化合物消耗加大，生长减慢，使植物矮化和提早成熟。干旱会加剧高温对植物的危害程度。

在自然条件下，高温常与强日照及干旱同时存在，使植物的茎、叶、果等组织产生灼伤，称日灼病。灼伤主要发生在植株的向阳面，表现为组织褪色变白呈革质状、硬化易被腐生菌侵染而引起腐烂；还可造成黄瓜幼苗花打顶，辣椒大量落叶、落花和落果等。

在贮藏过程中，高温及通风不良引发苹果虎皮病、马铃薯黑心病等。

在晚秋寒潮来临前灌抗冻水；利用保护地设施、辅助加温或临时性防护装置，减小温度的剧烈变化；或在低温寒潮来临前，及时开展烟熏和喷防冻剂作业；树木在入冬前进行树干涂白，可减少树体因昼夜温差过大引起的伤害；保护地栽培及时通风散热；贮藏期保持低温干燥等都可预防温度不适引发的生理病害。

四、肥害

化肥施用时间或施用方法不当，常常会导致肥害。

脱水型肥害是因一次性施用化肥过多，或施肥后因土壤水分不足导致肥料溶液浓度过大，引起作物细胞内水分反渗透，造成作物的脱水，多表现萎蔫，似霜冻或开水烫状，轻者影响生长发育，重者全株死亡。

熏伤型肥害是在高温天气或在保护地一次性施用过多的氨水或碳酸氢铵等铵态氮肥、未腐熟的饼肥、人粪尿、鸡粪、鱼肥等，3～4 d就可产生大量氨气，当空气中的氨气浓度达到0.1%～0.8%时，植物就可受害，在叶片上形成大小不一的不规则失绿斑，叶缘枯焦，严重时整株枯死。

烧种型肥害是施用种肥量过多，或用过磷酸钙、易挥发的碳酸氢铵以及尿素、石灰氮等化肥拌种出现的烧种，可导致缺苗。另外，在进行叶面施肥时，使用的浓度过大，也会造成叶片烧伤。

近年来设施栽培面积的不断扩大，农家肥和化肥使用量都很大，但保护地半封闭的环境条件却阻碍了雨水对土壤的淋洗作用，很多化学肥料的副成分在土壤中残留，土壤的次生盐渍化问题日益突出。表现为土壤板结，根系发育不良，植株矮小，不发新根，产量降低，重则植株枯死。

五、药害

植物药害是指因农药的品种、施用时间、剂量、浓度等使用不当，对植物组织或器官造成的伤害，使其生长发育及生理产生异常，乃至植株死亡的现象。

（一）药害类型

药害根据其发生的速度分为急性药害、慢性药害和残留药害等。

1. 急性药害

急性药害是在施药后 2～5 d 内表现出的异常现象，一般植物的幼嫩部位容易出现此类药害。如出苗期推迟、出苗率降低，根系发育不良，茎部扭曲、表皮破裂和结疤，叶片褪绿、焦枯，落花、落蕾，果实畸形、锈果和落果，重则植物枯萎、死亡。

2. 慢性药害

慢性药害出现的时间较长，通常在 10 d 以上，逐渐影响植物的正常生理代谢，由于症状不明显，常常不易察觉。多表现为光合作用减弱、植株生长发育缓慢、植株矮小、发育不良、农艺性状恶化等。

3. 残留药害

残留药害是在使用残效期较长的农药后，药剂或其分解产物在土壤、秸秆或堆肥中过量累积，对下茬敏感作物产生的药害。残留药害常多见于对后茬作物的伤害，植株表现为生长发育不良，叶片发黄、卷叶等多种症状特点。如稻麦轮作地土壤中残留的绿麦隆对水稻的药害。

4. 飘移药害

飘移药害是施用农药时因风力和风向等原因，造成农药雾滴飘移偏离施药目标、沉降到邻近敏感作物上产生的药害。如 2,4-D 除草剂飘移造成葡萄叶片组织产生畸形、变脆、深绿等药害症状表现。

(二)药害发生的原因

植物上登记使用的农药品种繁多，栽培作物多样，多种栽培方式并存，药害的产生是药剂本身的性质和植物种类、生长发育阶段的生理状态以及施药后的环境条件等因素的综合效应。

在防治病虫草害时使用化学农药浓度过高、施用方法不合理、种类和时期不恰当，都会造成不同程度药害。

如施用烟剂防治病虫害时用量过大，烟剂的分布点不均匀，局部植物会产生全株叶片焦枯的症状；波尔多液可用于多种果树真菌性病害的防治，但如果使用时期不适宜或硫酸铜和生石灰的比例不恰当，植物也会产生药害，在苹果的幼果期和近成熟时使用会在果面产生果锈；杀菌剂和杀虫剂浓度过高，会使植物叶片产生不规则形坏死斑，甚至全叶枯焦；植物生长调节剂浓度过高会影响植物生长，如 2,4-D 在茄果类蔬菜上药液蘸花时浓度过大或重复蘸花，会使果实脐部呈瘤状突起造成果实畸形。

(三)解决对策

首先要充分认知不同植物及不同生育阶段对不同农药敏感性的差异，对于极易造成药害的无机农药、除草剂等更应高度重视，在大风、高温、强光照射、雨天或露水大时不施药以免引起药害；合理安排种植结构，避免上下茬作物、邻近作物使用农药引起残留药害、飘移药害；新农药应在施用前进行小面积的药害试验。药害一旦发生后，可进行喷水和灌水冲泡处理，同时摘除药害发生部位，可施用速效性肥料以及赤霉素、芸薹素内酯等生长激素，以缓解药害。

六、环境污染

植物生长的环境包括空气环境和土壤环境，当环境中的有毒物质累积到一定浓度，就会对植物产生有害影响。

空气中的有毒气体、土壤和植物表面的尘埃等有害物质，都可使植物中毒而发病。空气中的有害气体主要为化学工业、煤和石油及其衍生产品燃烧等排出的废气如硫化物、氟化物、氯化物、氮氧化物、臭氧，及其混杂其中的镉、汞、铅等重金属粉尘等。

硫化物主要为二氧化硫，植物受二氧化硫为害，主要表现为叶片不均匀褪绿，形成白斑，常引起叶片早落。氟化氢、氯气等为害主要症状包括叶片褪绿，形成水渍状斑点，叶部的病健交界处常有棕红色的条纹。

土壤中的有害物质包括土壤残留物的污染、水污染等，如有机肥中残存的兽药、低质量化肥中存在的重金属以及未经处理合格的工厂有毒废水、北方地区的融雪剂等。融雪剂主要成分为氯化钠、氯化镁、氯化钾等氯盐，渗入土壤可造成土壤板结，引起植物浅根系死亡。

对于环境污染引起的生理病害的防控，在尽力做好污染物减排、使用合格的肥料与灌溉水等土壤投入品的基础上，可在化工厂、水泥厂等高污染企业周边选择抗灰尘和吸附力强的树种，如对二氧化硫、氟化氢等抗性较强的垂柳、刺槐等，作为绿化隔离带，起到净化空气的作用。

第二节　植物非侵染性病害

一、番茄脐腐病

番茄脐腐病防治

番茄脐腐病，又称蒂腐病，是番茄上常见的病害之一。保护地、露地均有发生，但保护地重于露地。沿海(江)的沙壤土地区和干旱年份为害严重。对产量和品质影响较大。

1. 症状

番茄脐腐病属于生理病害。幼果易感病，病斑发生于果脐部，初呈水渍状，暗绿色，病斑直径 1～2 cm，严重时可扩展小半个果实，很快变为暗褐色或黑色，病部呈扁平状，果肉也变为黑色，表面曲折凹陷，有时发生龟裂，病果提前变红，但无商品价值。在潮湿的情况下，病部易被腐生菌感染，可长出白色、墨绿色或粉红色等霉状物。

2. 发病原因

脐腐病是由水分供应失调、缺钙、缺硼等原因导致的生理性病害。番茄的感病生育期为座果后的 1 个月。

一般在第一果穗座果之后，植株处于生育旺盛阶段。遇干旱或灌水不足，特别是大棚和温室内栽培的番茄，为预防灰霉病或菌核病的发生，采取降湿栽培措施，当叶片蒸腾需消耗大量水分，导致果实，特别是脐部的水分被叶片夺走时，造成果实内部水分失调，果实的生长发育受阻，形成脐腐；或供水量大于植株生长需求时，由于蒂部的细胞膨压过大而使细胞破裂，细胞内充水最后坏死；有些情况下，由于土壤物理性状差，土壤过黏，或土层浅，碱性过大，导致根系发育不良，田间管理不善，耕深不够，松土层过浅，土壤板结，根系难以伸展，影响吸收水分，形成脐腐。

其次是偏施氮肥，造成植株氮营养过剩，植株生长过旺，使番茄不能从土壤中吸收足够的钙和硼，致使脐部细胞生理紊乱，失去控制水分的能力而引起脐腐病。

另外，沿江的沙壤土，因土壤含盐量较高，也易引发缺钙造成病害发生，一般在土壤中硼的含量低于0.5 mL/L，或果实中钙的含量低于0.2%，均易引发脐腐病。总盐度过高会妨碍对钙的吸收，在pH为5.6～8的条件下，钙的有效含量随pH升高而降低。沙性强、漏水漏肥严重及盐碱重地块易发病。坡度大，水肥易流失的地块发病严重。

高温干旱条件下病害发生严重。高温干旱，使钙的移动速度更加缓慢；或者高温时期生长量大，代谢作用旺盛形成有机酸，钙和有机酸化合，造成与果胶结合的钙源不足，产生脐腐病。

此外，若缺硼，即使有钙，番茄也不能利用，仍然会发生脐腐等生理性病害。所以补钙的时候应配合施用硼肥。

品种之间发病率也存在差异，果脐脐端花器不易脱落和花痕大的品种，容易遭受腐生菌腐生，使果实受害加重。

3. 防治方法

(1)选用抗病品种　一般果皮厚、表皮光滑、果顶较尖的品种比较抗病。

(2)栽培管理　培育根系发达，茎秆健壮的幼苗；选择土层深厚、保水性强的沙壤土栽种番茄，增施有机肥。避免因施用未腐熟的有机肥料或肥料浓度过高烧伤根系；基肥以有机肥为主，结合施用过磷酸钙；防止土壤忽干忽湿，或过度干旱。

(3)营养补充　座果后一个月内是吸收钙的关键时期。用0.1%的过磷酸钙，或0.1%氯化钙，或0.1%硝酸钙进行根外施肥，每7 d 1次。使用氯化钙及硝酸钙时，不可与含硫的农药及磷酸盐(如磷酸二氢钾)混用，以免产生沉淀。

二、大白菜干烧心病

大白菜干烧心病又名干心病，俗称夹皮烂。全国各地普遍发生，是大白菜的重要病害之一，一般病株率为10%～20%，严重时可高达80%以上。除大白菜外，在甘蓝、花椰菜、叶用莴苣等蔬菜上也有不同程度发生。

1. 症状

大白菜干烧心病在田间始见于莲座期或结球期，莲座期发病，心叶顶部边缘呈半透明水浸状，之后病斑扩展，叶缘逐渐变干黄化，向外翻卷、枯萎、皱缩成白色干纸状；可见叶组织呈水浸状，叶脉暗褐色，病部汁液发黏，但无臭味，病部与健部界限清晰。病株在多数情况下仍能包心。

较轻的病株，在收获时外观正常，但包球不紧，发病严重的则空心，剖开叶球可见到个别或部分叶片边缘灰黄色，变干呈薄纸状。有时病部在大白菜的贮藏期继续扩展。

大白菜的干烧心病往往易和病毒病引起的叶片坏死相混淆。但病毒引起的坏死病斑中

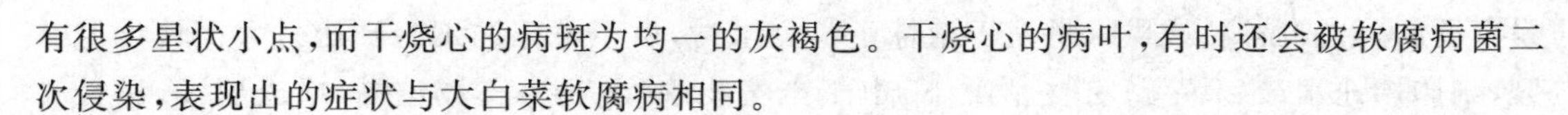

有很多星状小点，而干烧心的病斑为均一的灰褐色。干烧心的病叶，有时还会被软腐病菌二次侵染，表现出的症状与大白菜软腐病相同。

2. 发病原因

大白菜干烧心病为生理性病害。过去一直认为大白菜干烧心病是由于生理缺钙引起的，现在则认为是土壤中活性锰严重缺乏造成的。经化验分析，发病与未发病的大白菜钙含量没有明显的差别，而锰含量差别较大，发病大白菜锰含量较低。

大白菜干烧心发病的原因较为复杂，主要有以下4个方面。一是土壤中活性锰的严重缺乏是造成钙质土大白菜干烧心的主要病因。二是土壤本身缺钙，如酸性红壤土的钙离子含量严重不足。三是土壤中钙离子的活性低。生理缺钙并非都是土壤真正缺钙，而是土壤中盐分含量高，或偏施氮肥尤其是铵态氮肥等，过多的盐分抑制了根系对水分和土壤钙元素的吸收，同时盐离子还与土壤中的钙离子发生拮抗作用，降低钙离子的活性。研究表明，大白菜干烧心病的发病率随氮肥用量的增加而增加。四是土壤干旱或湿度过大。土壤干旱或湿度过大都会影响钙离子的吸收。生育期特别是莲座期和结球期天气干旱少雨又不能及时灌溉，或空气湿度、土壤湿度过大等，都影响根系对钙的吸收和运转，导致缺钙。

除上述原因外，贮藏条件也影响其发病程度。大白菜贮藏期间各种代谢活动仍在进行，但钙离子供应已停止，病情会继续加重，特别在温度高，通风条件差时，病情发展很快。

3. 防治方法

(1)园区选择　选择适宜的园田。通常应选择土壤肥沃，含盐量低的园田，具体要求为：菜田土壤有机质含量应在3%以上，全盐含量在0.2%以下，氯化钠含量低于0.05%。

(2)选用抗(耐)病品种　因地制宜，选择具有一定抗病或耐病性的大白菜品种。如北京的青庆、塘沽大核桃纹、天津的新河中核桃纹、中白4号，大连的青杂中丰等。

(3)栽培管理　提倡小水勤浇，莲座期依天气、墒情和植株长势适度蹲苗，包心期保持土壤湿润，避免用污水和咸水浇田；增施有机肥，深耕施足基肥，同时增施磷肥和钾肥；酸性土壤可适当增施石灰，调节酸碱度成中性，以利于根系对钙的吸收。高畦直播，小水勤浇，畦面保持见湿见干。

注意茬口选择，在种植大白菜时，应避免与吸钙量大的甘蓝、番茄等作物连作。如果在番茄结果期发现脐腐病严重时，说明该地区缺钙严重，秋茬最好不要种植大白菜。

(4)营养补充　在大白菜莲座末期，可向心叶撒施3～4 g/株颗粒肥，或在莲座中期对心叶喷施0.7%氯化钙加萘乙酸50 mg/kg混合液，或0.7%硫酸锰溶液，每7～10 d 1次，连续喷洒4～5次，可预防干烧心病发生。

三、苹果苦痘病

苹果苦痘病又称苦陷病、痘斑病，在苹果成熟期和贮藏期常发生的一种生理病害，主要表现在果实上。

1. 症状

在苹果近成熟时开始出现症状，贮藏期可继续发展。因发病果实的果肉味道发苦，故而得名。

主要在果实表层形成坏死斑。病斑多发生在靠近萼凹的部分，而靠近果肩处则较少发生。病部果皮下的果肉先发生病变，而后果皮出现以皮孔为中心的圆形斑点。绿色或黄色品种上斑点呈浓绿色，红色品种上呈暗红色，病斑部分果肉稍凹陷。后期病斑部位果肉干缩，表皮坏死，褐色，凹陷，深度可达果肉2～3 mm。病果上病斑数量多少不等，轻的有3～5个，严重的可达60～80个，遍布果面，苹果失去商品价值。

有时病部会受到杂菌污染，引起病害进一步发展，导致果实腐烂。

2. 发病原因

苹果苦痘病是树体缺钙引起的生理性病害，主要与果实中的氮、钙含量及其比例有关。果实内氮钙比等于10时不发病，氮钙比大于10时发生苦痘病，达到30时则严重发病。

植物器官缺钙，生物膜的完整性和选择透性受损，表皮组织细胞下的薄壁细胞变成网状，致果实内部组织松软，严重时组织坏死解体，果肉出现褐点，外部现凹陷斑。

植物体吸收的钙主要通过蒸腾作用向上运输，水分状况和蒸腾作用对钙在各器官、组织中的分配起决定作用。苹果果实由于蒸腾速率低，更易表现缺钙症状。

苹果树体缺钙的原因比较复杂。与土壤酸碱性、栽培管理措施密切相关。通常情况下，土壤含钙比较丰富，但是，在碱性土壤中，钙多呈不溶于水的碳酸钙形态，植物难于吸收利用。此外，土质黏重，透气性差，根系发育不良，也会影响钙的吸收。土壤中营养要素不均衡，铵、钾、镁过量，与钙发生颉颃作用，也影响钙的吸收；有些地区土壤并不缺钙，但仍有苦痘病发生，主要是由于土壤内盐基失衡，叶中的钙不能顺利转移到果实所致。

在植物体内，钙不但分布不均，而且移动性很差，叶中的钙很难向果实移动。过量偏施或晚施氮肥、灌溉不当、修剪过重，导致营养枝生长过旺，必然加剧叶对钙的吸收竞争，致使果实更难得到钙素供应。果实套袋，如果袋的设计不合理导致袋中果实温度高，呼吸强度大，消耗大量的钙元素，会加重该病疫情。果期和采收前降雨量大或频繁，病情加重。

此外，不同苹果品种及砧木与发病程度有关。国光、富士、冰糖、祝光、青香蕉、元帅等发病较重；元帅系和秦冠发病中等；金冠、醉露等发病较轻。接穗用国光、烟台沙果、福山小海棠发病轻；山荆子砧发病重。同一品种中，幼树、旺树、果个大的含钙量低，发病重。

3. 防治方法

(1)选用抗病品种和砧木　生产上不同品种、砧木对苦痘病的感病性具明显差异，所以应当选用抗病品种和砧木，对发病严重的品种，采用高接抗病品种的方法以减轻为害。

(2)栽培管理　减少负载量，合理修剪，适时采收，增施有机肥和绿肥，严防偏施和晚施氮肥，改良土壤，早春注意浇水，雨季及时排水；加强夏剪，控制营养枝过旺，有利于钙向果实运输。

(3)营养补充　花后3～6周是苹果需钙高峰期，7～8月的果实膨大期又是一个需钙小高峰，可针对性使用高效钙、速效钙和氨基酸钙等钙肥进行钙元素补充。

秋施基肥时增施骨粉，补充土壤有机质和钙质，也可在苹果落花前后，使用硝酸钙150～300 g/株补充钙肥。另外可在盛花期后叶面、果实补充钙肥，如0.3%硝酸钙液，或氨基酸钙300倍液喷雾，每隔2～3周喷1次，直至采收。

(4)贮藏期管理　入库前用2～8%钙盐溶液浸渍果实，如8%氯化钙、1～6%的硝酸钙等。贮藏期要控制窖内温度不高于0～2℃，并注意通风。

综合实训9　植物非侵染性病害的识别诊断

一、技能目标

掌握植物生理病害的症状特点和田间诊断技术。

二、用具与材料

(1)用具　挑针、放大镜、多媒体设备等。

(2)材料　番茄脐腐病、番茄筋腐病、番茄畸形果、茄子脐腐病、辣椒日灼病、大白菜干烧心病、苹果苦痘病、苹果水心病、番茄缺镁症、绣线菊缺铁症、葡萄裂果病、植物除草剂药害等生理病害新鲜样品标本或永久性标本，病害挂图及幻灯片等。

三、内容及步骤

1. 取各种植物生理病害标本或挂图等，观察发病部位及病部特征，比较、概括和总结不同植物生理病害的症状特点。

2. 切开番茄脐腐病、茄子脐腐病、番茄筋腐病、辣椒日灼病、苹果苦痘病、苹果水心病的病果，观察病部有无病症。

3. 观察大白菜干烧心病、番茄缺镁症、绣线菊缺铁症、植物除草剂药害发病叶片表面有无病症。

4. 观察植物生理病害田间宏观症状表现，分析与侵染性病害的区别。

综合实训9
植物非侵染性
病害的识别诊断

四、作业

完成植物非侵染性病害识别诊断实训任务报告单。

参考文献

[1]董金皋．农业植物病理学[M]. 北京:中国农业出版社,2001.

[2]许志刚．普通植物病理学[M]. 北京:中国农业出版社,2006.

[3]朱天辉．园林植物病理学[M]. 北京:中国农业出版社,2005.

[4]韩召军．植物保护学通论[M]. 北京:高等教育出版社,2001.

[5]管致和．植物保护概论[M]. 北京:中国农业大学出版社,1995.

[6]范怀忠,王焕如．植物病理学[M]. 北京:中国农业出版社,2003.

[7]王金生．植物病原细菌学[M]. 北京:中国农业出版社,1999.

[8]张满良．农业植物病理学[M]. 北京:中国农业出版社,1997.

[9]王连荣．园艺植物病理学[M]. 北京:中国农业出版社,2003.

[10]高毕达．园艺植物病理学[M]. 北京:中国农业出版社,2005.

[11]裘维蕃．农业植物病理学[M]. 北京:中国农业出版社,1991.

[12]方中达．普通植物病理学[M]. 北京:高等教育出版社,1990.

[13]张学哲．作物病虫害防治[M]. 北京:高等教育出版社,2005.

[14]徐树青．植物病理学[M]. 北京:中国农业出版社,1999.

[15]肖启明,欧阳河．植物保护技术[M]. 北京:高等教育出版社,2004.

[16]王江柱,董金皋．果树病虫害防治[M]. 北京:中国农业出版社,1995.

[17]陈啸寅,朱彪．植物保护[M]. 3版．北京:中国农业出版社,2015.

[18]程亚樵．作物病虫害防治[M]. 北京:北京大学出版社,2007.

[19]程亚樵,丁世民．园林植物病虫害防治技术[M]. 北京:中国农业大学出版社,2007.

[20]程亚樵,丁世民．园林植物病虫害防治[M]. 2版．北京:中国农业大学出版社,2011.

[21]费显伟．园艺植物病虫害防治[M]. 北京:高等教育出版社,2010.

[22]李怀方,刘凤权,郭小密．园艺植物病理学[M]．北京:中国农业大学出版社,2004
[23]黄宏英,程亚樵．园艺植物保护概论[M]．北京:中国农业大学出版社,2006.
[24]李本鑫,张清丽．园林植物病虫害防治[M]．北京:机械工业出版社,2015.
[25]李清西,钱学聪．植物保护[M]．北京:中国农业出版社,2002.
[26]李怀方,刘凤权,等．园艺植物病理学[M]．北京:中国农业大学出版社,2003.
[27]方中达．植病研究方法[M]．3 版．北京:中国农业出版社,1998.
[28]王就光．蔬菜病虫防治及杂草防除[M]．北京:中国农业出版社,1993.
[29]冯明祥,窦连登．李杏樱桃病虫害防治[M]．北京:金盾出版社,1995.
[30]吕佩珂,李明远,吴钜文．中国蔬菜病虫原色图谱[M]．北京:中国农业出版社,1992.
[31]刘锡若,王守正,李丽丽．油料作物病害及其防治[M]．上海:上海科学技术出版社,1983.
[32]张中义．植物病原真菌学[M]．成都:四川科学技术出版社,1989.
[33]张明厚．油料作物病害[M]．北京:中国农业出版社,1995.
[34]侯明生,黄俊斌．农业植物病理学[M]．北京:科学出版社,2006.
[35]李知行．葡萄病虫害防治[M]．北京:金盾出版社,1995.
[36]陈捷．玉米病害诊断与防治[M]．北京:金盾出版社,1999.
[37]翁祖信,冯兰香．蔬菜病虫害诊断与防治[M]．天津:天津科学技术出版社,1994.
[38]康振生,黄丽丽,李金玉．植物病原真菌超微形态[M]．北京:中国农业出版社,1997.
[39]蔡祝南,吴蔚文．水稻病虫害防治[M]．北京:金盾出版社,1992.
[40]任欣正．植物病原细菌的分类和鉴定[M]．北京:中国农业出版社,2000.
[41]王国平,冯明祥．大棚果树病虫害防治[M]．北京:金盾出版社,2001.
[42]邱强．中国果树病虫原色图鉴[M]．郑州:河南科学技术出版社,2004.
[43]陈善铭,齐兆生．中国农作物病虫害[M]．北京:中国农业出版社,1995.
[44]曹子刚,董桂芝．桃李杏樱桃病害识别与防治[M]．北京:中国林业出版社,1998.
[45]曹子刚．葡萄主要病虫害及其防治[M]．北京:中国林业出版社,1996.
[46]王琦,杜相革．北方果树病虫害防治手册[M]．北京:中国农业出版社,2000.
[47]王善龙．园林植物病虫害防治[M]．北京:中国农业出版社,2001.
[48]师光禄,王有年,刘永杰,等．果树害虫及综合防治[M]．北京:中国林业出版社,2013.
[49]邱立友,王明道．微生物学[M]．北京:化学工业出版社,2012.
[50]刘玉升,郭建英,万方浩,等．果树害虫生物防治[M]．北京:金盾出版社,2000.
[51]北京农业大学．农业植物病理学[M]．北京:中国农业出版社,1982.
[52]房德纯,蒋玉文．新编蔬菜病虫害防治彩色图说．[M]．北京:中国农业出版社,2004
[53]张力飞,卜庆雁．果树栽培学程设计．[M]．北京:中国农业大学出版社,2011.